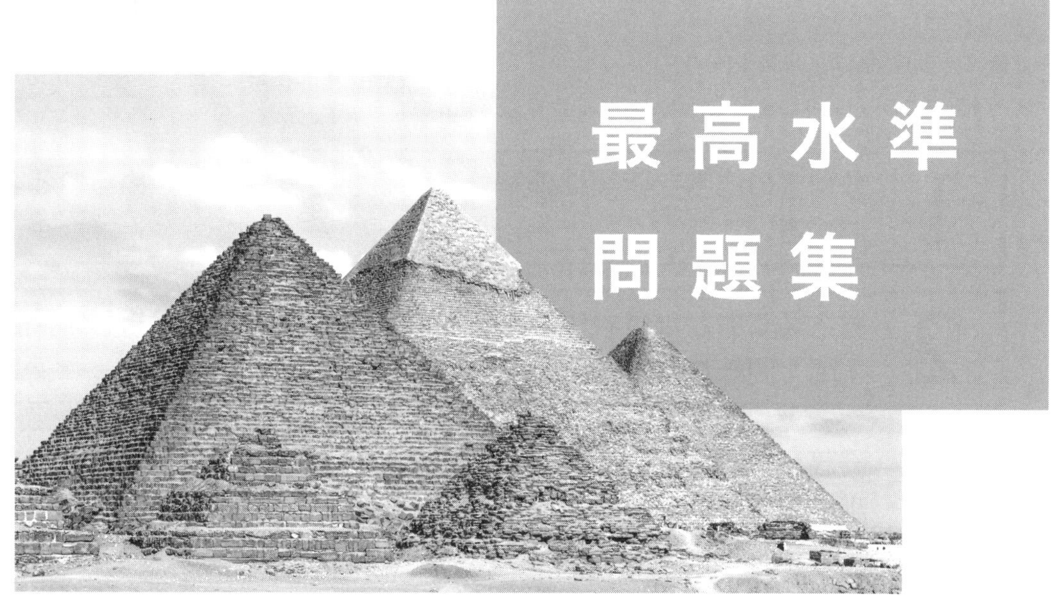

中2数学

文英堂

本書のねらい

▶みなさんは，“定期テストでよい成績をとりたい”とか，“希望する高校に合格したい”と考えて毎日勉強していることでしょう。そのためには，**どんな問題でも解ける最高レベルの実力**を身につける必要があります。では，どうしたらそのような実力がつくのでしょうか。それには，よい問題に数多くあたって，自分の力で解くことが大切です。

▶この問題集は，最高レベルの実力をつけたいという中学生のみなさんの願いに応えられるように，次の3つのことをねらいにしてつくりました。

1 **教科書の内容を確実に理解しているかどうかを確かめられるようにする。**

2 **おさえておかなければならない内容をきめ細かく分析し，問題を1問1問練りあげる。**

3 **最高レベルの良問を数多く収録し，より広い見方や深い考え方の訓練ができるようにする。**

▶この問題集を大いに活用して，どんな問題にぶつかっても対応できる最高レベルの実力を身につけてください。

本書の特色と使用法

1 すべての章を「標準問題」→「最高水準問題」で構成し，段階的に無理なく問題を解いていくことができる。

▶本書は，「標準」と「最高水準」の2段階の問題を解いていくことで，各章の学習内容を確実に理解し，無理なく最高レベルの実力を身につけることができるようにしてあります。

▶本書全体での「標準問題」と「最高水準問題」それぞれの問題数は次のとおりです。

標準問題……88題　最高水準問題……106題

豊富な問題を解いて，最高レベルの実力を身につけましょう。

▶さらに，学習内容の理解度をはかるために，巻末に「**実力テスト**」を設けてあります。ここで学習の成果と自分の実力を診断しましょう。

② 「標準問題」で，各章の学習内容を確実におさえているかが確認できる。

▶「標準問題」は，各章の学習内容のポイントを１つ１つおさえられるようにしてある問題です。１問１問確実に解いていきましょう。各問題には［タイトル］がつけてあり，どんな内容をおさえるための問題かが一目でわかるようにしてあります。

▶どんな難問を解く力も，基礎学力を着実に積み重ねていくことによって身についてくるものです。まず，「標準問題」を順を追って解いていき，基礎を固めましょう。

▶その章の学習内容に直接かかわる問題に重要のマークをつけています。じっくり取り組んで，解答の導き方を確実に理解しましょう。

③ 「最高水準問題」は各章の最高レベルの問題で，最高レベルの実力が身につく。

▶「最高水準問題」は，各章の最高レベルの問題です。総合的で，幅広い見方や，より深い考え方が身につくように，難問・奇問ではなく，各章で勉強する基礎的な事項を応用・発展させた質の高い問題を集めました。

▶特に難しい問題には，難マークをつけて，解答でくわしく解説しました。

④ 「標準問題」には〈ガイド〉を，「最高水準問題」には〈解答の方針〉をつけてあり，基礎知識の説明と適切な解き方を確認できる。

▶「標準問題」には，ガイドをつけ，学習内容の要点や理解のしかたを示しました。

▶「最高水準問題」の下の段には，解答の方針をつけて，問題を解く糸口を示しました。ここで，解法の正しい道筋を確認してください。

⑤ くわしい〈解説〉つきの別冊解答。どんな難しい問題でも解き方が必ずわかる。

▶別冊の「解答と解説」には，各問題のくわしい解説があります。答えだけでなく，解説もじっくり読みましょう。

▶解説には得点アップを設け，知っているとためになる知識や高校入試で問われるような情報などを満載しました。

もくじ

1 式の計算

標 準 問 題

（解答）別冊 p.2

001 〔多項式の項数と次数を求め，項の係数を答える〕

次の各式について，あとの問いに答えなさい。

① $5a$　② $3ab+x$　③ $\frac{4}{3}\pi r^3$　④ x^3-2x^2+3x-1

⑤ $4\pi r^2$　⑥ $\frac{1}{3}\pi r^2 h$　⑦ $vt+4.9t^2$　⑧ $ab+bc+ca$

⑨ $xy^3-x^2y+xy+1$

(1) それぞれの式は何項式か。

(2) それぞれの式は何次式か。

(3) ②，④，⑧の各式の項とその次数，文字を含む項の係数を答えよ。

ガイド 数や文字をかけた積を単項式といい，数の部分を係数，かけ合わされた文字の個数をその単項式の次数という。2つ以上の単項式の和の形で表される式を多項式といい，その各単項式を多項式の項という。数だけの式は定数項という。n 個の単項式の和で表される式を n 項式という。多項式の各項のうち，次数の最も高い項の次数をその多項式の次数という。次数が n 次の多項式を n 次式という。なお，③，⑤，⑥の π は数 $\pi=3.14\cdots$ だから，数であって文字ではない。

重要 002 〔多項式の加法と減法〕

次の計算をしなさい。

(1) $9a-2b-(a-5b)$

(2) $(7x-5y)-(y-2x)$

(3) $(2x+y)+(-3x+4y)$

(4) $(-2x^2+2x+1)-(x^2-5)$

(5) $(3x^2-x+2)+(-10x^2-x+1)$

(6) $(-8a-3b+2)-(3a-4b+3)+(5a+2b-7)$

ガイド 文字の部分が同じ項を同類項という。多項式の同類項は1つの項にまとめて簡単にすることができる。多項式の加法・減法も，計算結果は多項式になるから，同類項は1つの項にまとめておく。

003 [縦書きによる多項式の加法と減法]

次の計算をしなさい。

(1)
$$\begin{array}{rr} & -x+2y \\ +) & 3x-4y \\ \hline \end{array}$$

(2)
$$\begin{array}{rr} & 4x-5y-2 \\ -) & -6x+2y+3 \\ \hline \end{array}$$

(3)
$$\begin{array}{rr} & -8x^2+7x-6 \\ +) & 3x^2-4x+7 \\ \hline \end{array}$$

ガイド　多項式の加法・減法を縦書きでするときは，同類項を上下にそろえておくと計算が楽。
減法の場合は，暗算でひく式の各項の符号を変えて加えなければならないから注意が必要。

重要 004 [分配法則を用いる多項式の加法と減法]

次の計算をしなさい。

(1) $a-8b-2(a-7b)$

(2) $2(5x+3y)-7(x-y)$

(3) $-8(2x-3y)-\{4x-(2x-5y)\}$

(4) $2(x^2-3x-2)+(x^2-x-1)$

(5) $3\{a-(3b-5)\}-(4a-5b+10)$

ガイド　多項式と数をかけた式は，分配法則 $a(b+c)=ab+ac$，$(a+b)c=ac+bc$ を使ってかっこをはずすことができる。その後は同類項があればまとめておくこと。

005 [分数をふくむ多項式の加法と減法]

次の計算をしなさい。

(1) $\dfrac{x-2y}{6}+\dfrac{x+y}{8}$

(2) $-\dfrac{a-b}{6}+\dfrac{3a+b}{4}$

(3) $\dfrac{5a+b}{6}-\dfrac{a-b}{3}$

(4) $\dfrac{x-2y}{3}-\dfrac{6x-y}{5}+x$

ガイド　分数係数(小数係数)をふくむときも分配法則を用いる。

重要 006 [単項式の乗法]

次の計算をしなさい。

(1) $(-3a)^2\times(-2a^3)$　　(2) $2x^2y^4\times 3x^2y^2$

(3) $\dfrac{1}{4}a^2b\times(-4ab)^2$　　(4) $-a^2b\times(-2ab^2)^2\times(-3ab)^3$

ガイド 単項式の乗法は，係数の積に文字を累乗の形にしたものの積を並べて書いておく。文字を並べる順序は，通常アルファベット順である。累乗の乗法に関しては，次の累乗の性質(指数法則)を使う。
① $a^m\times a^n=a^{m+n}$　② $(a^m)^n=a^{mn}$　③ $(ab)^n=a^nb^n$　④ $a^0=1$　⑤ $a^1=a$

重要 007 [単項式の除法]

次の計算をしなさい。

(1) $14a^2b\div 2b$　　(2) $6a^2b\div(-2ab)$

(3) $(-2xy)^2\div(-6x^2y)$　　(4) $9ab^2\div(-3a)^2$

(5) $2a^2b^4\div\left(-\dfrac{1}{3}ab\right)^2$　　(6) $(-6ab)^2\div(-3a)\div 4ab$

ガイド 単項式を単項式でわるときは，わられる式を分子，わる式を分母にして約分する。わられる式にわる式の逆数をかけて，以下は同様に約分する。なお，累乗の除法には，次の累乗の性質を使う。
$a^m\div a^n=a^{m-n}$ ($m>n$ のとき)，$a^m\div a^n=1$ ($m=n$ のとき)，$a^m\div a^n=\dfrac{1}{a^{n-m}}$ ($m<n$ のとき)

008 [乗法と除法の混じった単項式(整数係数のみ)の計算]

次の計算をしなさい。

(1) $(-8xy^2)\times 2x\div(-4xy)$

(2) $2ab^2\times(3b)^2\div(-3ab^2)$

(3) $3a^2b\times(-2b)^3\div(12ab^3)$

009 [乗法と除法の混じった単項式(分数係数をふくむ)の計算]

次の計算をしなさい。

(1) $\left(\dfrac{2}{3}xy^3\right)^2\times(-9x^2y)\div(-2x^3y^4)$

(2) $3a^2b\div(-3b)^2\times\left(-\dfrac{1}{2}ab^2\right)$

(3) $\left(-\dfrac{3a^2b}{4}\right)^2\times\dfrac{ab}{6}\div\left(-\dfrac{b}{2}\right)^3$

> ガイド ×，÷よりも直接の積，分数の形で表した商を優先させる。
> (例) $a\div bc=\dfrac{a}{bc}\left(a\div b\times c=\dfrac{ac}{b}\right)$，$a\div\dfrac{b}{c}=\dfrac{ac}{b}\left(a\div b\div c=\dfrac{a}{bc}\right)$

010 [等式の変形]

次の式を〔 〕の中の文字について解きなさい。

(1) $\ell=2\pi r$ 〔r〕

(2) $c=b\left(\dfrac{1}{a}-2\right)$ 〔a〕

重要 011 [多項式に式を代入して他の文字で表す]

次の問いに答えなさい。

(1) $A=-2x+y$，$B=3x-4y$ のとき，$3(2A-3B)+7B-5A$ を計算せよ。

(2) $A=4x^2-xy-3y^2$，$B=\dfrac{1}{6}x^2-y^2$，$C=xy-\dfrac{1}{5}y^2$ のとき，$3(A-B)-5\{C-(3B-2A)\}$ を計算せよ。

> ガイド 式を簡単にしてから代入すると計算が楽。

012 [条件式を使って，式を 1 つの文字で表す]

$y=2x-3$ のとき，次の各式を x の式で表しなさい。

(1) $-2x+3y-1$

(2) $-9-2\{x-3(y-3)\}$

> ガイド かっこをはずして同類項をまとめてから $y=2x-3$ を代入する。

013 [文字の利用]

奇数と偶数の差は奇数であることを，文字を使って説明しなさい。

最高水準問題

解答 別冊 p.4

014 次の計算をしなさい。

(1) $\dfrac{2a-b}{9}-\dfrac{a-b}{6}$ （東京・産業技術高専）

(2) $6\left(\dfrac{x-2y}{3}-\dfrac{x-3y}{2}\right)$ （群馬県）

(3) $\dfrac{5x-3y}{6}-\dfrac{x-3y}{4}$ （東京・日本大豊山女子高）

(4) $\dfrac{2x-4y}{3}-\dfrac{y-2x}{2}-(2x-y)$ （東京・法政大高）

(5) $\dfrac{2x-y}{4}-\dfrac{x+3y}{6}-\dfrac{3x-4y}{3}$ （京都・立命館高）

(6) $\dfrac{9-7x}{10}-3(1-2x)-\dfrac{3x-2}{4}$ （千葉・市川高）

(7) $\dfrac{11x-7y}{6}-\left(\dfrac{7x-9y}{8}-\dfrac{8x-10y}{9}\right)\times 12$ （千葉・東邦大付東邦高）

(8) $\dfrac{3(2x-y+5)}{4}-\dfrac{3x-2y+1}{3}-3$ （京都・同志社高）

015 次の □ にあてはまる式を求めなさい。

(1) $x^2y^3\div(-2xy^4)\times\square=-x^3$ （東京・城北高）

(2) $(-2ab^2)^2\times\square\div\left(\dfrac{2}{3}a^3b^3\right)^3=\dfrac{6}{a^3b^3}$ （東京・日本大豊山高）

解答の方針

015 「□ について解く」と考える。

016 次の計算をしなさい。

(1) $(-xy^2)^3 \div xy \times \dfrac{1}{x^2}$ （東京・日本大三高）

(2) $(-3ab)^2 \div \dfrac{9}{4}b^2$ （大阪府）

(3) $-4a^3b^2 \times (-3a)^3 \div (2ab)^2$ （東京・産業技術高専）

(4) $(-2a^2b)^3 \times \left(-\dfrac{1}{4}ab^2\right)^2 \div \dfrac{1}{2}a^3b^2$ （東京・中央大附高）

(5) $\left(\dfrac{6xy^2}{z}\right)^2 \div (-4x^2z) \times \left(-\dfrac{z}{3y}\right)^3$ （兵庫・関西学院高）

(6) $\left(-\dfrac{2ac^2}{3b}\right) \div \left(-\dfrac{c}{3ab}\right)^3 \div 6a^2c$ （愛媛・愛光高）

(7) $\dfrac{3}{8}a^{10}b^4 \div \left\{\left(-\dfrac{1}{3}a^2b\right) \times \dfrac{9}{2}a\right\}^3 \times (-9b)$ （東京・日本女子大附高）

(8) $(-6x \div 3x^2y)^2 \times \left(-\dfrac{3}{5}xy\right)^2$ （高知学芸高）

(9) $-\dfrac{1}{2}a^3b^2 \div \dfrac{1}{3}a(-b)^3 \times \left(-\dfrac{b}{a}\right)^2$ （京都・同志社高）

(10) $4x^6y^4 \div (-0.2x^3y^2)^3 \times \left(-\dfrac{1}{5}x^4y^2\right)^2$ （北海道・函館ラ・サール高）

(11) $-\dfrac{x^3}{18} \times (-2y)^2 \div \left(-\dfrac{2}{3}xy\right)^3$ （東京・中央大学附属高）

017 次の式を〔　〕の中の文字について解きなさい。

(1) $1 + \dfrac{a}{3} = 2b$ 〔a〕 （長野県）

(2) $c = \dfrac{a-2b}{4}$ 〔b〕 （長崎県）

(3) $S = \dfrac{(a+b)h}{2}$ 〔b〕 （東京・日本大三高）

(4) $\dfrac{1}{a} - \dfrac{1}{b} = \dfrac{1}{c}$ 〔b〕 （兵庫・白陵高）

018 次の問いに答えなさい。

(1) $a=-\dfrac{2}{3}$，$b=-\dfrac{3}{4}$ のとき，$(3a^2b)^3\div\dfrac{3}{2}a^2\div 2ab^2$ の値を求めよ。 (東京・成城高)

(2) $a=-9$，$b=\dfrac{1}{4}$ のとき，$18a^3b^3\times\left(\dfrac{1}{3}a\right)^2\div(-3a^4b^2)$ の値を求めよ。 (東京・日本大豊山女子高)

(3) $a=-3$，$b=5$ のとき，$\left(\dfrac{3}{4}a^3b\right)^3\times\left(-\dfrac{1}{9}ab^2\right)^2\div\left(-\dfrac{5}{128}a^7b^6\right)$ の値を求めよ。(東京・國學院大久我山高)

019 次の計算をしなさい。

(1) $\{(4a^3b)^2-6a^4b+2a^2b\}\div 2a^2b$ (東京・國學院大久我山高)

難 (2) $\dfrac{a^3+2a^2b}{3}\div\left(\dfrac{7b^2+6}{6}-\dfrac{5b^2+4}{4}\right)\times\left(-\dfrac{5b}{2a}\right)^2$ (東京・日本女子大附高)

難 **020** $\dfrac{x}{2}=\dfrac{y}{3}=\dfrac{z}{4}$ のとき，$\dfrac{x^2+y^2+z^2}{xy+yz+zx}$ の値を求めなさい。 (奈良・西大和学園高)

解答の方針

018 まず，式を計算し，簡単な形にしてから a，b の値を代入する。

019 (2) 1つ目の分数の分子は，分配法則を逆に使って $a^3+2a^2b=a^2(a+2b)$ と変形すると計算しやすい。

020 $\dfrac{x}{2}=\dfrac{y}{3}=\dfrac{z}{4}=k$ とおく。

021 $a+b+c=0$, $abc=-3$ のとき, $a^3(b+c)^2b^3(c+a)^2c^3(a+b)^2$ の値を求めなさい。

（東京・お茶の水女子大附高）

022 a, b, c, d が, $a+b+c+d=4$,

$a\left(\frac{1}{b}+\frac{1}{c}+\frac{1}{d}\right)+b\left(\frac{1}{a}+\frac{1}{c}+\frac{1}{d}\right)+c\left(\frac{1}{a}+\frac{1}{b}+\frac{1}{d}\right)+d\left(\frac{1}{a}+\frac{1}{b}+\frac{1}{c}\right)=-14$ をともに満たすとき,

$\frac{1}{a}+\frac{1}{b}+\frac{1}{c}+\frac{1}{d}$ の値を求めなさい。（兵庫・灘高）

難 **023** 1から9までの9個の数字から, 4個の数字を選んで並べ, 4桁の数を作る。選んだ4個の数字で作る4桁の数の中で, 1番大きい数を A, 1番小さい数を B とし, $A-B$ について考える。ただし, 4個とも同じ数字を選ぶことはないものとする。

例えば, 1, 2, 3, 4の4個の数字を選んだとき,

$A-B=4321-1234=3087$

となり, 1, 1, 2, 3の4個の数字を選んだとき,

$A-B=3211-1123=2088$

となる。

このとき, 次の問いに答えなさい。（東京・早稲田実業高）

(1) どのような4個の数字の組に対しても, $A-B$ は必ず $\square$ の倍数となる。$\square$ に適する自然数のうち, 最も大きな数を求めよ。

(2) $A-B=3087$ となる4個の数字の組から作る A の中で, 最大の A を求めよ。

(3) $A-B=3087$ となる4個の数字の組は何組あるか求めよ。

解答の方針

022 $\frac{1}{a}+\frac{1}{b}+\frac{1}{c}+\frac{1}{d}=k$ とおく。

023 4個の数字をそれぞれ文字でおき, A と B についての式を作る。例えば, 1234という数は, $1\times1000+2\times100+3\times10+4$ と表せる。

024 aを一の位の数字が0でない2桁の自然数とし，aの十の位の数字をx，一の位の数字をyとする。bをaの十の位の数字と一の位の数字を入れかえた2桁の自然数とする。

ただし，xとyは1から9までの整数とする。

次の問いに答えなさい。（宮城県）

(1) $10a-b$は9の倍数になる。そのわけを，文字式を使って説明せよ。

(2) $10a-b=792$が成り立つaの値のうち，もっとも大きい値を求めよ。

025 $x>0$，$y>0$，$z>0$とする。$xy=49$，$yz=6$，$xz=24$のとき，yの値を求めなさい。

（京都女子高）

難 **026** 自然数において偶数を1番小さいものから順に11個たした和をA，3の倍数を1番小さいものから順に11個たした和をB，4の倍数を1番小さいものから11個たした和をCとする。次の問いに答えなさい。（東京・明治学院高）

(1) 1から11までの自然数の和をXとしたとき，AをXを用いて表せ。

(2) $(C+B-A)$の値を求めよ。

解答の方針

024 (1) $a=10x+y$，$b=10y+x$（x，y：1から9までの整数）と表して考える。

(2) $792=9\times11\times8$となる。

025 x，y，zは自然数とは限らないので，自然数をあてはめて考えることはできない。

026 (2) (1)と同様に，B，CをそれぞれXを用いて表す。

2 連立方程式

標準問題

解答 別冊 p.9

027 [代入法による連立方程式の解法]

次の連立方程式を代入法で解きなさい。

(1) $\begin{cases} 3x+y=-2 \\ y=2x+8 \end{cases}$

(2) $\begin{cases} x=3y+2 \\ 0.2x-0.3y=2 \end{cases}$

(3) $\begin{cases} 4x+5y+11=0 \\ 2x=y+19 \end{cases}$

(4) $\begin{cases} 2x+y=-2 \\ 3x-\dfrac{1}{2}y=3 \end{cases}$

ガイド 連立方程式で，一方の方程式を x または y について解き，その式を他方の式に代入して解いていく方法を代入法という。

028 [加減法による連立方程式の解法]

次の連立方程式を加減法で解きなさい。

(1) $\begin{cases} 2x-y=14 \\ 3x+y=6 \end{cases}$

(2) $\begin{cases} 3x+2y=5 \\ 2x-y=8 \end{cases}$

(3) $\begin{cases} \dfrac{1}{4}x-\dfrac{2}{3}y=-\dfrac{1}{2} \\ \dfrac{1}{2}x-\dfrac{1}{6}y=\dfrac{3}{4} \end{cases}$

(4) $\begin{cases} 0.2x+0.3y=1 \\ x-14=3y \end{cases}$

(5) $\begin{cases} \dfrac{4x-5y}{3}+\dfrac{2x-5y}{4}=\dfrac{5}{6} \\ 3x-5y=0 \end{cases}$

(6) $\begin{cases} \dfrac{x+2}{3}-\dfrac{y-1}{2}=-\dfrac{5}{6} \\ 4x+3y=-6 \end{cases}$

ガイド 2つの方程式の両辺をそれぞれ何倍かして，得られた2式をくわえたり，ひいたりすると一方の文字が消去されるから，残った文字について解ける。このようにして解く方法を加減法という。

重要 029 **[いろいろな連立方程式を解く]**

次の方程式を解きなさい。

(1) $\begin{cases} 0.2x+0.3y=0.1 \\ 5x+2y=8 \end{cases}$

(2) $\begin{cases} 0.5x+0.2y=3.3 \\ \dfrac{x}{4}-\dfrac{y}{3}=1 \end{cases}$

(3) $\begin{cases} \dfrac{2-x}{6}=\dfrac{2x-3y}{8} \\ x+3y+7=0 \end{cases}$

(4) $\begin{cases} 4x-y=22 \\ \dfrac{5x+y}{6}-\dfrac{7x-5y}{12}=-2.5 \end{cases}$

(5) $\begin{cases} \dfrac{1}{2}x-\dfrac{3}{4}y=4 \\ -0.2x+0.5y=-2 \end{cases}$

(6) $\begin{cases} 0.3x-\dfrac{1}{5}y=0.7 \\ \dfrac{1}{10}x-0.4y=1.4 \end{cases}$

(7) $\begin{cases} \dfrac{x}{3}+\dfrac{y}{6}=1 \\ \dfrac{x}{5}-\dfrac{y}{2}=1 \end{cases}$

(8) $\begin{cases} \dfrac{1}{6}x+\dfrac{2}{3}y=\dfrac{5}{2} \\ \dfrac{1}{15}x-\dfrac{1}{4}y=-\dfrac{25}{6} \end{cases}$

> **ガイド** $y=ax+b$ の形があれば代入法，ともに $ax+by=c$ の形であれば加減法。

030 **[解がわかっている連立方程式の係数を求める①]**

次の問いに答えなさい。

(1) 連立方程式 $\begin{cases} ax-by=3 \\ 2bx-ay=5 \end{cases}$ の解が，$x=-1$，$y=-3$ であるとき，a，b の値を求めよ。

(2) 連立方程式 $\begin{cases} ax+4y=43 \\ ax-4y=-13 \end{cases}$ の解が，$x=5$，$y=b$ であるとき，a と b の値を求めよ。

(3) 次の x，y の連立方程式 $\begin{cases} 2x+3y=-4a \\ x-y=3a \end{cases}$ を解くと $x=2$ になった。そのときの y の値を求めよ。

(4) 連立方程式 $\begin{cases} \dfrac{2}{3}x+ay=6b+1 \\ bx-\dfrac{5}{2}y=2a-4 \end{cases}$ の解が $x=6$，$y=4$ であるとき，a，b の値を求めよ。

> **ガイド** 見た目には，x，y の連立方程式であるが，2つの方程式に解を代入すると，結局 a，b についての連立2元1次方程式になる。

031 [一方の連立方程式の解を入れかえると他方の連立方程式の解になっているときの係数を求める]

次の問いに答えなさい。

(1) 連立方程式$\begin{cases} 2x+y=-1 \\ ax+3y=2 \end{cases}$の解の x と y の値を入れかえると，連立方程式$\begin{cases} 2x-3y=b \\ 4x+5y=-2 \end{cases}$の解になるという。このとき，定数 a，b の値を求めよ。

(2) 連立方程式$\begin{cases} 5x+ay=2b \\ 2x+3y=3 \end{cases}$の解の x と y の値を入れかえると，連立方程式$\begin{cases} 2x-5y=-17 \\ bx+3y=a+5 \end{cases}$の解になるという。このとき，定数 a，b の値を求めよ。

重要 **032 [2 組の連立方程式の解が一致するとき，係数を求める]**

2 つの連立方程式$\begin{cases} x-2y=-7 \\ ax+by=13 \end{cases}$と$\begin{cases} 2x+y=11 \\ bx-ay=1 \end{cases}$が同じ解をもつとき，$a$，$b$ の値を求めなさい。

> ガイド
> 同じ解は，$x-2y=-7$　$2x+y=11$　を成り立たせる。すなわち，連立方程式$\begin{cases} x-2y=-7 \\ 2x+y=11 \end{cases}$の解である。それが$\begin{cases} ax+by=13 \\ bx-ay=1 \end{cases}$もみたしていることから，$a$，$b$ の値を求める。

033 [連立方程式の応用①]

次の問いに答えなさい。

(1) 2 桁の正の整数がある。この整数の十の位の数の 2 倍と一の位の数の和は 13 である。また，この整数の十の位の数と一の位の数を入れかえてできる整数は，もとの整数より 36 大きい。このとき，もとの整数の十の位の数を x，一の位の数を y として，x，y の値を求めよ。

(2) 今日は太郎の父の誕生日である。今日で，父は太郎の年齢の 4 倍に 4 歳たりない年齢となった。20 年後の父の誕生日には，父の年齢が太郎の年齢のちょうど 2 倍になる。太郎の父は，今日何歳になったか答えよ。

034 **[連立方程式の応用②]**

次の問いに答えなさい。

(1) 2つの商品A，Bがあり，AとBの定価の合計は2100円である。Aを定価の2割引き，Bを定価の1割引きで買ったところ，2つ合わせて1770円であった。このとき，A，Bの定価をそれぞれ求めよ。

(2) 花子さんは，ノート1冊とボールペン1本を買った。定価の合計は450円だったが，ノートは定価の80％で，ボールペンは定価の90％で売っていたので，代金の合計は390円だった。

このとき，ノート1冊の定価とボールペン1本の定価をそれぞれ求めよ。

なお，消費税は考えないものとする。

重要 035 **[連立方程式の応用③]**

次の問いに答えなさい。

(1) 右の表は，食品A，Bそれぞれ100g中にふくまれている塩分の量を示したものである。

A，Bが合わせて200g，塩分の量の合計が3.6gのとき，A，Bはそれぞれ何gか。

食品	塩分の量(100g中)
A	1.5g
B	2.0g

(2) 2つの容器A，Bがあり，容器Aには，x％の食塩水が200g，容器Bには，y％の食塩水が100g入っている。

容器Aから20gの食塩水を取り出し，すべて容器Bに入れよくかき混ぜた後，容器Bから20gの食塩水を取り出し，すべて容器Aに入れてよくかき混ぜたところ，容器Aの濃度は14.25％，容器Bの濃度は7.5％になった。x，yの値を求めよ。

ガイド 連立方程式を用いて問題を解くとき，1次方程式を用いて問題を解くときと同様に，次の4つの段階を順に行う。

① x，yで表すものを決める。(求めるものとは限らない。)

② x，yを使って連立方程式をつくる。

③ 連立方程式を解いて，解を求める。

④ その解が問題に適するかどうかを確かめて，答えを書く。

036 **[数の性質・連立方程式の利用]**

次の文は，ある中学生２人の会話である。これを読んで，次の問いに答えなさい。

Ａさん：あーあ，テストの結果が思ったほどよくなかった。十の位と一の位を入れかえた点数だったらよかったのに。

Ｂさん：入れかえると何点あがるの？

Ａさん：えーと……，36点もあがるよ。

Ｂさん：やっぱりね。それは９の倍数になるんだよ。

Ａさん：どうして？

Ｂさん：Ａさんのもとの点数の十の位の数を x，一の位の数を y とすると，その点数は，[ア] と表されるよね。
次に，十の位の数と一の位の数を入れかえてできる点数は，[イ] となるね。
このとき，２数の差 ([イ]) − ([ア]) を簡単にすると，[ウ] となり，これは 9× [エ] となるから，９の倍数になるよ。

Ａさん：そうか。

Ｂさん：じゃあ，その十の位と一の位の数をたすといくつ？

Ａさん：12だよ。

Ｂさん：ということは……。Ａさんのもとの点数は３の倍数ね。

Ａさん：えーっ！ どうしてわかったの？

Ｂさん：[ア] = [オ] + $(x+y)$
Ａさんの場合は，$x+y=$ [カ] だから，
[ア] = 3× ([キ])
[キ] は [エ] だから，[ア] は３の倍数になるんだよ。

Ａさん：なるほど。

(1) 文中の [ア] ～ [ウ]，[オ] ～ [キ] には，あてはまる数または式を，[エ] には，あてはまる語句を，それぞれ答えよ。

(2) 次の問いに答えよ。

① Ａさんのもとの点数を求めるために，文中の x，y を使って連立方程式をつくれ。

② Ａさんのもとの点数を求めよ。

037 **[解がわかっている連立方程式の係数を求める②]**

x，y についての連立方程式 $\begin{cases} ax+by=8 \\ 2x+3y=c \end{cases}$ について，Ａさんは正しく解いて $(x,\ y)=(4,\ -3)$ を得た。Ｂ君は c の値を間違えて解いたため $(x,\ y)=(-4,\ 7)$ を得た。a の値を求めなさい。

最高水準問題

解答 別冊 p.13

038 次の問いに答えなさい。

(1) 濃度 10 %の食塩水が 100 g 入った容器 A，濃度 20 %の食塩水が 100 g 入った容器 B，水 30 g が入った容器 C がある。容器 A から x g，容器 B から y g の食塩水をそれぞれ取り出し，容器 C に移し，よくかき混ぜたところ，13 %の食塩水 100 g ができた。このときの x，y の値を求めよ。

(東京・日本大二高)

難 (2) A，B，C の容器にそれぞれ 5 %，10 %，x %の食塩水がいくらかずつ入っている。A と B の食塩水をすべて混ぜると 8 %，B と C の食塩水をすべて混ぜると 13 %，A と C の食塩水をすべて混ぜると 11 %になる。まず，A，B に入っていた食塩水の量の比をもっとも簡単な整数の比で表し，そして x の値を求めよ。 (鹿児島・ラ・サール高)

(3) 右の図は，1 辺に同じ個数の黒の碁石を並べて正三角形の形をつくり，その内側に白の碁石を並べた図である。このような方法で，全部で 120 個の碁石を使って並べたとき，白の碁石が黒の碁石より 36 個多かった。このとき，正三角形の 1 辺に並んだ黒の碁石の個数を求めよ。 (滋賀県)

039 x，y についての連立方程式 $\begin{cases} 4x+3y=25 \\ x+2y=5k \end{cases}$ がある。次の問いに答えなさい。

(東京・青山学院高等部)

(1) x，y を k を用いて表せ。

(2) x，y がともに正の整数であるような，整数 k の値をすべて求めよ。

040 連立方程式 $\begin{cases} x+y=6 \\ x-y=2a \end{cases}$ の解 x，y が方程式 $2x-3y=1$ をみたすとき，a の値を求めなさい。

(東京・法政大高)

041 くだもの屋さんが，仕入れた 210 個のみかんを販売するため，1 個も余らないように，みかんを 4 個入れた袋と 6 個入れた袋をそれぞれ何袋かつくった。このとき，6 個入れた袋の数は，4 個入れた袋の数の 2 倍より 3 袋多くなった。4 個入れた袋と 6 個入れた袋は，それぞれ何袋できたか答えなさい。

(北海道改)

解答の方針

038 (2) A と B の食塩水を混ぜると 8 %になるという条件から，a と b の関係式をつくり，$a:b$ を求める。

039 (2) (1)を利用する。

x，y が正の整数である条件を k を用いて表し，整数 k を求める。

難 **042** 連立方程式 $\begin{cases} w+x+2y+z=1 \\ w-2x+y-z=-2 \end{cases}$ について，w，x，y，z のうち 0 でないものは 1 つだけであるとき w，x，y，z の値を求めなさい。 （東京・國學院大久我山高）

難 **043** 2 つの式 $5a-3b-3c=6$ ……㋐，$3a+2b+4c=17$ ……㋑について，次の問いに答えなさい。

（東京・早稲田実業高）

(1) ㋐を b について解け。

(2) ㋐，㋑を同時にみたす正の整数 a，c を求めよ。

難 **044** 線路に沿った道を，自転車に乗って毎時 15 km の速さで走っていると，ちょうど 6 分おきに電車とすれちがい，10 分おきに電車に追いぬかれた。

電車の速さは一定ですべて等しく，また上り下りともに同じ間隔で走っているものとするとき，これらの電車は，毎時何 km の速さで走っているか答えなさい。 （東京・筑波大附高）

045 車で 50 km 離れた 2 地点の間を往復した。行きは 20 分間渋滞に巻き込まれ，ガソリンを 3.66 L 消費した。帰りは 70 分間渋滞に巻き込まれ，ガソリンを 4.06 L 消費した。この車は渋滞に巻き込まれていない時には 1 km 進むのに x mL だけガソリンを消費した。また，渋滞に巻き込まれている時には毎分 y mL だけガソリンを消費し，渋滞に巻き込まれている時の車の速さは毎分 100 m であった。このとき，x，y の値を求めなさい。 （愛媛・愛光高）

解答の方針

042 1 つの文字のみ 0 とならない 4 つの場合に分けて，連立方程式がどのように表せるかを考える。

043 (2) (1)の結果を利用し，a と c の関係式を導く。

c を a（または a を c）で表し，正の整数である条件から a（または c）の候補がしぼられる。

044 電車の速さを毎時 x km とすると，すれちがう場合毎時 $(x+15)$ km 差が縮まり，追いぬかれる場合毎時 $(x-15)$ km 差が縮まる。

045 距離＝速さ×時間である。渋滞に巻き込まれていた時間と車の速さがわかっているので，渋滞に巻き込まれていた距離が求められる。さらに，ここから渋滞に巻き込まれていない距離がわかる。

046 3地点P，Q，Rがあり，PからQを通るRまでの道のりは7200 mで，PからQまでの道のりとQからRまでの道のりは等しい。

Aさん，Bさん，Cさんの3人が次のようにしてPからRへ手紙を配達した。

Aさんは，10時にPを毎分75 mの速さでQに向かって徒歩で出発しBさんに出会い，手紙を渡してすぐに向きを変え，来た道を同じ速さでPに戻った。

Bさんは，Aさんより何分か遅れてQを毎分90 mの速さでPに向かって徒歩で出発しAさんに出会い，手紙を受け取りすぐに向きを変え，来た道を同じ速さでRに向かった。そして，出発点Qを通過した後Cさんに出会い，手紙を渡してすぐに向きを変え，来た道を同じ速さでQに戻った。

Cさんは，Bさんより何分か遅れてRを毎分125 mの速さでQに向かって徒歩で出発しBさんに出会い，手紙を受け取りすぐに向きを変え，来た道を同じ速さでRに戻り，手紙はRに届いた。

3人が手紙の受け渡しを終えてそれぞれの出発点に戻るまでに，AさんとBさんの歩いた時間は等しく，AさんとCさんの歩いた道のりは等しかったことがわかっている。

このとき，次の問いに答えなさい。ただし，手紙の受け渡しに要した時間は考えないものとする。

（神奈川・柏陽高）

(1) 手紙がRに届いた時刻は，何時何分だったか求めよ。

(2) BさんがQを出発した時刻は，何時何分だったか求めなさい。また，CさんがRを出発した時刻は，何時何分だったか求めよ。

047 水そうに，毎分60 Lの割合で常に水を入れる。この水そうから2種類のポンプA，Bを使って水をくみ出す。A 4台とB 1台で水をくみ出すと，10時に100 Lだった水そうの水が，10時10分に160 Lになった。そこで，すぐにA 2台とB 1台を追加したところ，10時15分に水そうの水は10 Lになった。A，Bはそれぞれ1台あたり毎分 x L，y Lの割合で水をくみ出すとして，x，y の値を求めなさい。

（東京・桐朋高 改）

解答の方針

046 A，B，Cの3人が歩いた距離は合計7200×2 mとなる。

重要 **048** A 町から B 町までの間に C 地点があり，A 町から C 地点までは上り坂，C 地点から B 町までは下り坂になっている。豊子さんは上り坂を毎分 60 m の速さで歩き，下り坂を毎分 120 m の速さで歩いたところ，A 町から B 町までは 45 分，B 町から A 町までは 30 分かかった。ただし，C 地点を通過するときは休まないものとする。このとき，次の問いに答えなさい。（東京・豊島岡女子学園高）

(1) A 町から B 町までの距離は何 m か。

難 (2) 豊子さんは A 町を出発し，B 町で折り返して A 町に戻る。また，花子さんは豊子さんが出発した何分か後に C 地点を出発して A 町に向かい，A 町で折り返して C 地点に戻る。花子さんは上り坂を毎分 60 m，下り坂を毎分 96 m の速さで歩いたところ，豊子さんと花子さんは A 町と C 地点の間の同じ場所で 2 回出会った。2 人が出会ったのは，A 町から何 m の場所か。ただし，途中で休むことはないものとする。

049 市川君が中学 1 年生の頃，近所の駄菓子屋では，あめ a 個とガム b 個で合計 500 円であった。市川君が中学 3 年生となった今，市川君が中学 1 年生の頃と比べると，あめ 1 個の値段は 1.2 倍，ガム 1 個の値段は 1.5 倍になっている。また，今のガム 1 個の値段は，今のあめ 1 個の値段の 1.5 倍である。

今，500 円であめ a 個とガム b 個をすべて買うことはできないが，あめ 1 個とガム 4 個を減らすと 20 円余り，あめ 3 個とガム 2 個を減らすと 10 円足りない。このとき，次の問いに答えなさい。

（千葉・市川高）

(1) 今のあめ 1 個の値段を x 円と表すとき，a，b，x を用いた方程式をたてて，x の値を求めよ。なお，途中過程も書け。

(2) a，b の値をそれぞれ求めよ。

050 あるイベントを A，B，C の 3 会場で同時に行った。受付は 1 か所で，受付の案内員は来場した x 人の観客を，左の通路に行く人と右の通路に行く人の人数の比が 3 : 2 になるように誘導した。左の通路の先にある P 地点にいる案内員は，左の通路に行く人と右の通路に行く人の人数の比が 3 : 1 になるように誘導した。右の通路の先にある Q 地点にいる案内員は，左の通路に行く人と右の通路に行く人の人数の比が 2 : 1 になるように誘導した。図のように，A 会場には左の通路，左の通路と進んだ人が入り，C 会場には右の通路，右の通路と進んだ人が入り，B 会場にはそれ以外の進み方をした人が入った。その後，A 会場と C 会場からそれぞれ y 人ずつ B 会場に移動させて，イベントを開始した。このとき，次の問いに答えなさい。

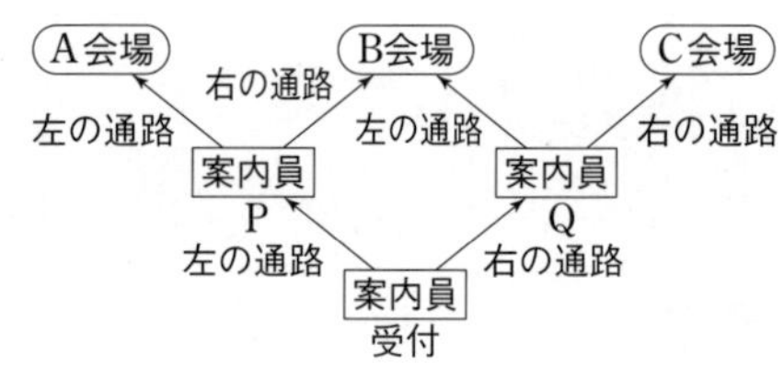

（東京・成蹊高）

(1) イベントを開始したとき，A 会場，B 会場，C 会場に入っている観客の人数をそれぞれ x，y を用いて表せ。

(2) イベントを開始したとき，B 会場の観客の人数は 580 人であり，A 会場と C 会場の観客の人数の比は 25 : 6 であった。x と y の値を求めよ。

解答の方針

048 A 町から a m のところで出会ったとして，次に出会うまでの豊子さんと花子さんの歩く時間をそれぞれ a を用いて表し，それらが等しいことから，a についての 1 次方程式をつくる。

050 (2) 連立方程式に分数が現れるので，工夫して解く必要がある。

051 ペットボトルをリサイクル資源としてつくられた繊維から衣服ができる。2Lのペットボトル23本からシャツ2枚とネクタイ3本，33本からシャツ3枚とネクタイ4本をつくることができる。

次の問いに答えなさい。ただし，シャツとネクタイはそれぞれすべて同じものとし，2Lのペットボトル1本から50gの繊維ができるものとする。 （兵庫県）

(1) シャツ1枚をつくるために必要な繊維の量をxg，ネクタイ1本をつくるために必要な繊維の量をygとして，連立方程式をつくれ。

(2) シャツ1枚，ネクタイ1本をつくるために必要な繊維の量はそれぞれ何gか求めよ。

052 ある高校の昨年度の入学者数は男女合わせて150人だった。今年度は昨年度に比べて男子が2%減少し，女子が6%増加したので，全体で入学者数は1人だけ増えた。このとき，昨年度の男子の入学者数をx，女子の入学者数をyとして，今年度の男子，女子の入学者数をそれぞれ求めなさい。

（東京電機大高改）

053 3色の異なるペンキA，B，Cがある。1缶あたりの金額はAが500円，Bが750円，Cが900円である。

A，B，Cをある割合で混ぜ合わせると新しい色のペンキXをつくることができ，Xを1缶つくるのに590円かかる。

また，XをつくるときのAとCの割合だけを入れかえると，別の新しい色のペンキYをつくることができ，Yを1缶つくるのに830円かかる。このとき，次の問いに答えなさい。ただし，1缶あたりの容量はすべて等しいものとする。 （京都・立命館高）

(1) ペンキA，B，Cを5：2：3の比で混ぜ合わせて新しい色のペンキをつくるとき，1缶つくるために必要な金額を求めよ。

(2) ペンキXをつくるためには，ペンキA，B，Cをどのような比で混ぜればよいか，最も簡単な整数の比で答えよ。

解答の方針

053 (2) ペンキXをつくるときに混ぜ合わせるA，B，Cの量の割合を，それぞれa，b，cとおく。

3 1次関数

標 準 問 題

(解答) 別冊 p.18

重要 054 **[$y=ax+b$ ($a \neq 0$) の変化の割合とグラフ]**

次の問いに答えなさい。

(1) ① y は x の1次関数で，対応する x，y の値が右の表のようになっているとき，p の値を求めよ。

x	…	0	1	…	p	…
y	…	6	4	…	0	…

② y は x の1次関数である。このとき，表の□にあてはまる数を求めよ。

x	…	-3	…	2	…	□	…
y	…	-4	…	11	…	32	…

(2) ① 1次関数 $y=-\dfrac{2}{3}x+1$ のグラフをかけ。

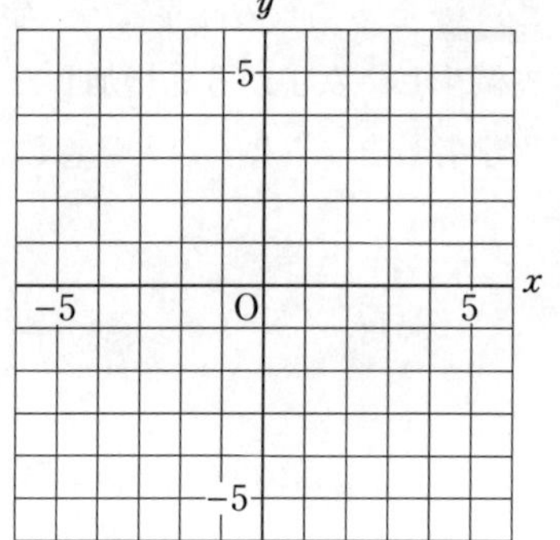

② 1次関数 $y=\dfrac{1}{3}x-1$ のグラフをかけ。

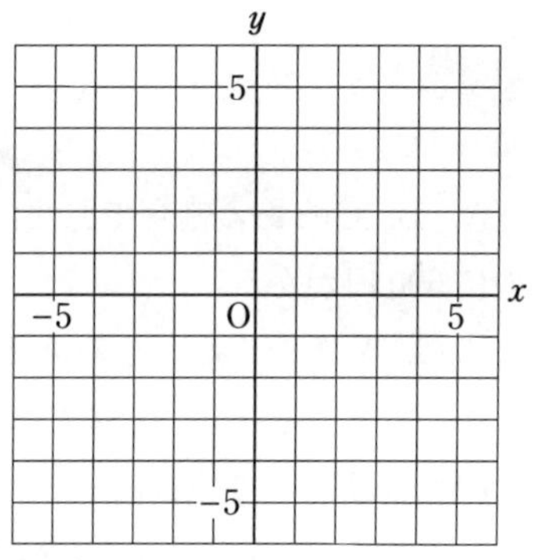

ガイド 2つの変数 x，y の間に，$y=ax+b$ (a，b は定数，$a \neq 0$)の関係があるとき，y は x の1次関数であるという。

$b=0$ の場合，$y=ax$ ($a \neq 0$)となるから，y は x に比例する。したがって，比例の関係は1次関数の特別な場合であると考えられる。

傾き＝変化の割合＝$\dfrac{y\text{の増加量}}{x\text{の増加量}}$

切片は直線が y 軸に平行でないとき，直線と y 軸との交点の y 座標。

055 **[$y=ax+b$ $(a\neq 0)$ のグラフとその性質]**

a，b を定数とする。次の㋐～㋓のうち，$a+b<0$ であり，$ab>0$ であるときの関数 $y=ax+b$ のグラフを示しているものはどれですか。1つ選び，記号をかきなさい。

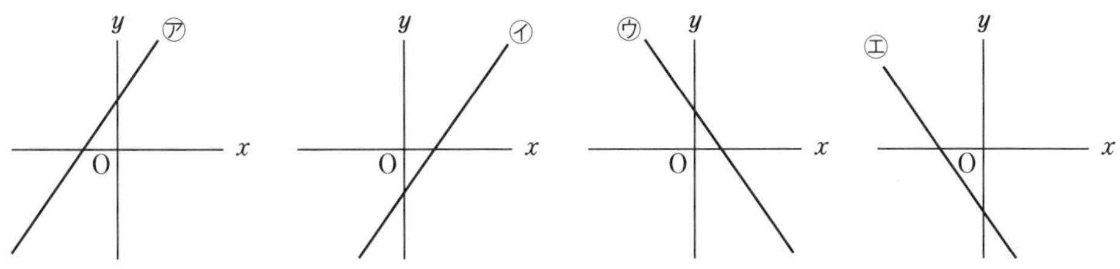

ガイド　1次関数 $y=ax+b$ のグラフは，1年で学んだ比例の式 $y=ax$ $(a\neq 0)$ のグラフと平行だから，直線になることがわかる。直線の方向を決めるのは a の値で，y 軸との交点を決めるのは b の値である。したがって a と b の値が直線を決定する。

重要 **056** **[直線の方程式を求める]**

次の1次関数の式を求めなさい。

(1)　y は x の1次関数で，そのグラフが点(1，3)を通り，傾き2の直線

(2)　変化の割合が2で，$x=1$ のとき $y=-1$ となる1次関数

(3)　2直線 $y=-3x-4$，$y=2x+1$ の交点を通り，直線 $y=-\frac{1}{2}x$ と平行な直線

ガイド　(2) 1次関数では，変化の割合は常に一定であり，$y=ax+b$ の x の係数 a に等しい。

057 [1次関数の変域を考える]

次の問いに答えなさい。

(1) 1次関数 $y=2x+3$ で，x の変域が $-1\leqq x\leqq 2$ であるとき，y の変域を求めよ。

(2) 関数 $y=ax+b$ で，x の変域が $-3\leqq x\leqq 6$ のときの y の変域が $-2\leqq y\leqq 4$ であるという。$a<0$ となる a，b の値をそれぞれ求めよ。

重要 058 [2直線の交点に関する問題]

次の問いに答えなさい。

(1) 直線 $y=2x-6$ と x 軸との交点の座標を求めよ。

(2) 2つの直線 $y=2x+1$ と $y=-x+4$ の交点の座標を求めよ。

(3) x 軸との交点の x 座標が5，直線 $y=3x+1$ との交点の x 座標が1である直線の式を求めよ。

059 [直線の平行条件を用いる]

右の図のように3本の直線①～③があり，直線①，②と y 軸の交点をP，Qとし，直線①，②と直線③の交点をR，Sとする。直線①，③の式をそれぞれ $y=ax+a$ $(a>0)$，$y=bx$ $(b\leqq 0)$，直線①と直線②は平行でPQ＝10とする。このとき，次の問いに答えなさい。

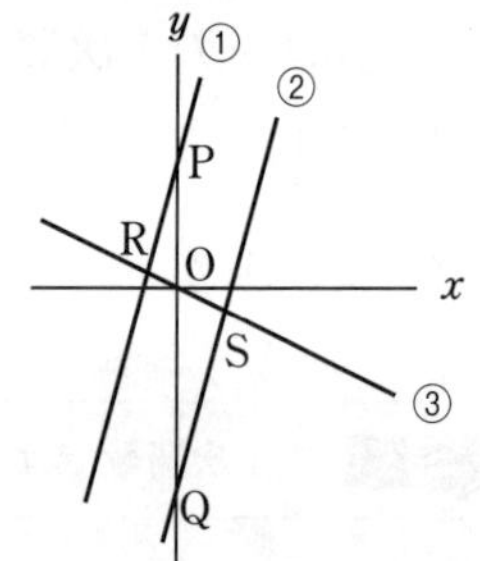

(1) 直線②の式を a を用いて表せ。

(2) $a=2$，$b=0$ のとき，線分RSの長さを求めよ。

(3) $a=4$，$b=-\frac{1}{2}$ のとき，△OPRと△OQSの面積の和を求めよ。

ガイド 2直線 $y=mx+n$ と $y=m'x+n'$ の平行条件は，$m=m'$ かつ $n\neq n'$

060 **[1 次関数の面積に関する問題]**

方程式 $2x-3y=12$ のグラフと x 軸との交点を P とする。方程式 $ax-y=-12$ のグラフが点 P を通るとき，この 2 つのグラフと y 軸とで囲まれた三角形の面積を求めなさい。

061 **[図形の面積を 2 等分する直線の式①]**

右の図で，O は原点，点 A は関数 $y=3x$ のグラフ上の点，点 B，C は x 軸上の点であり，四角形 ABCD は正方形である。

点 B の x 座標が 2 であるとき，次の問いに答えなさい。

ただし，点 C の x 座標は正とする。

(1)　点 D の座標を求めよ。

(2)　傾きが 2 で，台形 AOCD の面積を 2 等分する直線の式を求めよ。

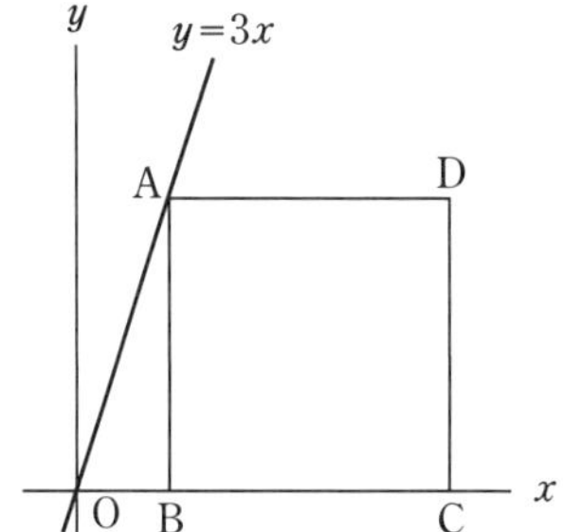

062 **[1 次関数の図形に関する問題]**

右の図のように，点 A，B は x 軸上にあり，点 D，C はそれぞれ直線 $y=x+3$，$y=\frac{1}{2}x+3$ 上にある。

また，四角形 ABCD は長方形である。点 A の x 座標を a（a は正の整数）とするとき，次の問いに答えなさい。

(1)　点 C の座標を a を使って表せ。

(2)　点 (0，3) を E とする。△ECD の面積が 8 になるとき，点 D の座標を求めよ。

(3)　四角形 ABCD の面積が 10 になるとき，点 D の座標を求めよ。

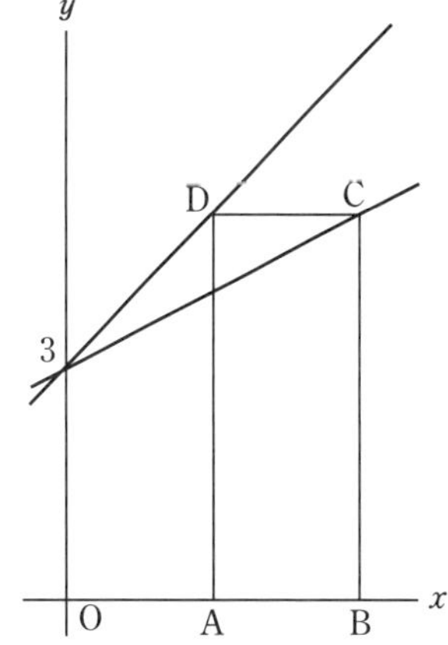

063 [水そうの問題]

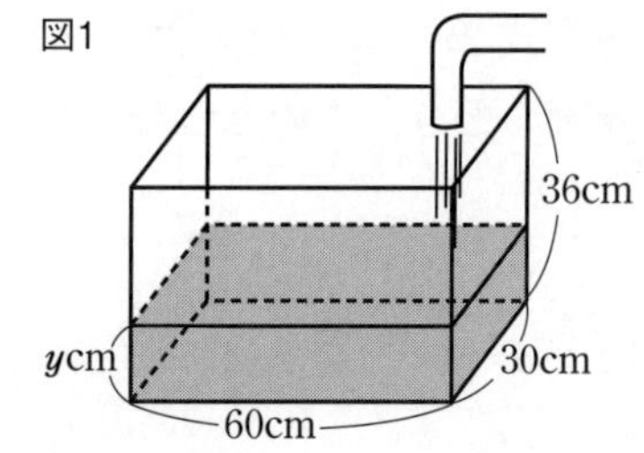

水平に置かれた横幅 60 cm，奥行 30 cm，高さ 36 cm の直方体の水そうがあり，はじめにいくらか水が入っている。この水そうに一定の割合で給水する。**図 1** のように水を入れ始めてから x 分後の水の深さを y cm とする。**図 2** は x と y の関係をグラフに表したものである。

次の［　］に入る数を求めなさい。

このとき，はじめに水そうに入っていた水の量は［(1)］L であり，水そうが満水になるのは水を入れ始めてから［(2)］分後である。ただし，水そうの厚みは考えないものとする。

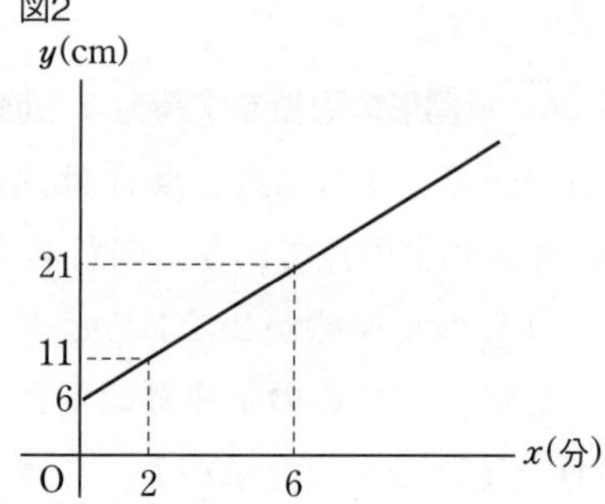

064 [グラフから事象を読みとる]

A さんの家から図書館へ行く途中に学校がある。A さんは，午後 1 時に家を出発し，一定の速さで走って学校に向かった。学校に着いてしばらく休憩をした後，学校から図書館までは一定の速さで歩き，図書館に着いた。

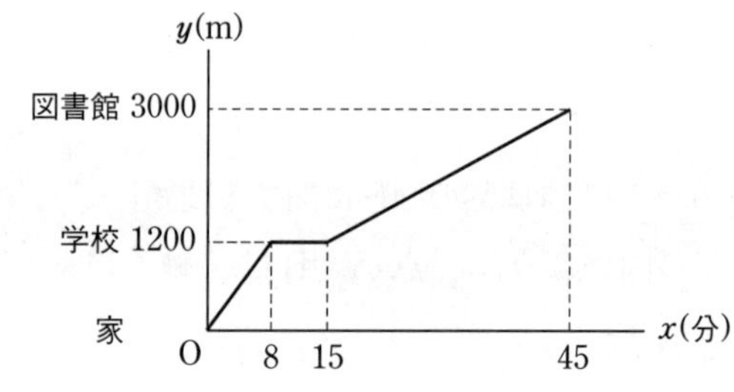

図は，A さんが家を出発してから x 分間に進んだ道のりを y m として，x，y の関係をグラフに表したものである。

次の問いに答えなさい。

(1) A さんが学校にいたのは何分間か求めよ。

(2) 家から学校まで A さんが走った速さは，毎分何 m か求めよ。

(3) A さんが家を出発したあと，A さんの兄が自転車で家を出発し，毎分 200 m の速さで同じ道を通って図書館へ向かったところ，午後 1 時 35 分に A さんに追いついた。A さんの兄が家を出発した時刻と，A さんの兄が家を出発してから A さんに追いつくまでに進んだ道のりを求めよ。

重要 065 [道のりの問題]

A地からB地まで全長が125 mの直線コースがある。兄と弟はともにA地を出発点とし，兄はA地とB地を1往復走り，弟はA地からB地まで歩く。兄が先に出発し，その20秒後に弟が出発する。

兄の走る速さが毎秒2.5 m，弟の歩く速さが毎秒1.5 mであるとき，次の問いに答えなさい。

(1) 弟が出発してからx秒後の，兄と弟の距離をy mとする。弟が出発してから，兄とすれ違うまでのx，yの関係をグラフに表せ。

(2) 弟と兄がすれ違うのは，A地から何m離れたところか求めよ。

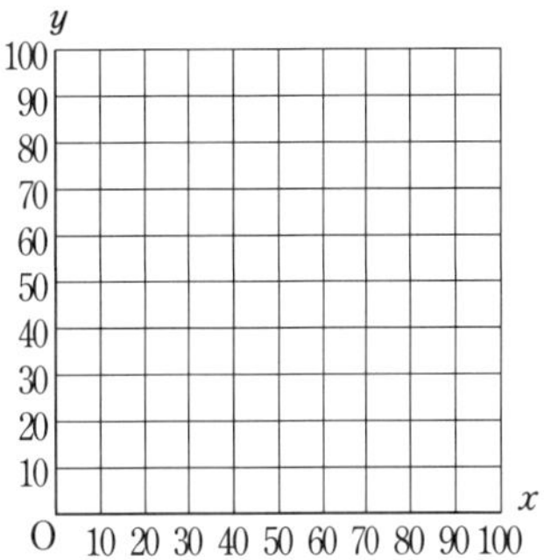

066 [図形の面積を2等分する直線の式②]

4点O (0, 0)，A (7, 5)，B (3, 9)，C (−1, 1)を頂点とする四角形OABCと直線$y=ax+b$がある。次の問いに答えなさい。

(1) $a=1$のとき，直線$y=x+b$が四角形OABCと交わるようなbの値の範囲を求めよ。

(2) $b=-3$のとき，直線$y=ax-3$が四角形OABCと交わるようなaの値の範囲を求めよ。

(3) 直線$y=ax+b$が2つの辺AB，OCと交わるとき，$a+b$の値の範囲を求めよ。

(4) 直線$y=ax+b$が頂点Oを通り四角形OABCの面積を2等分するとき，a，bの値をそれぞれ求めよ。

> **ガイド** (3) 直線$y=ax+b$において，$a+b$は$x=1$のときのyの値を示す。
> (4) 辺AB，辺OCの中点をそれぞれP，Qとおくと，求める直線は線分PQの中点Rを通ればよい。

重要 **067 [面積に関する問題]**

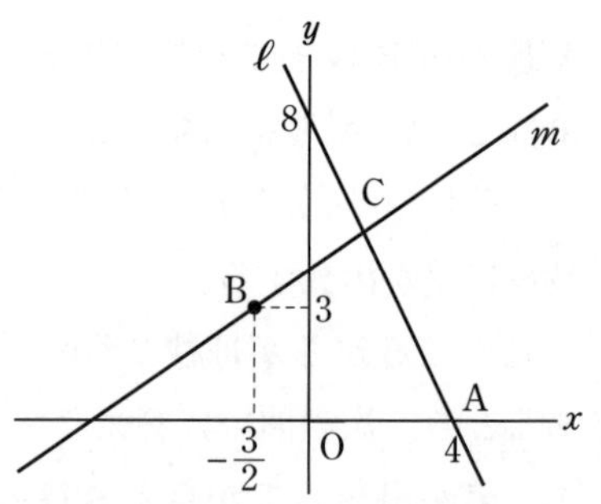

右の図のように，点 A(4, 0) と点 (0, 8) を通る直線を ℓ,

点 B$\left(-\frac{3}{2}, 3\right)$を通り，傾きが $\frac{2}{3}$ である直線を m とする。

また，直線 ℓ と直線 m との交点を C とする。

このとき，次の問いに答えなさい。

(1) 直線 m の式を求めよ。

(2) 点 C の座標を求めよ。

(3) 点 O を出発点として，四角形 OACB の周上を O → A → C → B の順に点 O から点 B まで動く点を P とする。

△OPB の面積が四角形 OACB の面積の $\frac{1}{4}$ になるときの点 P の座標をすべて求めよ。

068 [2 つの線分の和が最小となる条件]

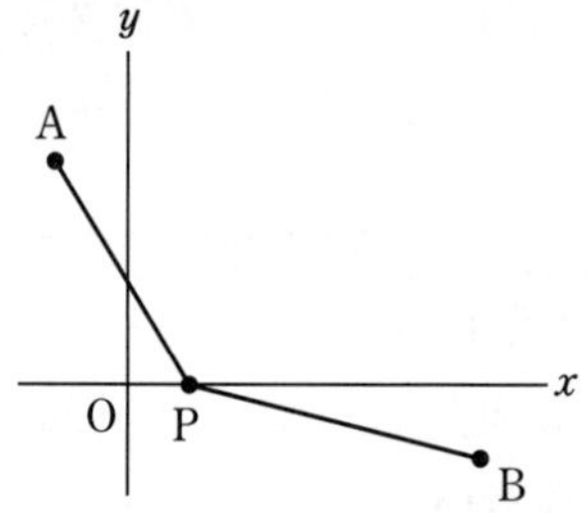

右の図において，2 点 A，B の座標は，それぞれ (−1, 3)，(5, −1) である。また，x 軸上の点 $(a, 0)$ を P とする。線分 AP と線分 PB の長さの和が最も小さくなるとき，a の値を求めなさい。

069 [動直線を考える]

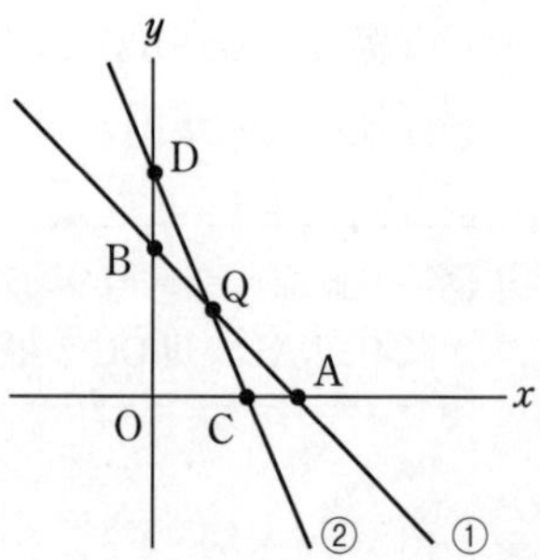

2 直線 $y=-x+2$ ……①，$y=-2x+p$ ……②の交点を Q とし，その x 座標，y 座標はともに 0 以上とする。さらに①と x 軸，y 軸との交点をそれぞれ A，B，②と x 軸，y 軸との交点をそれぞれ C，D とする。次の問いに答えなさい。

(1) p のとりうる値の範囲を求めよ。

(2) △QAC の面積が △QBD の面積の 2 倍となるとき，p の値を求めよ。

070 [1次関数と図形]

右の図のように，2点 A$(0,\ 3)$，B$(3,\ 0)$ がある。点 A を通り，傾き $\frac{3}{2}$ の直線と x 軸との交点を C とする。また，四角形 ACDB が平行四辺形となるように点 D をとる。

このとき，次の問いに答えなさい。

(1) 2点 A，B を通る直線の式を求めよ。

(2) 点 C の座標を求めよ。

(3) 点 D の座標を求めよ。

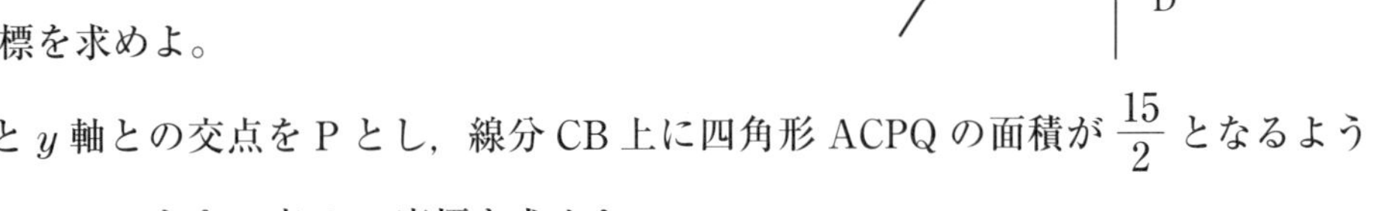

(4) 線分 CD と y 軸との交点を P とし，線分 CB 上に四角形 ACPQ の面積が $\frac{15}{2}$ となるように点 Q をとる。このとき，点 Q の座標を求めよ。

(5) (4)のとき，線分 AC 上に点 R をとり，△CPR と △CPQ の面積が等しくなるようにする。このとき，点 R の x 座標を求めよ。

071 [x の範囲によって関係式の変わる1次関数を考える①]

右の図のように，AB∥DC で高さが 4 cm の台形 ABCD の辺上を動く点 P があり，点 A から出発し，点 B，C を通って点 D まで動くものとする。また，点 P が点 A から x cm 動いたときの △APD の面積を y cm^2 とする。次の問いに答えなさい。

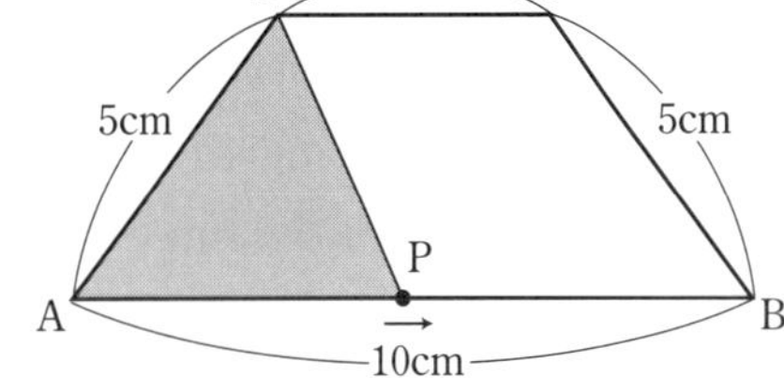

(1) 点 P が辺 AB 上を動くとき，y を x の式で表せ。ただし，x の変域は書かなくてもよい。

(2) 点 P が A から D まで動くときの，△APD の面積の変化のようすを右の図にグラフで表せ。

(3) △APD の面積が，台形 ABCD の面積の半分になるときの x の値を求めよ。

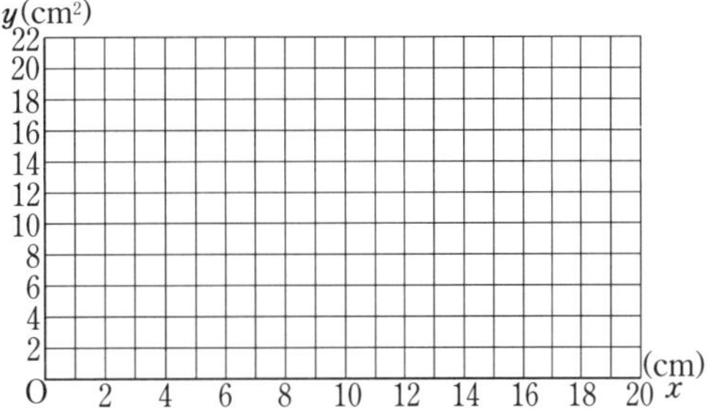

072 ［x の範囲によって関係式の変わる１次関数を考える②］

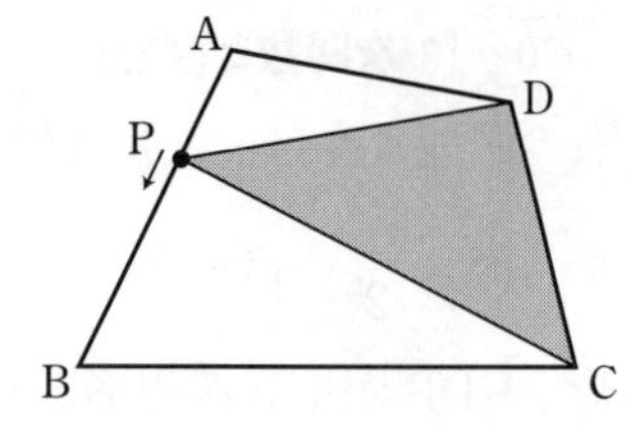

右の図のような四角形 ABCD がある。点 P は，点 A を出発して，毎秒 1 cm の速さで，四角形 ABCD の辺上を点 B を通って点 C まで動く点である。点 P と点 C，点 P と点 D をそれぞれ結ぶ。

右のグラフは，点 P が点 A を出発してからの時間を x 秒，そのときの △CDP の面積を y cm^2 として，x と y の関係を表したものである。

これについて，次の問いに答えなさい。

(1) 辺 BC の長さを求めよ。

(2) 右のグラフで，x の変域が $4 \leqq x \leqq 10$ のとき，y を x の式で表せ。

(3) 点 P が点 A を出発してから a 秒後の △CDP の面積と，a 秒からさらに 4 秒経過した b 秒後の △CDP の面積が等しくなった。このとき，a，b の値を求めよ。

073 ［x の値によって関係式が変わる１次関数の応用］

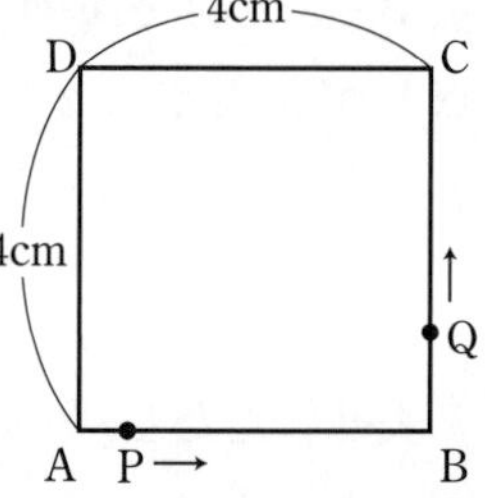

右の図のような縦 4 cm，横 4 cm の正方形 ABCD がある。点 P は点 A を出発して，毎秒 1 cm の速さで辺 AB を点 B まで動き，その後は停止する。また，点 Q は点 B を出発して，毎秒 2 cm の速さで正方形の辺上を点 C，D を通って点 A まで動く。

点 P，Q が同時に出発して x 秒後の △APQ の面積を y cm^2 とするとき，次の問いに答えなさい。

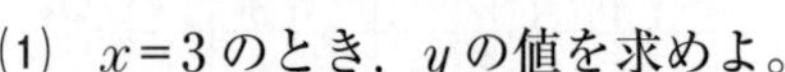

(1) $x=3$ のとき，y の値を求めよ。

(2) x の変域が $4 \leqq x \leqq 6$ のとき，y を x の式で表せ。

(3) 点 Q が点 D を通過したあと $y=6$ をみたす x の値を求めよ。

074 **[グラフから，距離，速さ，時間を読みとる]**

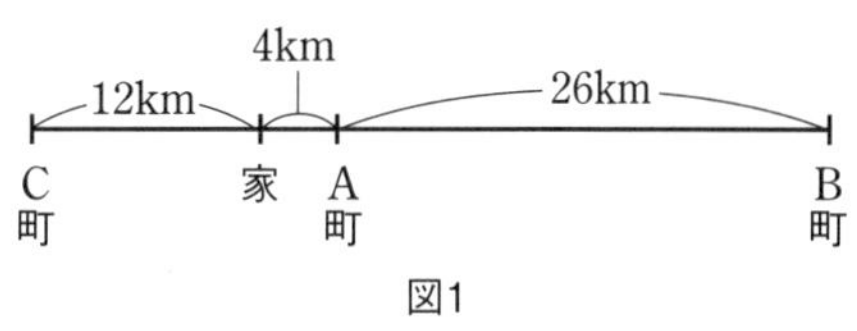

図1

まきさんと兄は，B町へ行くために，午前8時に同時に家を出発した。まきさんは自転車とバスで直接行き，兄はオートバイでC町に寄ってから行った。2人は同時にB町に着いた。

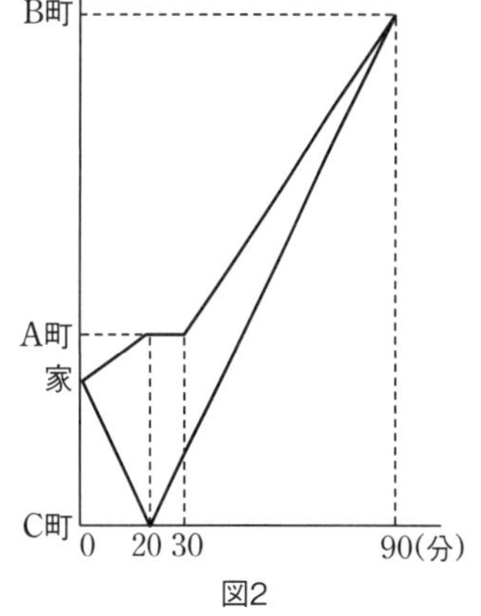

図2

図1は，家および各町の位置と距離を表している。**図2**は，2人が家を出発してからの時間と2人の位置の関係を表したものである。ただし，自転車，バス，オートバイの速さはそれぞれ一定とし，C町，家，A町，B町をつなぐ道は，一直線になっているものとする。次の問いに答えなさい。

(1) 兄が家を出発してからB町に着くまでに，オートバイで走った距離を求めよ。

(2) まきさんと兄が家を出発してからx分後の2人の間の距離を$y$kmとする。

① $0 \leqq x \leqq 20$のときのxとyの値を右の表のようにまとめた。(ア)〜(エ)にあてはまる数を書け。

x	0	5	10	15	20
y	0	(ア)	(イ)	(ウ)	(エ)

② $0 \leqq x \leqq 90$のときのxとyの関係を表すグラフを下の図にかけ。

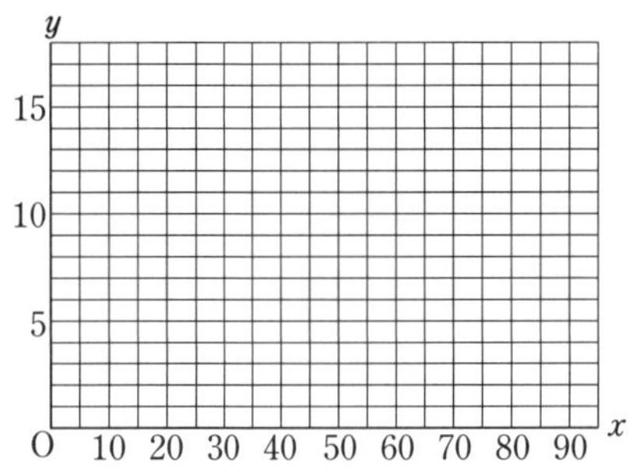

③ $30 \leqq x \leqq 90$のとき，yをxの式で表せ。

④ 2人が家を出発してからB町に着くまでに，2人の間の距離が4kmになるときが2回ある。それぞれの時刻を求めよ。

最高水準問題

解答 別冊 p.24

075 A(−2, −3), B(3, 4), C(5, −2) とする。次の問いに答えなさい。 (東京・日本女子大附高)

(1) 点 A を通り，辺 BC と交わる直線の傾き m の範囲を不等号を使って表せ。

(2) 点 A を通り，△ABC の面積を 2 等分する直線の式を求めよ。

076 平面上に 5 点 A(−9, 0), B(−6, 8), C(0, 12), D(8, 8), E(9, 0) がある。このとき，次の問いに答えなさい。 (茨城・土浦日本大高)

(1) 2 点 C, E を通る直線の傾きを求めよ。

(2) 点 D を通り，2 点 C, E を通る直線に平行な直線が，x 軸と交わる点の座標を求めよ。

(3) 点 C を通る直線が，五角形 ABCDE の面積を 2 等分するとき，その直線が x 軸と交わる点の座標を求めよ。

077 次の問いに答えなさい。

(1) 2 直線 $y=ax+4$, $y=(a+1)x+1$ と y 軸で囲まれてできる三角形の面積を求めよ。ただし，a は定数とする。 (東京・豊島岡女子学園高)

(2) a を定数とする。2 つの直線 $y=3x+a+10$, $y=4x-2a$ の交点が x 軸上の点であるとき，a の値を求めよ。 (東京・国立高)

解答の方針

075 (1) 直線 AB の傾き，直線 AC の傾きをそれぞれ求める。

(2) 点 A と線分 BC の中点を通る直線を考える。

076 (2) 求める直線の傾きは，直線 CE の傾きと等しい。

(3) 四角形 AOCB, 四角形 OEDC の面積をそれぞれ求め，求める点の位置を考える。

077 (1) $y=ax+4$ は a の値にかかわらず (0, 4) を通る。

$y=(a+1)x+1$ は a の値にかかわらず (0, 1) を通る。

(2) 求める交点の座標を $(b, 0)$ とおくと，$x=b$, $y=0$ は $y=3x+a+10$, $y=4x-2a$ をともにみたす。

難 **078** Aさんは毎朝7時に家を出てバス停まで歩き5分間バスを待ってバスで学校まで通っている。妹のBさんは，Aさんと同じルートを自転車で学校まで通っている。Aさんが家からバス停まで歩く時間と，バスに乗車している時間は同じである。また，いつもAさんとBさんは同時に家を出て，Aさんの方が3分早く学校に着く。Aさんの歩く速さ，Bさんの自転車の速さ，バスの速さはそれぞれ時速4 km，10 km，20 kmで一定とし，Aさんがバスから降りた地点は学校まで0分とする。このとき次の問いに答えなさい。 (東京・お茶の水女子大附高)

(1) ① 家から学校までの道のりを求めよ。

② Aさんが学校に着く時刻を求めよ。

③ BさんがAさんの乗ったバスに追いぬかれる時刻を求めよ。

(2) ある朝，Aさんはいつもどおり家を出たが，Bさんは家を出るのがAさんより7分遅れてしまったので，いつもより急いで学校に向かったところ，Aさんの乗ったバスに追いぬかれた地点はいつもと同じだった。この日，Bさんが歩いているAさんを追いぬいた時刻を求めよ。ただし，Bさんの自転車の速さは一定とする。

079 次の問いに答えなさい。

(1) 2点A(1, 5)，B(4, 3)について，直線$y=ax+2$が線分AB上(両端を含む)の点を通るとき，aの値の範囲を不等号を用いて表せ。 (長崎・青雲高)

(2) 座標平面上にA(1, 2)，B(3, 4)がある。線分ABと直線$y=2x+b$が交わるとき，bの値の範囲を求めよ。 (東京・法政大高)

080 次の問いに答えなさい。

(1) 直線$y=-\frac{2}{3}x+\frac{19}{3}$上にある，$x$座標，$y$座標がともに正の整数である点の座標をすべて求めよ。 (東京・海城高)

(2) 直線$y=\frac{1}{2}x+5$のグラフ上の点で，x座標が負の整数で，y座標が正の整数となるような点は，全部で何個あるか。 (福岡大附大濠高)

解答の方針

080 xについて解くと，y座標の候補がより絞りやすくなる。

081 右の図のように，関数

$y=ax$ ……①

のグラフと，

$y=-\frac{2}{3}x+4$ ……②

のグラフがある。関数①，②のグラフの交点をAとする。また，関数②のグラフと y 軸との交点をBとする。

ただし，$a>0$ とする。

このとき，次の問いに答えなさい。

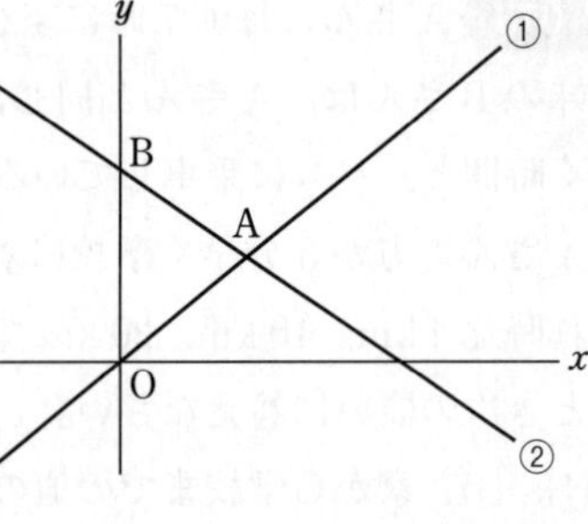

（広島県）

(1) 点Bの y 座標を求めよ。

(2) 線分OA上の点で x 座標と y 座標がともに整数である点が，原点以外に1個となるような a の値のうち，最も小さいものを求めよ。

082 座標平面上の点P(3, 1)を直線 $y=x$ に関して対称移動し，さらに原点Oを中心に反時計回りに90°回転移動した点Qの座標を求めなさい。

（東京・巣鴨高）

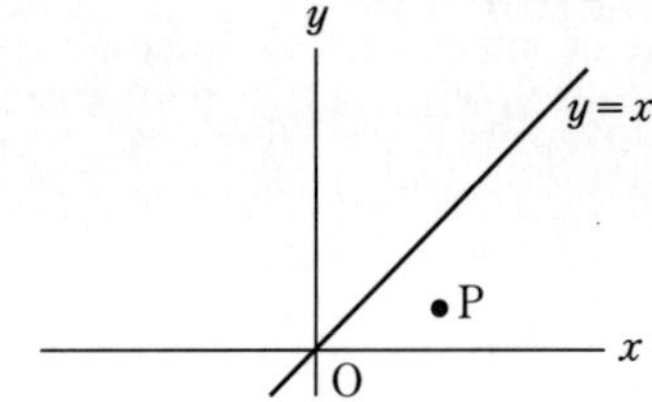

解答の方針

081 (2) 計算では求めにくいので，x 座標と y 座標がともに整数である点を図示して考える。

082 原点，点P，点Pから x 軸に引いた垂線から直角三角形を見つけ，図形的に考える。

083 A駅とC駅の間を普通列車と急行列車が運行している。A駅とC駅の間には，普通列車だけがとまるB駅があり，A駅からB駅までの距離は8 km，A駅からC駅までの距離は20 kmである。

A駅　　B駅　　C駅

普通列車は，A駅を出発して時速60 kmでB駅に向かい，B駅で2分間停車した後，時速72 kmでC駅に向かった。

このとき，次の問いに答えなさい。

ただし，列車は各駅の間を一定の速さで走るものとし，列車の長さは考えないものとする。

（愛知県）

(1) 普通列車がA駅を出発してからx分後のA駅から普通列車までの距離をy kmとする。普通列車がA駅を出発してからC駅に到着するまでのxとyの関係をグラフに表せ。

(2) 急行列車は，普通列車がA駅を出発した2分後にC駅を出発して，時速a kmでA駅に向かって走り，普通列車がB駅で停車している間にB駅を通過した。aがとることのできる値の範囲を求めよ。

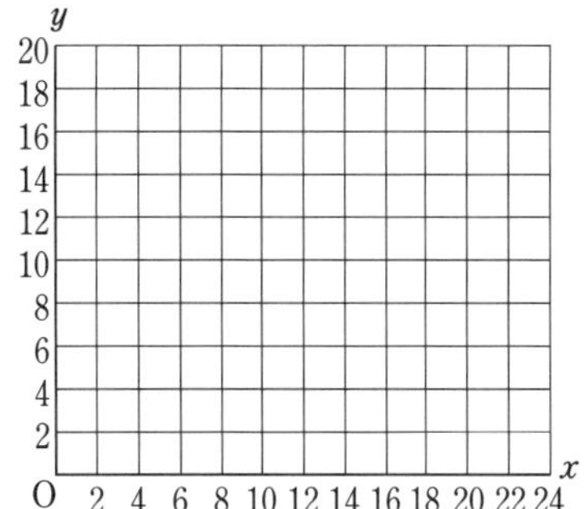

難 **084** 全長が33 kmのコースにおいて，A君とB君は自転車で，C君はバイクで，A君，B君，C君の順番にスタートした。A君は，スタートしてから45分後に15 km地点を通過した。B君は，18 km地点でA君を追いこし，A君より5分早くゴールした。また，C君は，15 km地点をB君より7分遅れて通過し，A君より10分早くゴールした。次の問いに答えなさい。（東京・中央大附高）

(1) B君の速さは時速何kmか求めよ。

(2) C君はA君の何分後にスタートしたか求めよ。

(3) C君がB君に追いついたのは何km地点か求めよ。

解答の方針

083 (1) A駅～B駅，B駅で停車しているとき，B駅～C駅で分けて考える。

(2) 急行列車のグラフは，点(2, 20)を通り，傾きが$-\dfrac{a}{60}$である。

084 (1) A君の分速は$\dfrac{1}{3}$ kmなので，33 km進むのにかかる時間は$33\div\dfrac{1}{3}=99$（分）である。

(2) C君が15 km地点，ゴールについたのはそれぞれ何分後かを求める。

085 幸二(こうじ)さんは自宅から歩いて友達の家まで行き，友達と話をしてから，一緒に友達の父が運転する自動車で映画館に向かった。右の図は，幸二さんが自宅を出発してから映画館に到着するまでのグラフであり，自宅を出発してからの時間 x (分) と自宅からの道のり y (km) の関係を表している。次の問いに答えなさい。ただし，歩く速さや自動車の速さは一定とし，自動車の乗り降りにかかる時間は考えないものとする。　(秋田県)

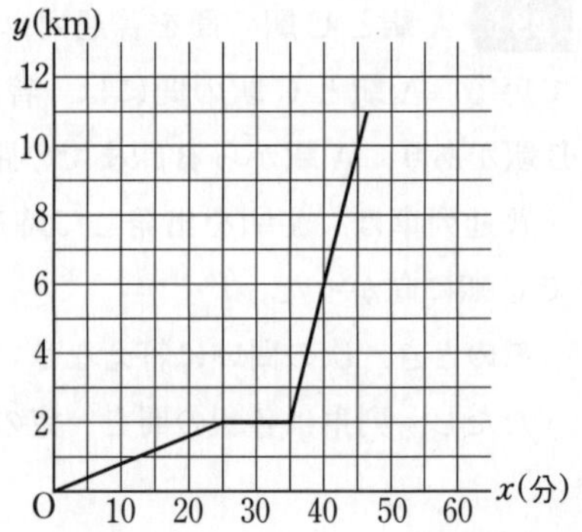

(1) 幸二さんが歩いているときの x と y の関係を表す式を求めよ。

(2) 次の㋐〜㋔から正しいものを2つ選んで記号を書け。

㋐ 歩いていた時間は2分間である。

㋑ 自宅から友達の家までの道のりは2 km である。

㋒ 友達の家で話をしていた時間は35分間である。

㋓ 自宅からの道のりが6 km になったのは，自宅を出発して40分後である。

㋔ 友達の家から映画館までの道のりは11 km である。

(3) 幸二さんの兄は，幸二さんと同時に自宅を出発し，同じ道を自転車で映画館に向かった。最初は時速18 km の一定の速さで，途中からは時速12 km の一定の速さで進んだ。

① 兄は出発して50分後に映画館に着いた。兄が自宅を出発してから映画館に到着するまでの x と y の関係を表すグラフを上の図にかけ。

② 兄が幸二さんたちと同じ時刻に映画館に着くためには，時速18 km で何分間進めばよいか求めよ。

解答の方針

085 (2) グラフを見て，あてはまるものを選ぶ。

(3)① 18 km/時で進んだ時間を t 分として関係式を求める。

② 直線の傾きが m のとき，x が1増加すると y が m 増加する。これは，y が1増加すると x が $\frac{1}{m}$ 増加することと同じである。

086 右の**図1**で，点Oは原点，直線ℓは$y=-x+k$のグラフを表し，3点A，B，Cの座標はそれぞれ，(7，7)，(−2，1)，(5，−1)である。点Aと点B，点Bと点C，点Cと点Aをそれぞれ結ぶ。

原点から点(1，0)までの距離，および原点から点(0，1)までの距離をそれぞれ1cmとして，次の問いに答えなさい。

（東京・産業技術高専）

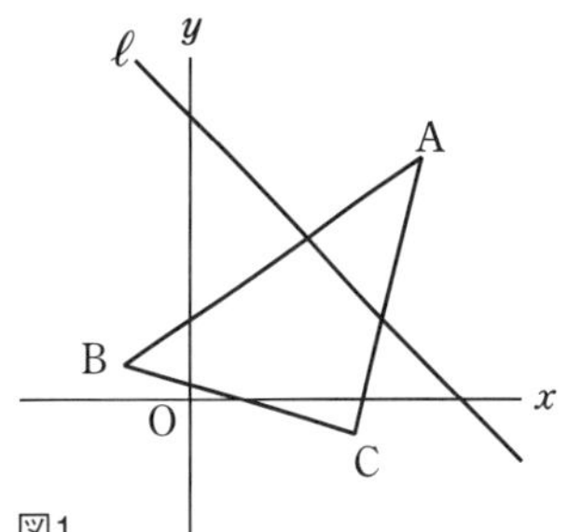

図1

(1) 2点A，Cを通る直線の式を求めよ。

(2) 直線ℓが△ABCと交わるとき，kのとる値の範囲を不等号を使って［　］$\leqq k \leqq$［　］で表せ。

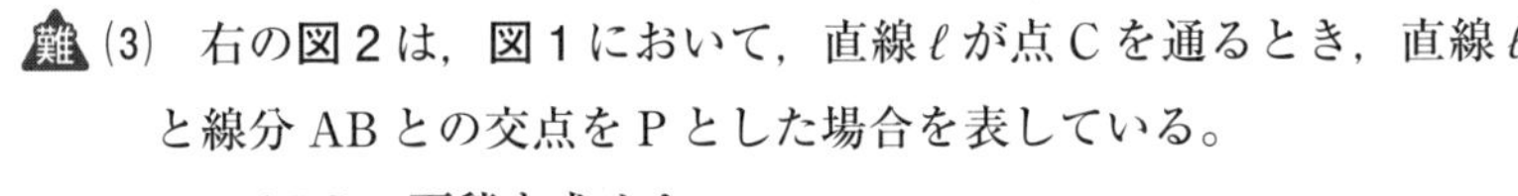

難 (3) 右の**図2**は，**図1**において，直線ℓが点Cを通るとき，直線ℓと線分ABとの交点をPとした場合を表している。
△APCの面積を求めよ。

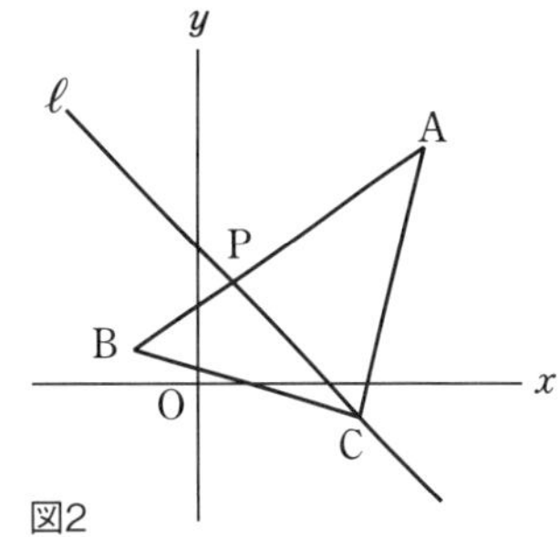

図2

087 1周5000mの湖がある。AさんとBさんは同じ場所から出発し，それぞれ湖を1周する。Aさんは出発してから途中1回の休憩をとる。右のグラフは，Aさんが出発してからx分間に進んだ道のりをymとしたときのxとyの関係を表したものである。このとき，次の問いに答えなさい。

（東京・明治学院高）

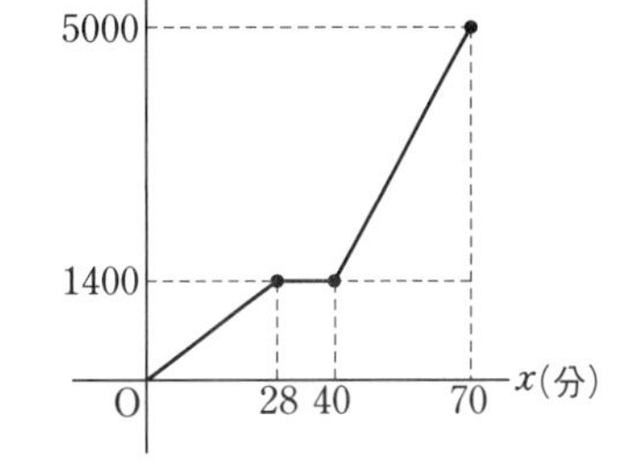

(1) Aさんが出発してから休憩するまでの速さは毎分何mか求めよ。

(2) Aさんが休憩後に再び出発して1周するまでのxとyの関係を式で表せ。

難 (3) Bさんは，Aさんが最初に出発してから10分後に毎分60mの速さで，Aさんとは反対方向に進んだ。2人が出会うのはBさんが出発してから何分後か求めよ。

解答の方針

086 (3)点Cを通るときの直線ℓの式，直線ABの式を求める。

087 (3)Bさんのグラフは点(10，5000)を通り，傾きが−60である。

088 右の図のように，xy 座標平面に原点を通る直線 ℓ と反比例 $y=\dfrac{a}{x}$ $(x>0)$ を表す曲線 m のグラフが点 A(3, 4) で交わっているとき，次の問いに答えなさい。　（茨城・江戸川学園取手高 改）

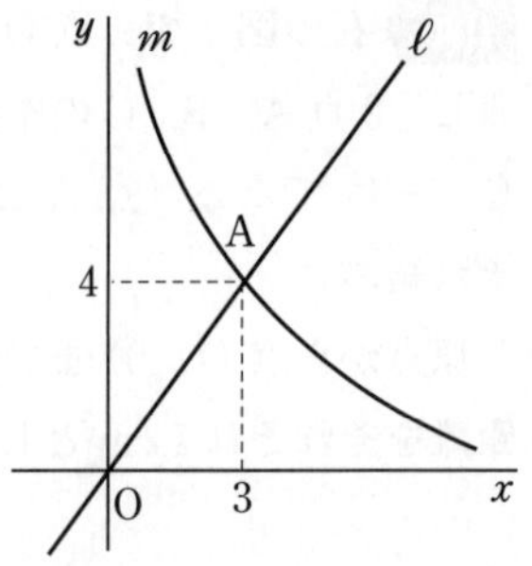

(1) a の値を求めよ。

(2) 曲線 m 上の点で，x 座標，y 座標がともに自然数である点の個数を求めよ。

(3) 曲線 m 上の点 B が，OA＝OB をみたすとき，△OAB の面積を求めよ。ただし，点 B は点 A と異なる点とする。

(4) 線分 AC の中点が B となるように点 C をとる。この点 C を通り，直線 ℓ に平行な直線を n とするとき，直線 n の方程式を求めよ。

089 座標平面上に，2 直線 $y=2x$，$y=\dfrac{1}{2}x$ がある。正方形 ABCD が，頂点 A が $y=2x$ 上に，頂点 C が $y=\dfrac{1}{2}x$ 上に，そして各辺が軸に平行になるように置かれている。頂点 A の x 座標は 2 であり，頂点 C の x 座標は 2 より大きい。同様に，正方形 EFGH が，頂点 E が $y=2x$ 上に，頂点 G が $y=\dfrac{1}{2}x$ 上に，そして各辺が軸に平行になるように置かれている。ただし，頂点 G の x 座標は頂点 E の x 座標より大きい。正方形 ABCD と正方形 EFGH が重なった部分の面積が 1cm^2 であるとき，次の問いに答えなさい。ただし，座標軸の 1 目盛りを 1 cm とする。　（東京・早稲田実業高）

(1) 頂点 C の座標を求めよ。

難 (2) 頂点 E の x 座標をすべて求めよ。

解答の方針

089 (2) 正方形 ABCD の面積に対して，重なった部分の面積 (1 cm^2) がどのような関係にあるかを考えると，正方形 EFGH の頂点の位置が見えてくる。

090 右の図のように，曲線 $y=\dfrac{a}{x}$ ……①，直線 $y=\dfrac{5}{2}x$ ……②，直線 $y=bx$ ……③がある。①と②の交点をAとし，その y 座標は5である。また，①と③の交点をBとし，その x 座標は4である。次の問いに答えなさい。 （茨城・土浦日本大高）

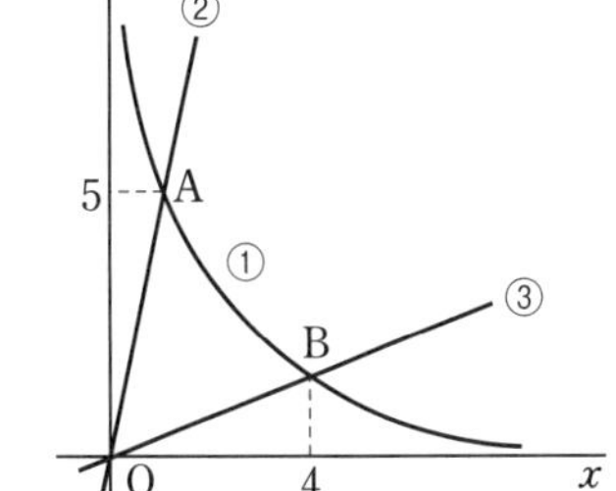

(1) a の値を求めよ。

(2) b の値を求めよ。

(3) 点Aを通り直線③と傾きが同じ直線と，点Bを通り直線②と傾きが同じ直線との交点をCとするとき，点Cの座標を求めよ。また，平行四辺形OACBの面積を求めよ。

難 **091** ある自動車の燃料タンクにガソリンを最大限入れ，燃料がなくなるまで走らせる。(ア)〜(ウ)のことがわかっている。このとき，次の問いに答えなさい。 （東京・筑波大附高）

(ア) 時速30 kmで走らせると，走行時間は11時間である。
(イ) 速度の増加に応じて，走行時間は一定の割合で減少する。
(ウ) 時速40 kmで走らせる場合と，時速100 kmで走らせる場合の走行距離は等しい。

(1) 時速 x kmで走らせたところ，走行時間は y 時間であった。y を x の式で表せ。

(2) 時速70 kmで a 時間走らせた後，時速98 kmで b 時間走らせたところ，走行距離は462 kmであった。走行時間の合計 $(a+b)$ の時間は何時間か求めよ。

解答の方針

091 (1)(イ)から，y と x は1次関数の式で表せることがわかる。

092 A 駅と B 駅を結ぶ鉄道があり，どの列車も一方の駅を出発してから 9 分後にもう一方の駅に着く。ただし，列車は駅の間を一定の速さで走るものとし，列車の長さは考えないものとする。このとき，次の問いに答えなさい。（東京学芸大附高）

(1) A 駅を 7 時 5 分に出発した列車は，B 駅を 7 時に出発した列車，B 駅を 7 時 8 分に出発した列車と出会う。その時刻をそれぞれ求めよ。

難 (2) 学芸君は A 駅から B 駅までこの鉄道に沿った道を自転車で 45 分かけて通っている。学芸君が，A 駅を 7 時 5 分に出発した列車に追いぬかれてから 100 秒後に B 駅を 7 時に出発した列車と出会った。学芸君が A 駅を出発した時刻を求めよ。ただし，学芸君も一定の速さで進むものとする。

093 右の図の三角柱 ABC－DEF は，AB＝BC＝2 cm，AD＝6 cm，∠ABC＝90° であり，点 P は辺 BE 上の点で，BP＝4 cm である。

点 Q は，A を出発して辺 AD 上を毎秒 1 cm の速さで動き，1 往復して A で停止する。

点 R は，C を出発して辺 CF 上を毎秒 2 cm の速さで動き，2 往復して C で停止する。

Q，R が同時に出発するとき，次の問いに答えなさい。（群馬県）

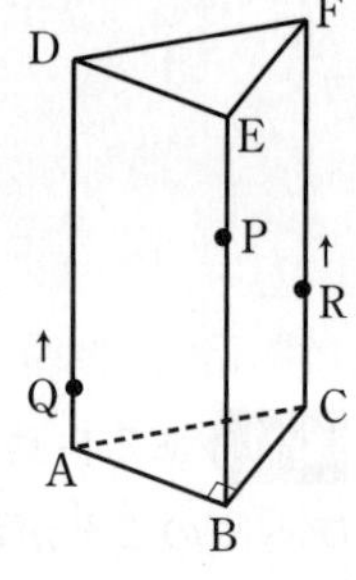

(1) 出発してから停止するまでの，Q，R それぞれについて，出発してからの時間と，底面 ABC との距離の関係を表すグラフを，それぞれ右の図へかけ。

(2) Q，R が出発してから 5 秒後の，五面体 ABC－QPR の体積を求めよ。

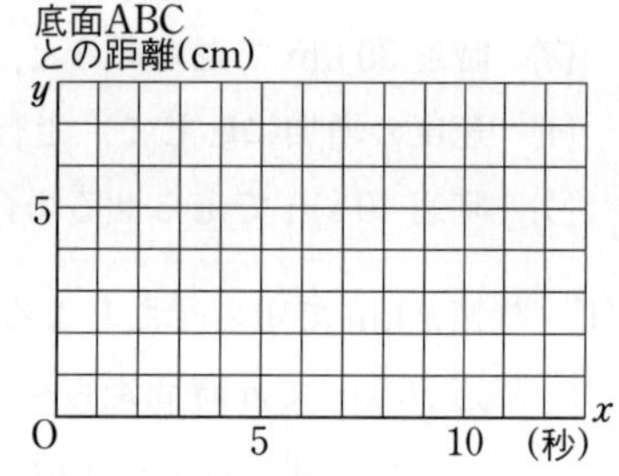

※Q，Rのそれぞれのグラフがわかるようにすること。

解答の方針

092 (2) AB＝a，学芸君の出発した時刻を b とおいて，それぞれの列車の動きを表す直線との交点の x 座標を求める。その差が 100秒＝$\frac{100}{60}$ 分である。

093 (2) 五面体 ABC－QPR を平面 QBC で切り取って考える。

094 1辺が40 cmの立方体の水そうと，1つの面だけが赤色に塗られている直方体のおもりPがある。

図1は，おもりPを2つ縦に積み上げたものを水そうの底面に固定したものである。**図2**は，**図1**の水そうに一定の割合で水を入れたとき，水を入れ始めてからx分後の水そうの底面から水面までの高さをy cmとして，xとyの関係をグラフに表したものである。**図3**は，おもりPを2つ横に並べたものを水そうの底面に固定したものである。

ただし，直方体のおもりPは，赤色に塗られた面が上になるように用いるものとする。水そうの底面と水面は常に平行になっているものとし，水そうの厚さは考えないものとする。このとき，次の問いに答えなさい。

（茨城県）

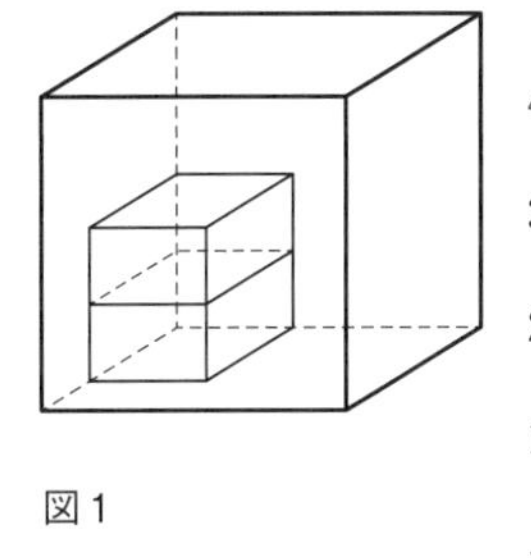

図1

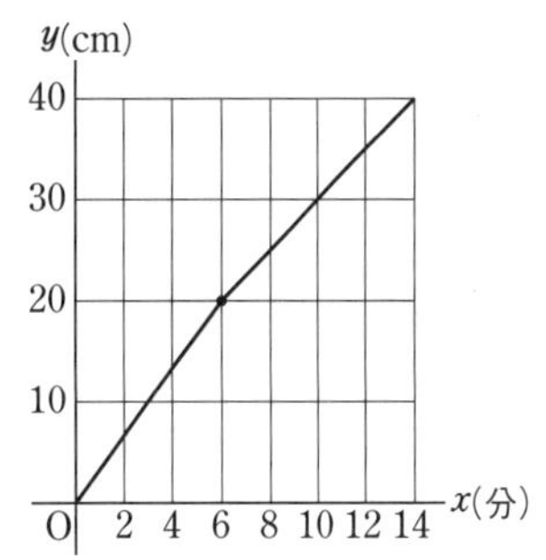

図2

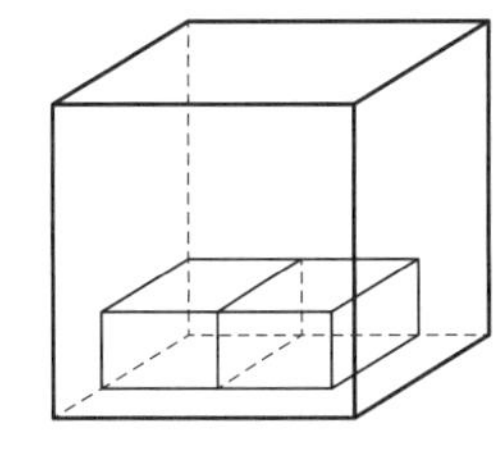

図3

(1)　下の文中の［ア］，［イ］にあてはまる数をそれぞれ書け。

> **図2**のグラフにおいて，水を入れ始めて6分後から満水になるまでの間に，水そうの底面から水面までの高さは［ア］cm上がっているので，水そうには，毎分［イ］cm^3で水を入れていたことがわかる。

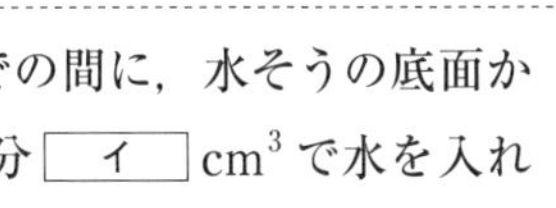

(2)　**図3**の水そうにおいて，一定の割合で水を入れたところ，水を入れ始めてから14分後に満水になった。このとき，水そうの底面から水面までの高さが8 cmになるのは，水を入れ始めてから何分後か求めよ。

解答の方針

094 (2)(1)をもとにPの体積を求め，さらに赤い面の面積を求める。

4 平面図形と平行

標準問題

(解答) 別冊 p.32

095 [角と角の位置関係]

右の図について，次の問いに答えなさい。

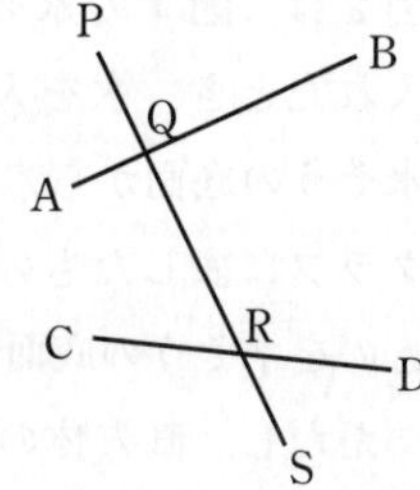

(1) どの角とどの角が対頂角になっているか。すべてあげよ。

(2) どの角とどの角が同位角になっているか。すべてあげよ。

(3) どの角とどの角が錯角になっているか。すべてあげよ。

重要 **096 [対頂角を求める]**

右の図で，$\angle x$，$\angle y$ の大きさを求めなさい。

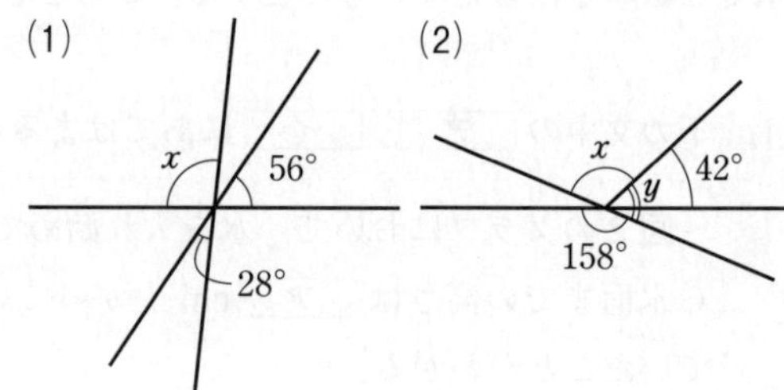

ガイド 「対頂角は等しい」を用いる。

重要 **097 [平行線における錯角，同位角を利用して角を求める]**

次の問いに答えなさい。

(1) 右の図において，$\ell /\!/ m$ のとき，$\angle x$ の大きさを求めよ。

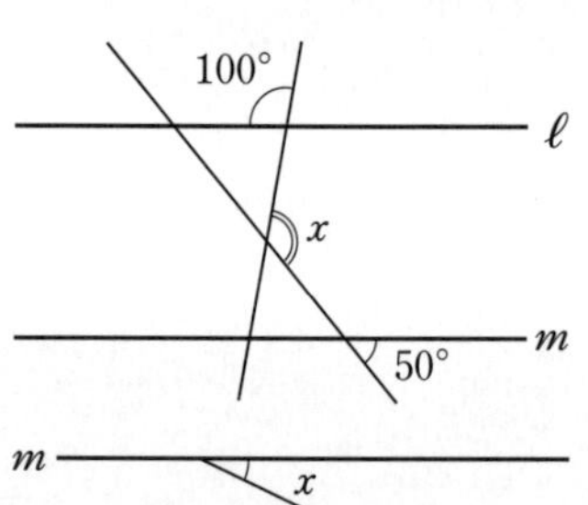

(2) $m /\!/ n$ のとき，$\angle x$ の大きさを求めよ。

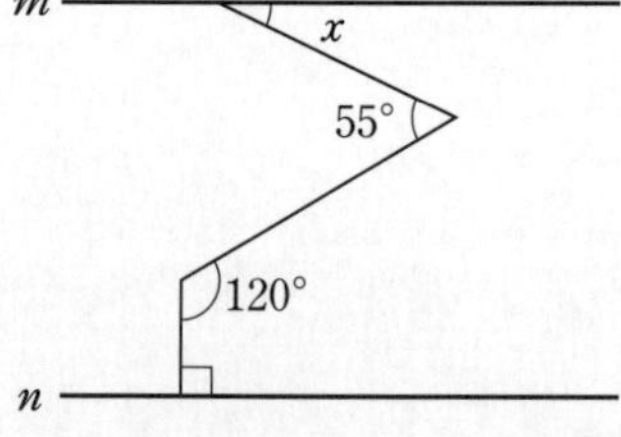

ガイド 2直線に1直線が交わるとき，{ 2直線が平行ならば，同位角は等しい。(錯角は等しい。)
同位角が等しければ，(錯角が等しければ，)2直線は平行である。

098 〉[三角形の内角と外角]

次の問いに答えなさい。

(1) 右の図を用いて，△ABC の内角の和を計算せよ。
ただし，DE∥BC である。

(2) 右の図で，∠A＋∠B＝∠ACD である。その理由を述べよ。また，△ABC の内角の和は何度か求めよ。
ただし，点 D は辺 BC の延長上の 1 点であり，CE∥BA である。

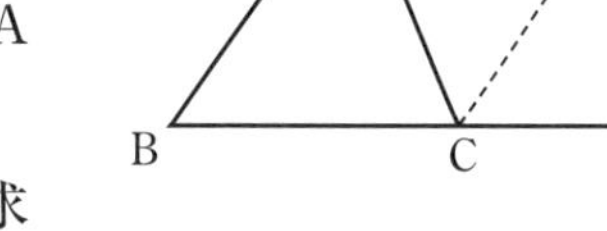

(3) 三角形の 1 つの頂点における内角と外角の和は何度か求めよ。

(4) 三角形の外角の総和は何度か求めよ。

> **ガイド** (1) 三角形の内角の和は 180° である。
> (2) 三角形の 1 つの外角は，隣り合わない 2 つの内角の和に等しい。(外角は内対角の和に等しい。)
> (4) 三角形の外角の和は 360° である。

099 〉[三角形の形状を答える]

2 つの内角が次のような三角形は，㋐鋭角三角形，㋑直角三角形，㋒鈍角三角形のいずれであるかを記号で答えなさい。

(1) 45°，90°　　(2) 15°，150°　　(3) 60°，60°
(4) 9°，28°　　(5) 60°，78°　　(6) 48°，42°

100 〉[三角形の角の大きさを求める]

次の問いに答えなさい。

(1) 右の図の △ABC において，∠x の大きさを求めよ。

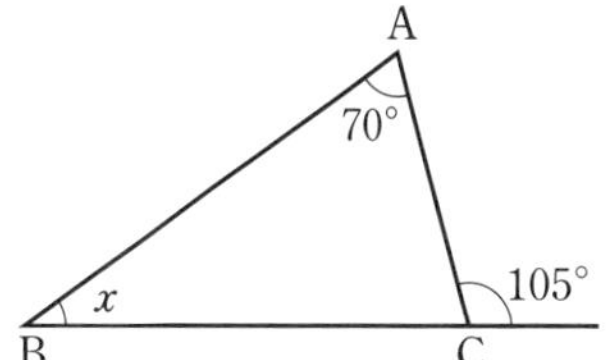

(2) 右の図のように，線分 AB と CD が，AE＝CE，EB＝DB となるように，点 E で交わっている。
このとき，∠x の大きさを求めよ。

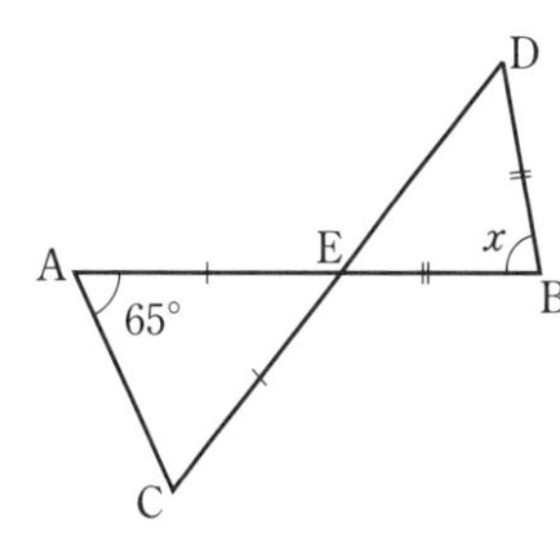

⑶ 右の図のような AB＝AC の三角形 ABC があり，AD＝DC＝BC となっている。∠A の大きさを求めよ。

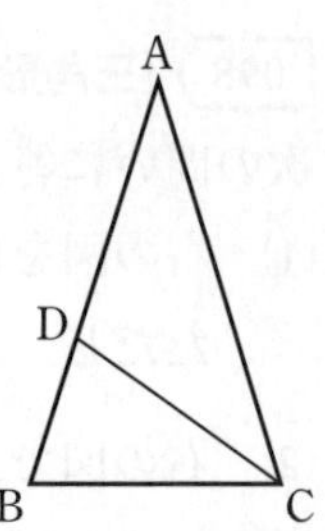

⑷ 右の図は，△ABC を，頂点 A が辺 BC 上の点 F に重なるように，線分 DE を折り目として折ったものである。

DE∥BC，∠DFE＝72°，∠ECF＝67° であるとき，∠BDF の大きさを求めよ。

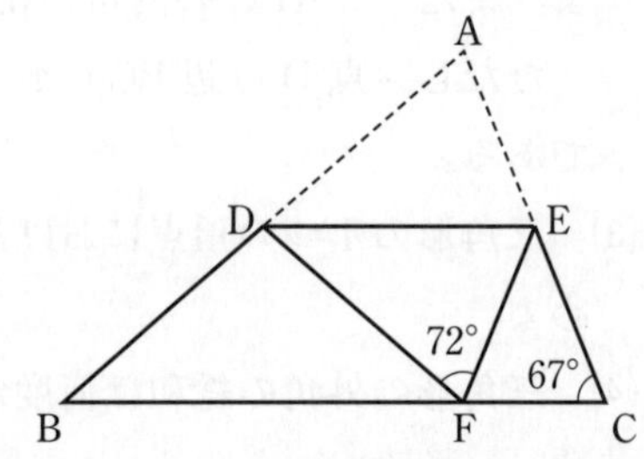

ガイド 二等辺三角形…2 つの内角は等しい。(二等辺三角形の 2 つの底角は等しい。)
正三角形…3 つの内角はすべて等しい。

重要 101 [多角形の内角の和や外角の和を利用して角を求める①]

次の問いに答えなさい。

⑴ 右の図のような，平行四辺形 ABCD があり，点 E は辺 AD 上の点で，EB＝EC である。

∠BAD＝105°，∠BEC＝80° であるとき，∠ECD の大きさを求めよ。

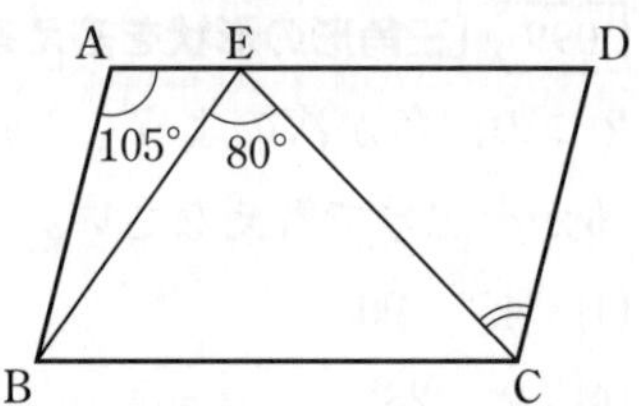

⑵ 右の図で，四角形 ABCD は平行四辺形である。点 E は辺 AD 上の点であり，ED＝DC，EB＝EC である。∠EAB＝98° のとき，∠ABE の大きさを求めよ。

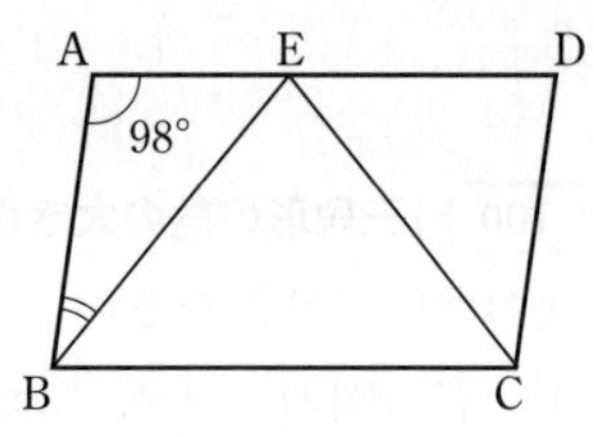

⑶ 右の図で，四角形 ABCD はひし形，△EBC は正三角形である。点 F は，直線 AE と辺 CD との交点である。

∠EFD＝83° のとき，∠ADF の大きさを求めよ。

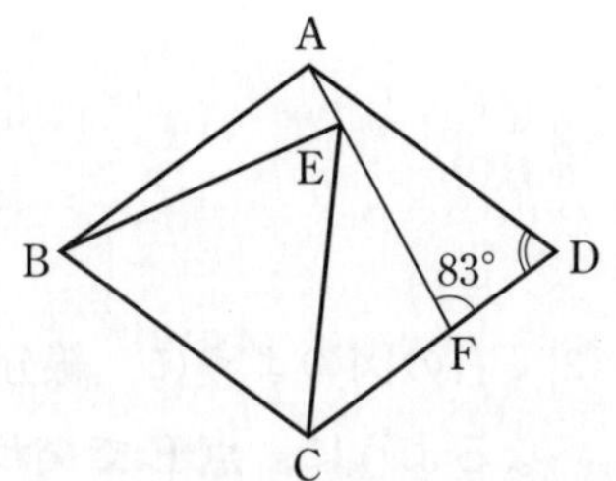

⑷ 右の図のように，1 つの平面上に四角形 ABCD と △CDE があり，∠ADE＝2∠CDE，∠BCE＝2∠DCE である。

∠ABC＝71°，∠BAD＝100° のとき，∠CED の大きさを求めよ。

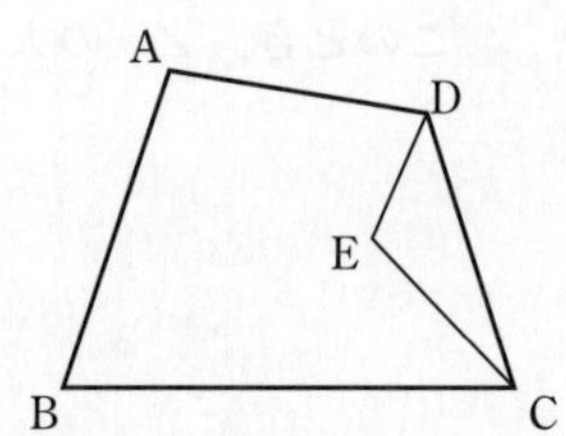

102 〉[多角形の内角の和や外角の和を利用して角を求める②]

次の問いに答えなさい。

(1) 右の図の正五角形 ABCDE で，$\angle x$ の大きさを求めよ。

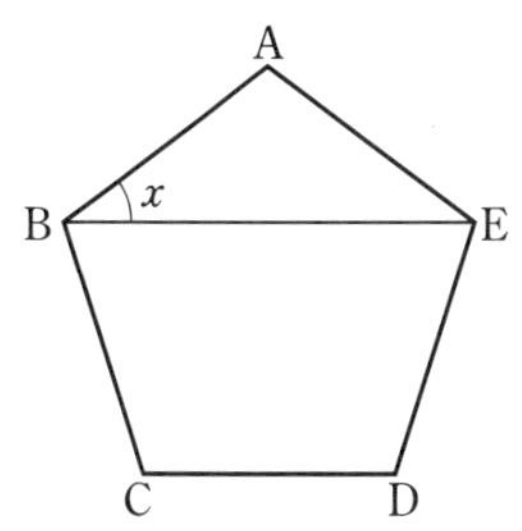

(2) 右の図のように，四角形 ABCD があり，∠ABD＝3∠CBD，∠ADB＝3∠CDB をみたしている。

∠BCD＝147° であるとき，∠BAD の大きさを求めよ。

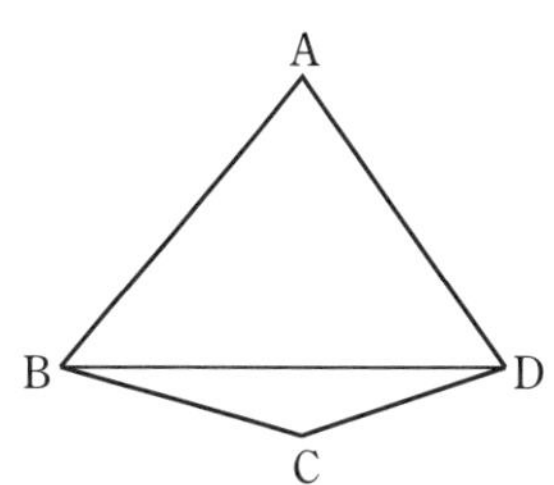

(3) 右の図において，$\angle x$ の大きさを求めよ。

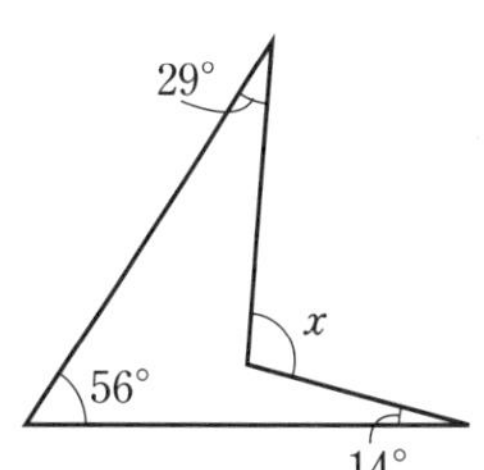

(4) 右の図のような，AB＝AC の二等辺三角形 ABC があり，点 D は辺 AC 上の点である。

∠BAC＝70°，∠DBC＝30° であるとき，∠ADB の大きさを求めよ。

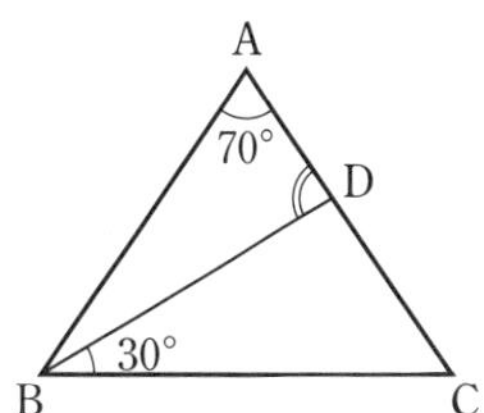

(5) 右の図で，四角形 ABCD は AD∥BC の台形で，AD＝DC である。また，点 E は線分 AC と線分 DB との交点である。

∠EBC＝34°，∠EDC＝102° のとき，∠AEB の大きさを求めよ。

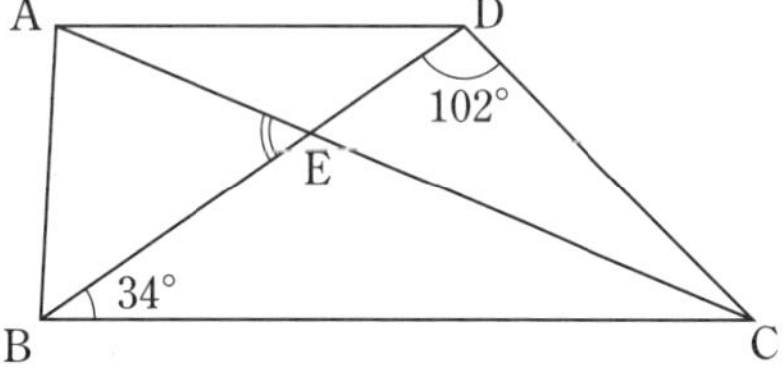

(6) 右の図で，四角形 ABCD は平行四辺形，点 E は辺 BC 上の点で，AB＝AE である。また，点 F は線分 AE 上の点で，DA＝DF である。

∠ABE＝74° のとき，∠FDC の大きさを求めよ。

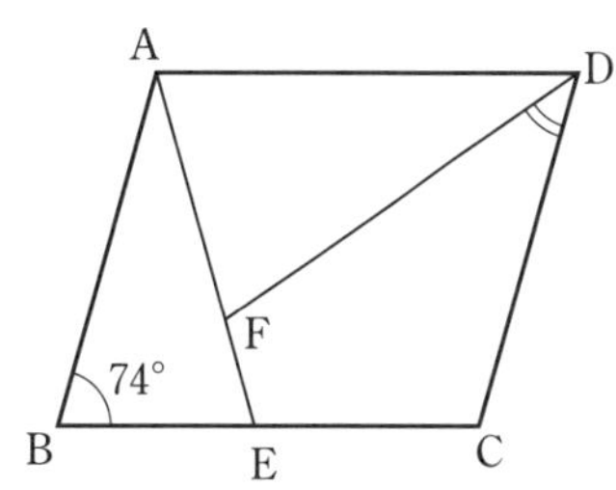

最高水準問題

解答 別冊 p.34

103 次の問いに答えなさい。

(1) 右の図において，四角形 ABCD は平行四辺形である。線分 BA を延長した直線と ∠BCD の二等分線の交点を E とする。∠BEC＝52° のとき，$\angle x$ の大きさを求めよ。 (秋田県)

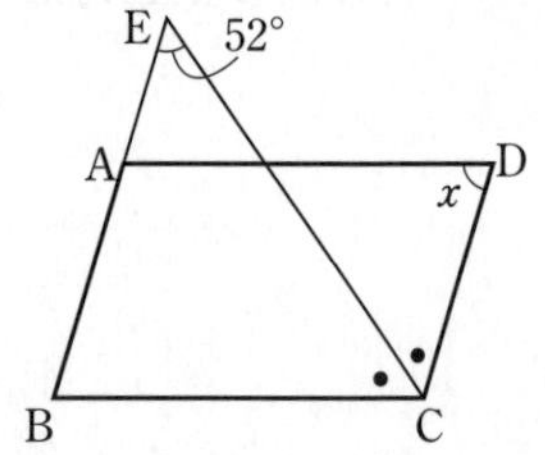

(2) 右の図のように，平行四辺形 ABCD において，∠ABC＝60°，∠BCE＝25°，∠CDE＝45° のとき，∠CED＝$\angle x$ として，$\angle x$ の大きさを求めよ。 (大分県)

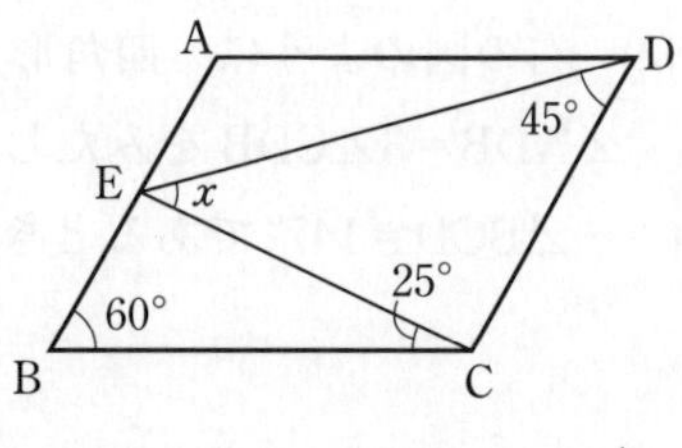

(3) 右の図のように，正五角形の 2 つの頂点を，2 本の平行線が通過している。このとき，$\angle x$ の大きさを求めよ。

(茨城・江戸川学園取手高)

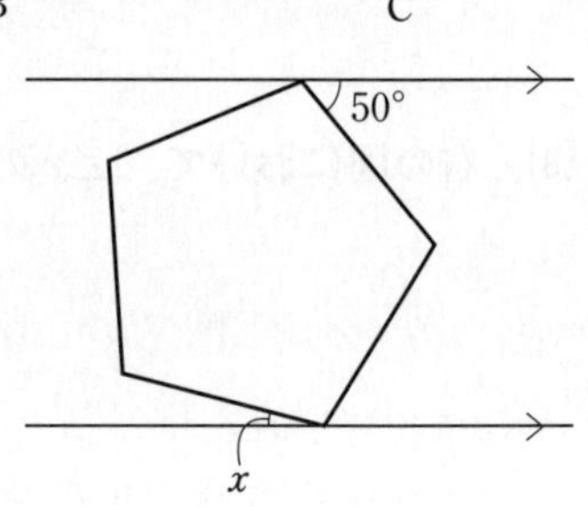

(4) 右の図で，$\ell /\!/ m$ である。

このとき，$\angle x$ の大きさを求めよ。 (東京・城北高)

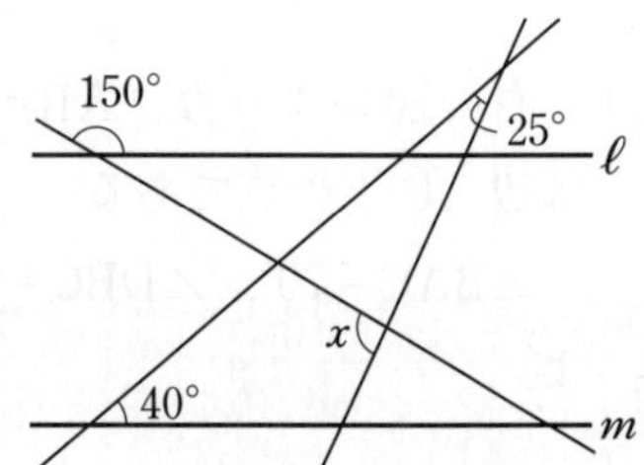

(5) 右の図で，△ABC の ∠ABC の二等分線と辺 AC との交点を D，点 D から辺 BC に平行な直線をひき，辺 AB との交点を E とする。

AE＝BE，∠AED＝40° のとき，x で示した ∠DAE の大きさを求めよ。 (東京・両国高)

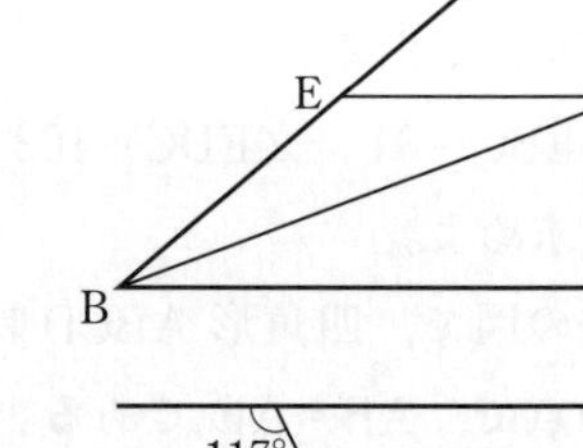

(6) 右の図で $\ell /\!/ m$ であるとき，$\angle x$ の大きさを求めよ。

(国立高専)

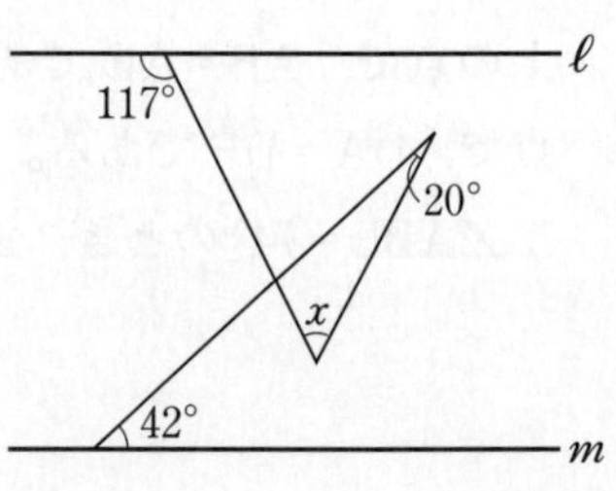

解答の方針

103 (2)(3)(6) 補助線をひいてみる。

104 次の問いに答えなさい。

(1) 右の図のように，五角形 ABCDE がある。辺 EA を延長した直線上の点を F とし，辺 CD を延長した直線上の点を G とする。

$\angle$FAB = 60°，$\angle$B = 130°，$\angle$C = 90°，$\angle$E = 135° のとき，$\angle$EDG の大きさを求めよ。 (千葉県)

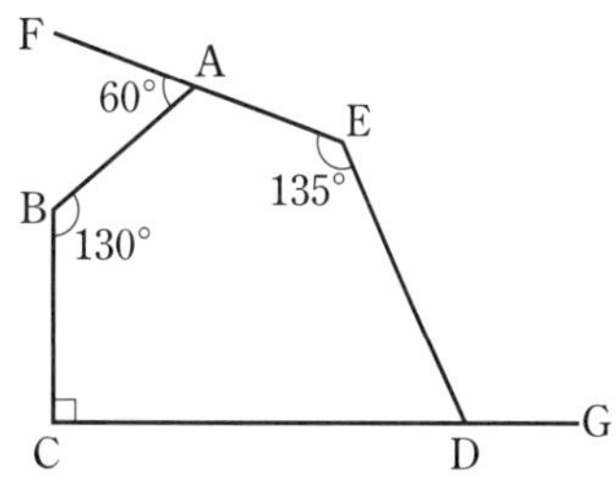

(2) 右の図で，$\angle x$ の大きさを求めよ。 (岩手県)

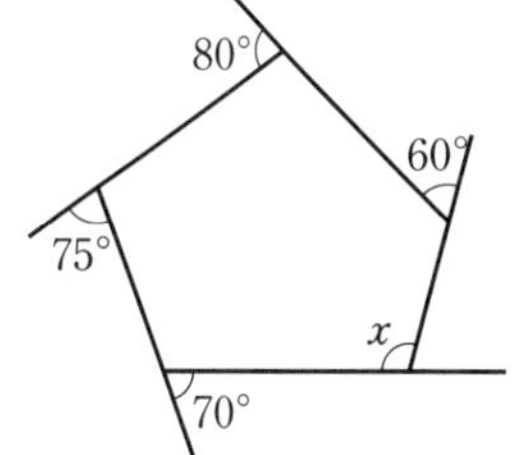

(3) 右の図のように，正五角形と正六角形が 1 辺を共有しているとき，$\angle x$ の大きさを求めよ。 (神奈川・法政大女子高)

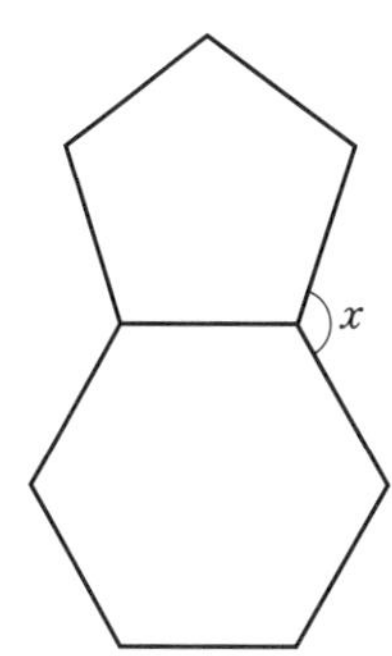

難 (4) 右の図のように，△ABC において，$\angle$ACB = 108° で，BC = CD = DE = EA のとき，$\angle$BAC = $\angle x$ として，$\angle x$ の大きさを求めよ。 (大分県)

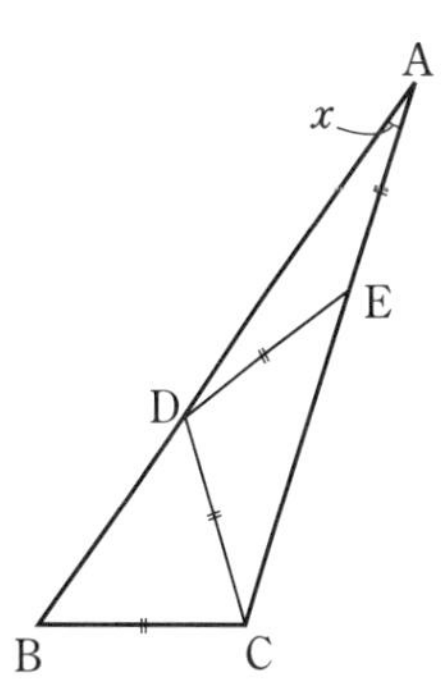

難 (5) 右の図の a から e の 5 つの角の和を求めよ。 (東京・専修大附高)

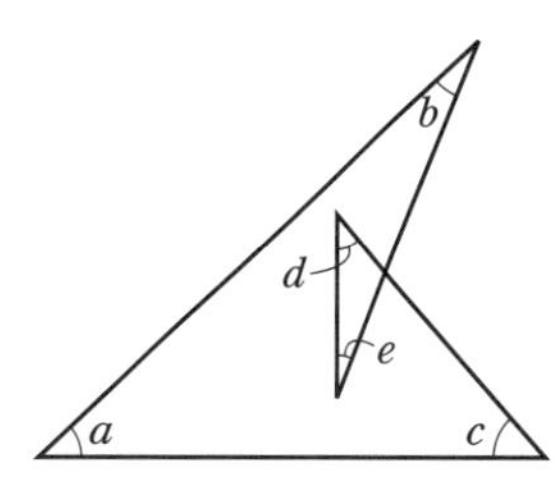

105 右の図１のような，１組の三角定規がある。この１組の三角定規を，図２のように，頂点Aと頂点Dが重なるように置き，辺BCと辺EFとの交点をGとする。

∠BAE＝25°のとき，∠CGFの大きさxを求めなさい。 （東京・早稲田実業高）

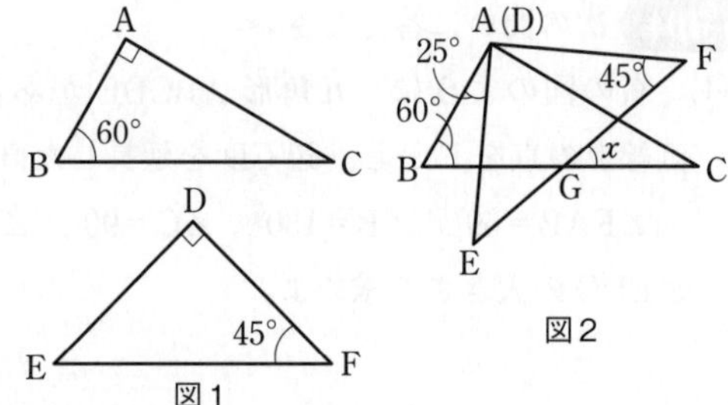

106 次の問いに答えなさい。

⑴ 右の図において，△ABCは正三角形，△ABDは直角二等辺三角形であり，点Eは辺ACとBDの交点である。また，点Fは辺AD上にあり，CD∥EFである。このとき，∠CEFの大きさを求めよ。

（東京工業大附科学技術高）

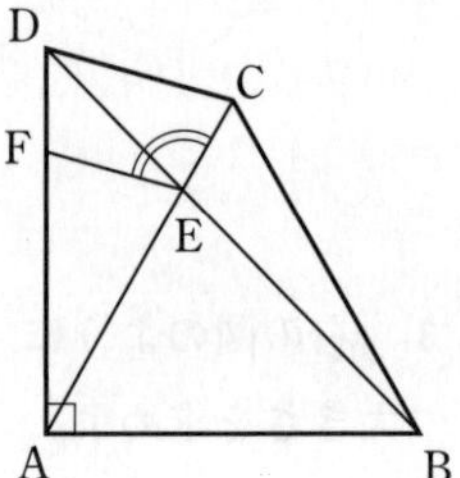

⑵ 右の図のように，△ABCは∠A＝80°の二等辺三角形で，２直線L，Gは平行である。このとき，∠x＋∠yを求めよ。

（東京・明治学院高）

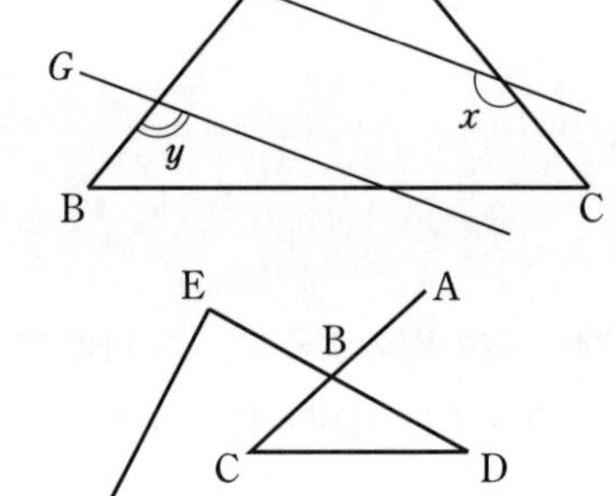

⑶ 右の図において，CD∥ℓ，∠DEF＝90°である。∠BDCの大きさを求めよ。 （東京・郁文館高）

⑷ 右の図のように，１つの平面上に平行四辺形ABCDと長方形BEFGがある。辺ADと辺EFの交点をHとする。∠ABE＝41°，∠DHE＝69°のとき，∠BCDの大きさを求めよ。 （広島県）

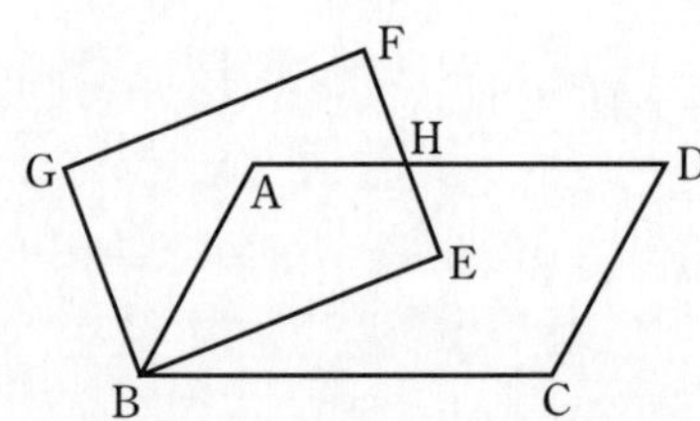

107 右の図において，∠ABD＝∠CBD，∠ACD＝∠BCD のとき，x を求めなさい。　（東京・専修大附高）

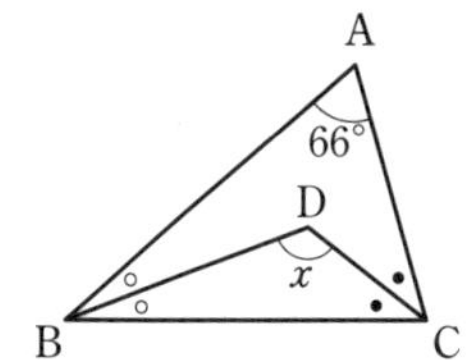

108 右の図のように，中心角が 105° のおうぎ形 OAB を線分 AC を折り目として折り曲げたら，点 O が $\overset{\frown}{AB}$ 上の点 O′ に重なった。このとき，∠O′CB の大きさを求めなさい。　（東京工業大附科学技術高改）

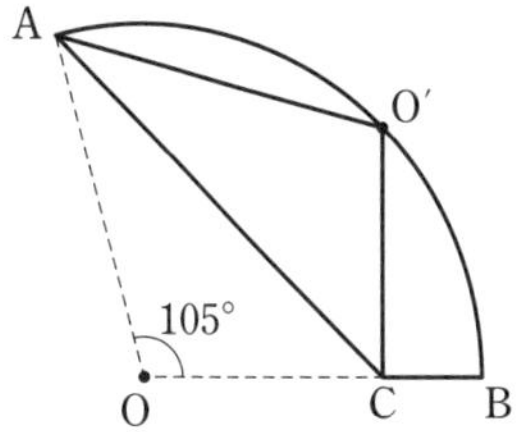

109 右の図の △A′BC′ は，∠C＝30° の △ABC を，頂点 B を中心に左回りに ∠B の半分の大きさだけ回転した三角形である。頂点 A がちょうど辺 A′C′ 上にあるとき，∠BAC の大きさを求めなさい。　（東京・早稲田実業高）

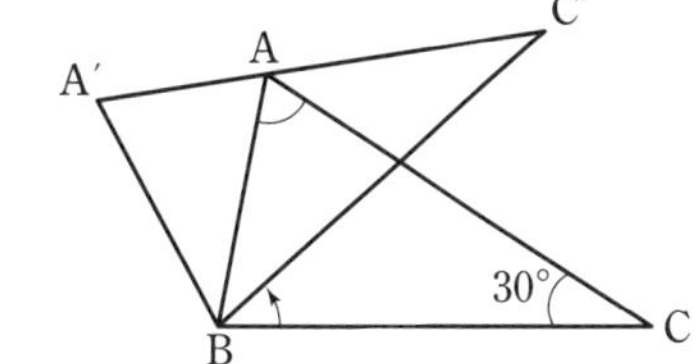

難 **110** 右の図のように，長方形 ABCD の内部に点 P があり，△PAB，△PBC，△PDA の面積がそれぞれ 8 cm²，11 cm²，22 cm² である。このとき，△PCD の面積を求めなさい。　（茨城・江戸川学園取手高）

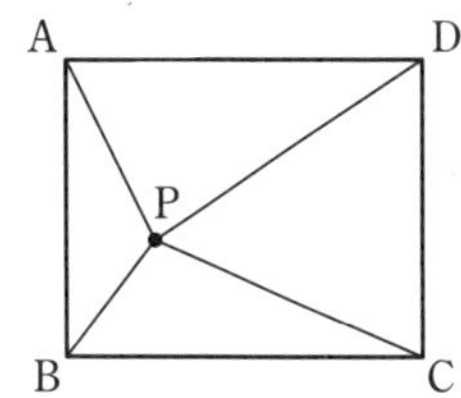

難 **111** 右の図のように，∠A＝50°，∠B＝60°，∠C＝70° の △ABC を，頂点 C を中心として時計まわりに 25° 回転させたとき，A，B が移る点を，それぞれ D，E とする。AB と DE の交点を F とする。このとき，∠BEC＋∠ECF の大きさを求めなさい。　（東京・筑波大附高）

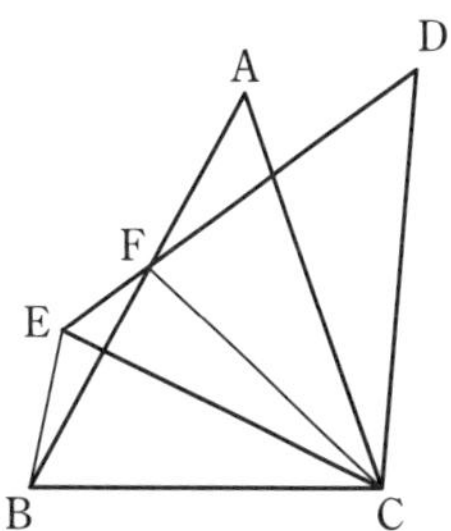

解答の方針

107 ○や●の角度は求まらないが，○＋●の角度は求まる。
108 補助線をひいてみる。
109 回転前後で対応する辺，角は同じであることに注目する。必要に応じて図に書き込むとよい。
110 四角形の辺に平行な補助線を引いてみる。

5 図形の合同

標準問題

（解答） 別冊 p.38

112 [合同関係の表示]

下の２つずつの四角形と三角形はそれぞれ合同である。合同の関係を合同の記号を使って表しなさい。

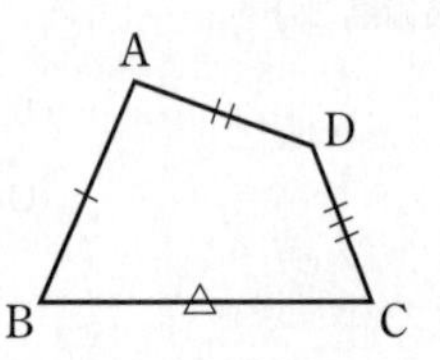

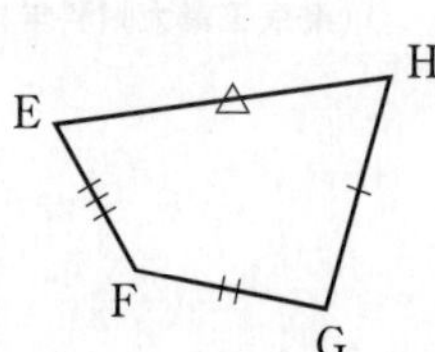

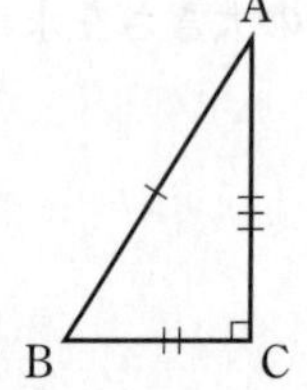

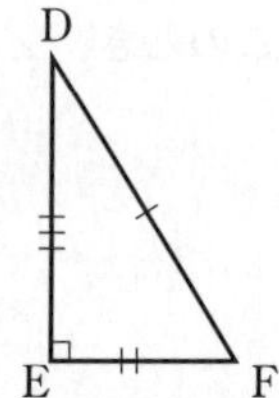

ガイド　図形 F を図形 G に重ね合わせることができるとき，図形 F と図形 G は合同であるといい，記号"≡"を用いて $F≡G$ とかく。
多角形 ABC…と多角形 A′B′C′…が合同なときは対応する頂点が同じ順になるように
多角形 ABC…≡多角形 A′B′C′…とかく。
例えば，下の図１では △ABC≡△DEF，図２では △ABC≡△DFE とかく。

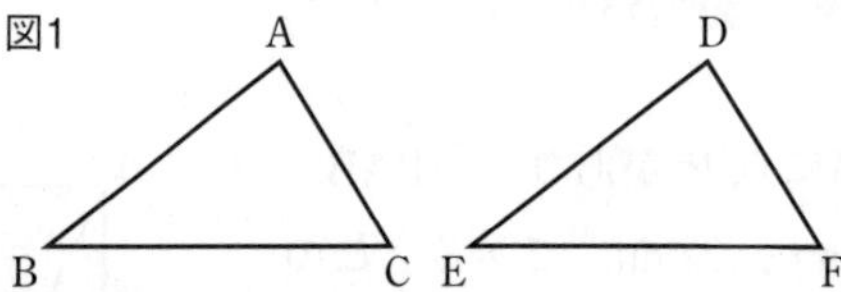

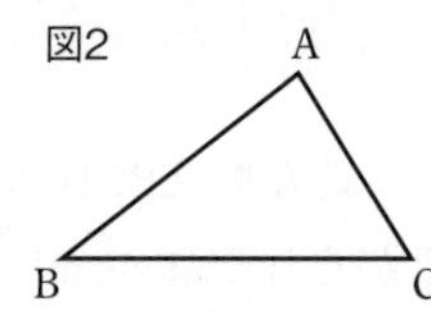

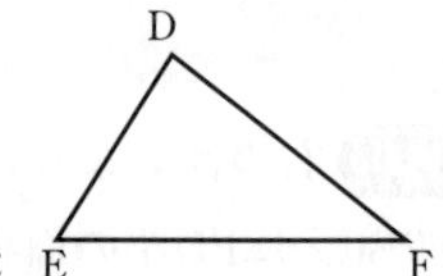

113 [三角形の合同条件]

右の図で具体的にどの辺や角の大きさが等しければ △ABC≡△DEF がいえるか，条件をすべて述べなさい。

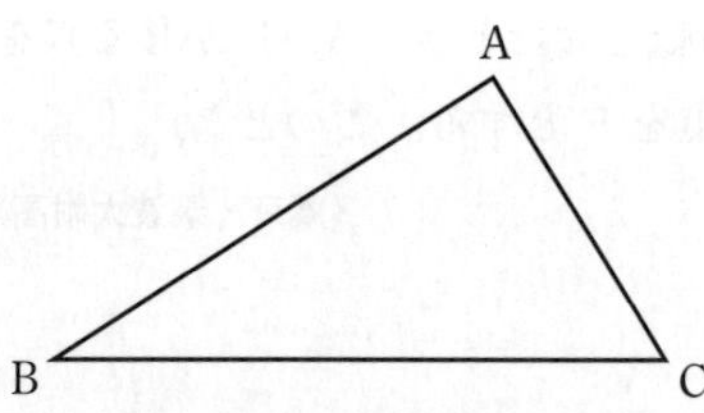

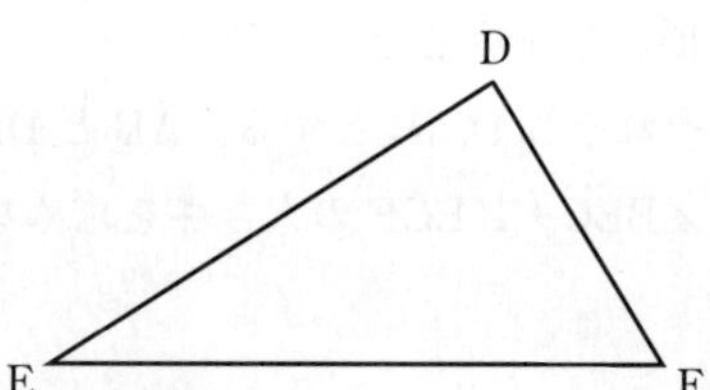

ガイド　合同な図形では，対応する線分の長さ，対応する角の大きさは等しい。
三角形の合同条件　(i) 3 組の辺がそれぞれ等しい。
(ii) 2 組の辺とその間の角がそれぞれ等しい。
(iii) 1 組の辺とその両端の角がそれぞれ等しい。

重要 114 **[三角形が合同であることの証明]**

右の図は，線分 AC と線分 BD の交点を O として，

AB＝DC

AB∥DC

となるようにかいたものである。このとき

△OAB≡△OCD であることを証明しなさい。

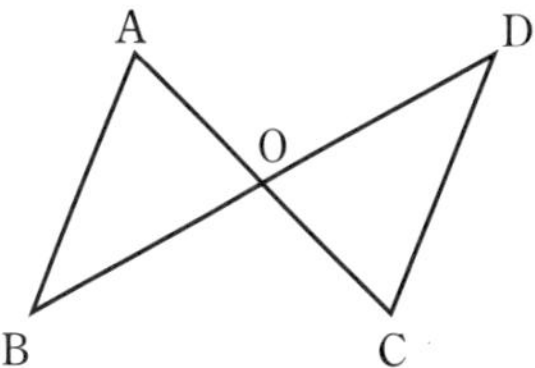

重要 115 **[三角形が合同であることを用いる証明]**

右の図のように，AB＝AC の二等辺三角形 ABC の辺 BC の中点を M とする。次の問いに答えなさい。

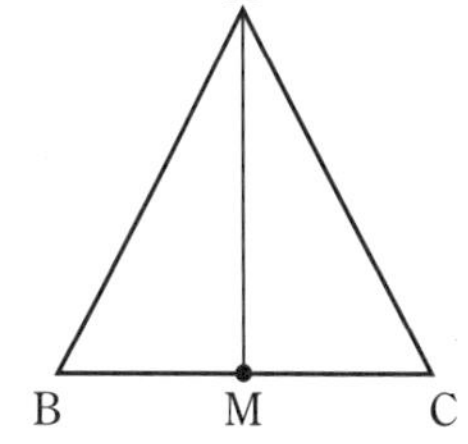

(1) △ABM≡△ACM であることを証明せよ。
ただし，AM⊥BC を用いないこと。

(2) AM⊥BC であることを次のように証明した。次の ☐ の①，② にあてはまるものを答えよ。

△ABM≡△ACM より，対応する角は等しいので，∠AMB＝∠ ① ，
また，∠AMB＋∠ ① ＝ ② °だから，∠AMB＝90°
つまり，AM⊥BC である。

116 **[二等辺三角形の性質の利用]**

次の問いに答えなさい。

(1) 右の図で，△ABC は AB＝AC の二等辺三角形，点 D，E はそれぞれ辺 AB，AC 上の点で，AD＝AE である。また，点 F は線分 DC と線分 EB との交点である。

∠DAE＝43°，∠DBF＝25° のとき，∠BFC の大きさを求めよ。

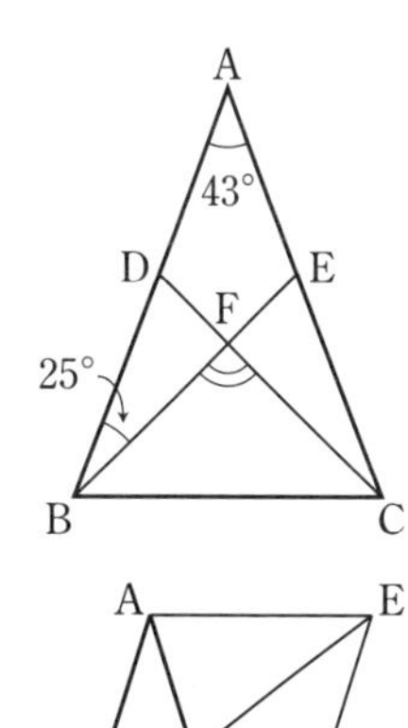

(2) 右の図において，△ABC は AB＝AC の二等辺三角形である。また，点 D は，DC＝BC となる辺 AB 上の点であり，点 E は，ED＝AB，EC＝AC となる点である。

このとき，△CEA≡△ABC となることを証明せよ。

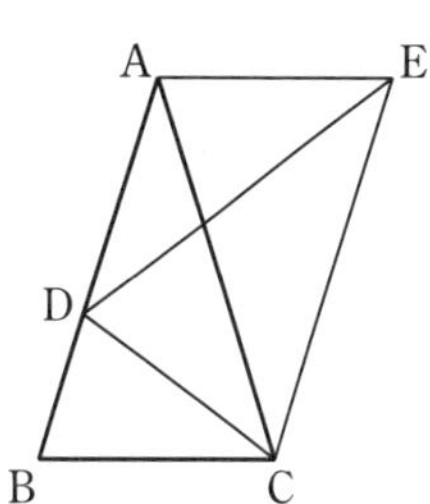

117 [正三角形の性質の利用①]

△ABC は正三角形，点 D，E はそれぞれ辺 AB，BC 上の点で，AD＝BE である。このとき，∠BAE＝∠ACD であることを次のように証明したい。

［(ア)］，［(イ)］をうめて証明を完成させなさい。

ただし，点 D，E は△ABC の頂点上にはないものとする。

（証明）　△ABE と△CAD で，

△ABC は正三角形だから，

AB＝［(ア)］……①

∠ABE＝∠［(イ)］＝60°……②

また，BE＝AD……③

①，②，③から，2 組の辺とその間の角が，それぞれ等しいので，

△ABE≡△CAD

よって，対応する角は等しいので，

∠BAE＝∠ACD

118 [正三角形の性質の利用②]

右の図の正三角形 ABC で，辺 BC，AC 上にそれぞれ点 D，E をとり，線分 AD と線分 BE の交点を F とする。∠BFD＝60° のとき，△ABD と△BCE が合同になることを次のように証明した。

［(ア)］～［(エ)］にあてはまる式やことばを入れなさい。

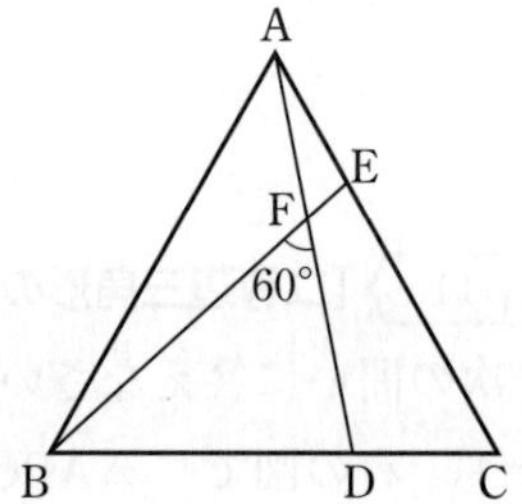

（証明）　△ABD と△BCE で

△ABC は正三角形だから

［(ア)］……①

［(イ)］＝60°……②

三角形の内角と外角の性質から

∠BAD＝60°－∠ABF……③

また，正三角形の 1 つの内角は 60° だから

∠CBE＝60°－∠ABF……④

③，④から

［(ウ)］……⑤

①，②，⑤から，［(エ)］がそれぞれ等しいので

△ABD≡△BCE

重要 **119 [直角三角形の性質]**

右の図のように，長方形 ABCD がある。辺 AD 上に，2 点 A，D と異なる点 E をとり，辺 CB の延長上に，DE＝BF となる点 F をとる。

また，点 A と点 C を結ぶ。2 点 F，E を通る直線と辺 AB，線分 AC，辺 CD の延長との交点をそれぞれ G，H，I とする。

このとき，△GFB≡△IED であることを証明しなさい。

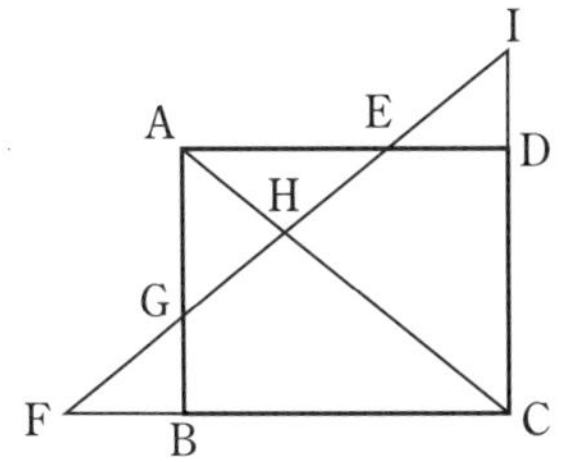

120 [仮定と結論]

次のことがらを「p ならば q である」の形に直し，仮定と結論をいいなさい。

(1) ひし形の 2 つの対角線は直交する。

(2) 二等辺三角形の頂角の二等分線は，底辺を垂直に 2 等分する。

(3) 奇数と偶数の積は偶数である。

ガイド あることがらを述べた文章は，「p ならば q である」という形に書き直すことができる。このとき，p の部分を仮定，q の部分を結論という。仮定ははじめに与えられてわかっていること，結論はこれから明らかにしたいことといえる。なお「p ならば q である」の形をしておればよいのであって，その内容が正しいか，正しくないかは関係がないことに注意しよう。

121 [定義と定理]

次の問いに答えなさい。

(1) 次の用語の定義をいえ。

① 直角二等辺三角形　　② 鈍角三角形　　③ 正多角形

(2) 次の文章は定義か定理か答えよ。

① 3 つの角が等しい三角形は正三角形である。

② 正三角形の内角はすべて 60° である。

③ 4 つの角が等しく，4 つの辺が等しい四角形は正方形である。

④ 直角三角形の 2 つの鋭角の和は直角である。

⑤ 平行な 2 つの直線に，1 つの直線が交わってできる同位角は等しい。また，錯角も等しい。

⑥ 三角形の 1 つの外角は，それと隣り合わない 2 つの内角の和に等しい。

⑦ 二等辺三角形の 2 つの底角は等しい。

⑧ n 角形の内角の和は $180° \times (n-2)$ である。

⑨ 対頂角は等しい。

⑩ 多角形の外角の和は 360° である。

ガイド 定義・定理：用語の意味を述べた文章や式を定義という。また，定義やこれまでに明らかにされたことがらを用いて正しいことが示されたことがらを定理という。

重要 122 [証明のしくみ]

平行四辺形ABCDの辺AB，CD上にそれぞれ点E，FをAE＝CFとなるようにとり，対角線ACと線分EFとの交点をOとする。このとき，OE＝OFであることを証明したい。

(1)，(2)にあてはまる最も適当なものを，下の㋐から㋕までの中からそれぞれ選んで，そのかな符号を書きなさい。

ただし，点E，Fは平行四辺形の頂点上にはないものとする。

（証明）　△OAEと△OCFで，
AB∥DCで，錯角は等しいから，
（　(1)　）　……①
∠OEA＝∠OFC　……②
また，AE＝CF　……③
①，②，③から（　(2)　）ので，
△OAE≡△OCF
よって，対応する辺の長さは等しいので
OE＝OF

㋐　∠DAO＝∠BCO　　㋑　∠OAE＝∠OCF　　㋒　∠AOE＝∠COF
㋓　２組の角がそれぞれ等しい　　㋔　２組の辺とその間の角がそれぞれ等しい
㋕　１組の辺とその両端の角がそれぞれ等しい

ガイド　あることがらを，仮定から出発して，定義や図形や数量関係の基本性質やそれらから正しいことが示されたことがら（定理）をよりどころとして，すじ道を立てて結論を導くことを証明という。上の問題では，平行四辺形の定義，性質を仮定とし，三角形の合同条件を根拠に結論を導く。
証明の根拠としての基本性質には，二等辺三角形・正三角形・ひし形・平行四辺形・正方形・長方形などの各図形の性質，三角形の合同条件，平行線の性質などのほかに，数量関係での等式や不等式の性質「$a=b$ なら $a\pm c=b\pm c$，$ac=bc$」「$a>b$，$c>0$ なら $ac>bc$」などもある。

123 [証明に用いる定義と定理]

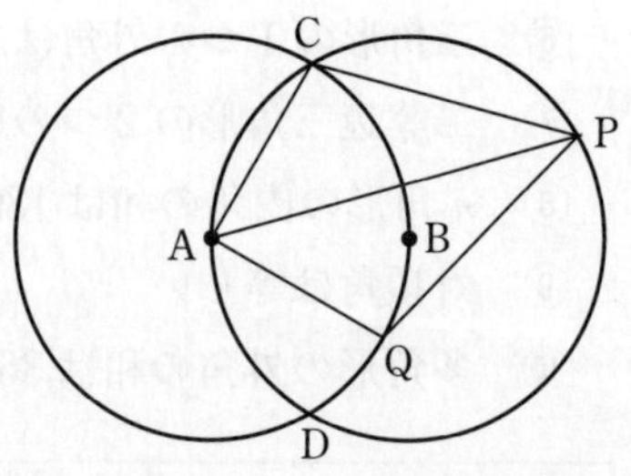

右の図のように，点Aを中心とする円Aと，点Bを中心とする円Bは，互いに他方の円の中心を通る。この２つの円の交点をC，Dとする。円Bの周上に，点C，Aのいずれにも一致しない点Pをとり，△ACPをつくる。また，円Aの周上に，PC＝PQとなる点Qを，点Cと一致しないようにとり，△AQPをつくる。このとき，△ACP≡△AQPであることを証明しなさい。

124 [三角形の合同を利用した証明]

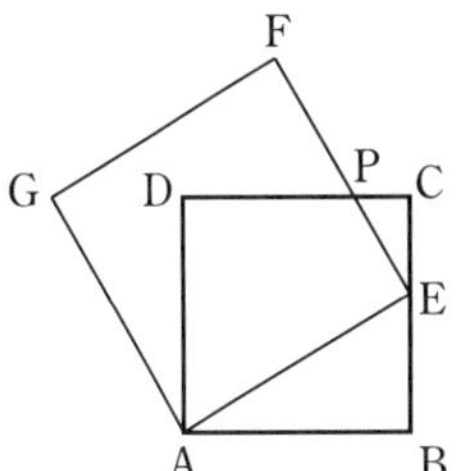

右の図のように，正方形 ABCD の辺 BC 上に点 E をとり，線分 AE を 1 辺とする正方形 AEFG をつくる。辺 CD と辺 EF の交点を P とするとき，∠GDA＝90° であることを証明したい。

下の □ の中に必要なことを書き入れて，証明を完成しなさい。

(証明) △GDA と △EBA で

□

合同な図形では対応する角の大きさは等しいので，

∠GDA＝∠EBA

また，∠EBA＝90° なので，∠GDA＝90° である。

125 [三角形の性質を利用した証明]

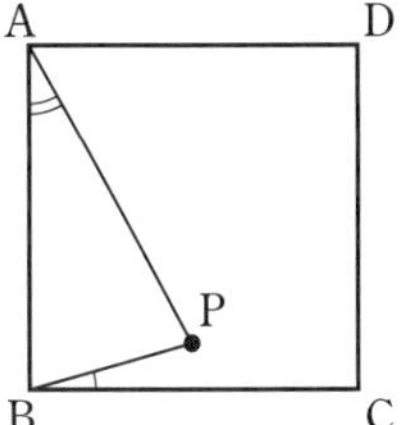

右の図のように，正方形 ABCD の内部に点 P があり，∠PAB＝2∠PBC をみたしている。

このとき，次の問いに答えなさい。

(1) AB＝AP を証明せよ。

(2) 点 P が正方形 ABCD の内部を動くとき，線分 CP の長さが最小となるときの ∠PBC の大きさを求めよ。

(3) ∠PBC＝15° とする。∠PDC の大きさを求めよ。

126 [作図と証明]

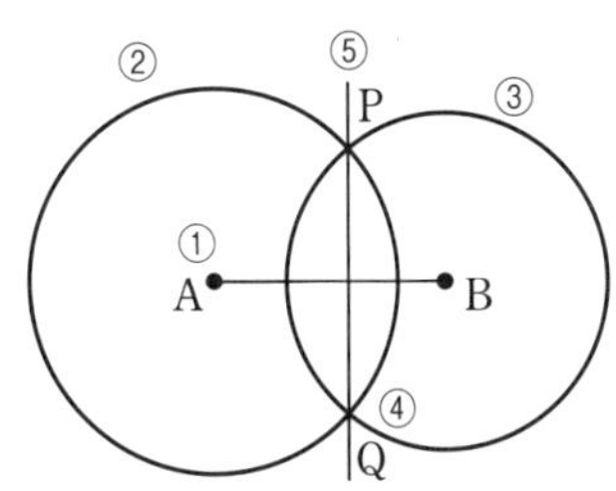

右の図のように，3 点 A，B，P があり，次の①～⑤の操作を順に行う。

① 線分 AB をひく。

② 点 A を中心とし，線分 AP を半径とする円をかく。

③ 点 B を中心とし，線分 BP を半径とする円をかく。

④ ②，③でかいた 2 つの円の交点のうち，点 P と異なる点を Q とする。

⑤ 2 点 P，Q を通る直線をひく。

このとき，直線 PQ が，線分 AB の垂線であることを証明しなさい。

重要 127 **[直角三角形の合同条件①]**

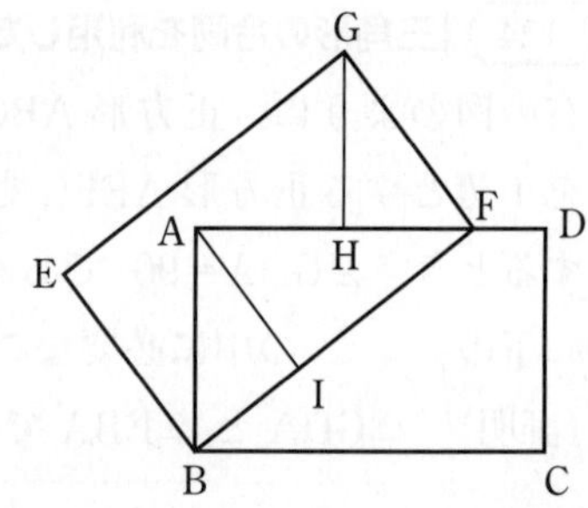

右の図のように，1つの平面上に合同な2つの長方形ABCD，EBFGがあり，点Fは辺AD上の点である。また，線分AF上に点H，辺BF上に点Iがあり，GH⊥AF，AI⊥BFである。

△ABI≡△GFHであることを証明しなさい。

ガイド 直角三角形の合同条件：2つの直角三角形において
(i) 斜辺と他の1辺がそれぞれ等しい　(ii) 斜辺と1つの鋭角がそれぞれ等しい
とき合同。

128 **[直角三角形の合同条件②]**

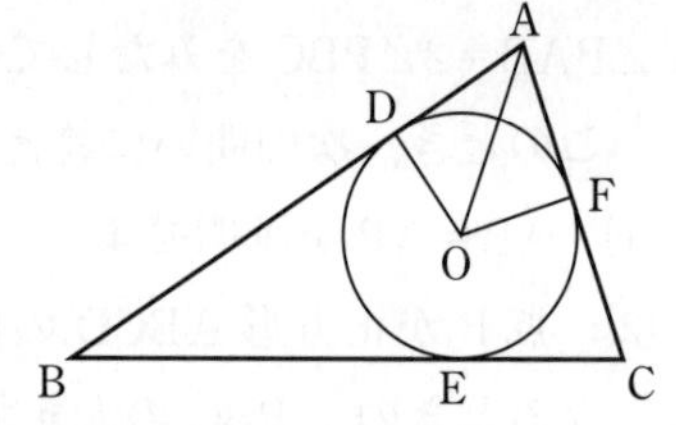

右の図のように，円Oと△ABCがあり，円Oは3辺AB，BC，CAとそれぞれの3点D，E，Fで接している。

このとき，次の問いに答えなさい。

(1) △OAD≡△OAFを証明し，AD＝AFとなることを示せ。

(2) AB＝13 cm，AC＝9 cm，AD＝4 cmのとき，辺BCの長さを求めよ。

129 **[直角三角形の合同条件③]**

次の問いに答えなさい。

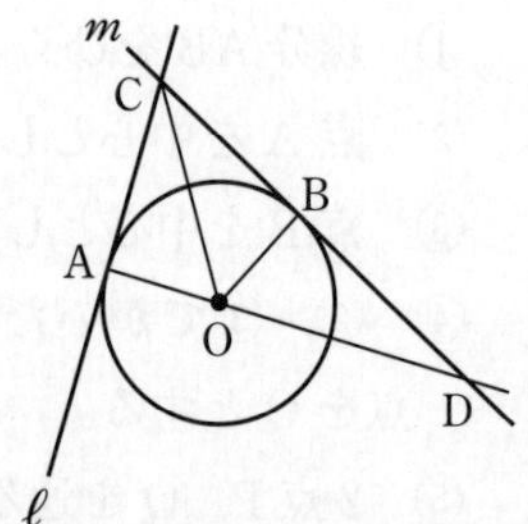

(1) 右の図のように，円Oに点Aで接する直線ℓと，点Bで接する直線mが点Cで交わり，∠ACBは鋭角である。また，線分AOの延長と直線mとの交点をDとするとき，次の問いに答えよ。

① ∠ACB＝65°のとき，∠ADCの大きさを求めよ。

② ∠ACO＝∠BCOであることを証明せよ。

(2) 右の図の △ABC は，AB＝AC の二等辺三角形である。頂点 A から底辺 BC に垂線 AH をひくとき，BH＝CH となることを証明せよ。

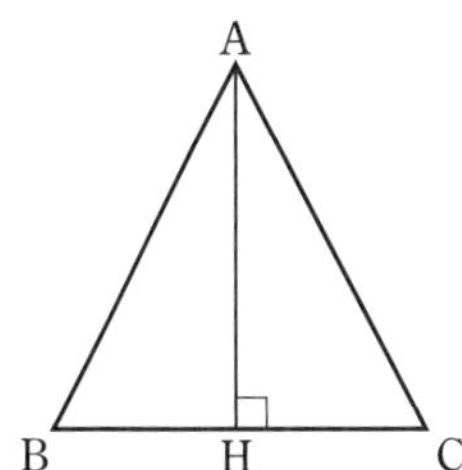

重要 130 [垂直二等分線の性質の利用]

△ABC において，AO＝BO＝CO である点 O をとるには，どうしたらよいか。その方法を述べ，その方法が正しい理由をいいなさい。さらに ∠AOB＝∠BOC＝∠COA であるとき，この △ABC はどのような三角形になるか説明しなさい。

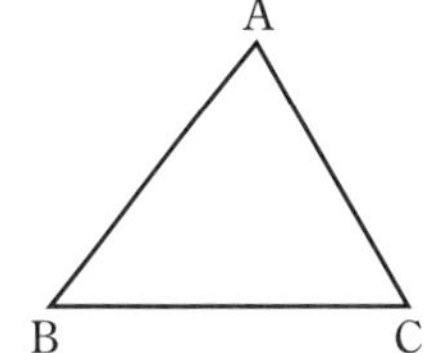

ガイド AO＝BO から点 O は線分 AB の垂直二等分線上，BO＝CO から線分 BC の垂直二等分線上でもある。また，AO＝BO＝CO だから点 O を中心として △ABC の 3 つの頂点を通る円がかける。

131 [角の二等分線の性質]

次の(1)，(2)を証明しなさい。

(1) 角の二等分線上の点は，その角の 2 辺から等距離にある。

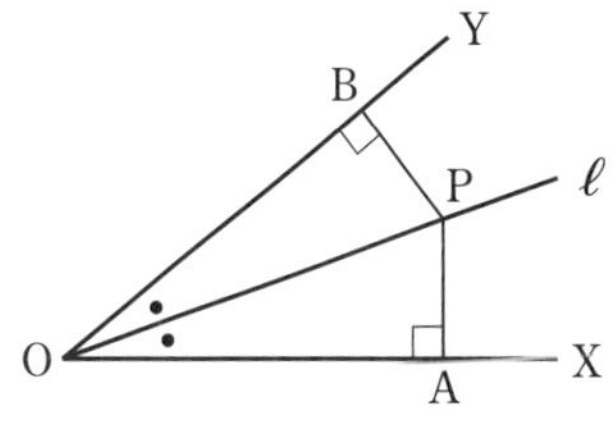

(2) 角の内部にあって，角をつくる 2 辺から等距離にある点は，その角の二等分線上にある。

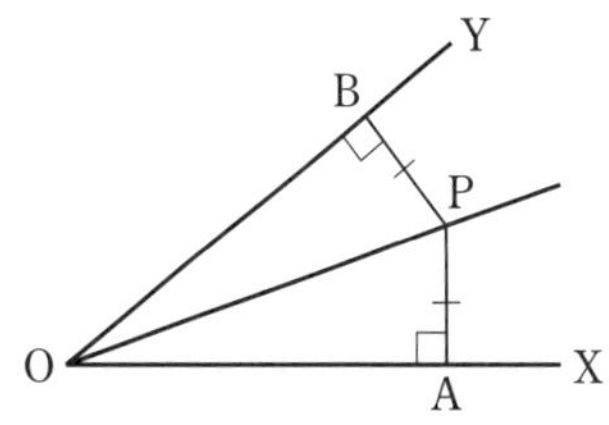

ガイド (1)，(2)は角の二等分線に関する大切な性質である。(2)は(1)の逆である。点と直線との距離とは，その点から直線にひいた垂線の長さである。したがって，点 P から角をつくる 2 辺 OX，OY までの距離が等しいとは，PA⊥OX，PB⊥OY かつ PA＝PB ということである。

132 [平行四辺形の性質]

次の問いに答えなさい。

(1) 次の条件をみたす四角形 ABCD で，いつでも平行四辺形になるものはどれか。㋐～㋕の中からすべて選び番号で答えよ。ただし，点 O は対角線の交点である。

㋐ AB＝DC，AD＝BC　　㋑ OA＝OC，OB＝OD
㋒ AB＝DC，AD∥BC　　㋓ OA＝OC，AB∥DC
㋔ AB＝DC，∠ABC＋∠DCB＝180°　　㋕ ∠BAC＝∠BCA，∠ABC＝∠ADC

(2) 次の条件をみたす平行四辺形 ABCD で，いつでも長方形になるものはどれか。㋐～㋕の中からすべて選び番号で答えよ。

㋐ ∠ABC＋∠ADC＝180°　　㋑ AB＋BC＝AD＋DC
㋒ ∠ACB＝∠DBC　　㋓ AB＋BC＝AB＋DC
㋔ ∠BAC＝∠DAC　　㋕ ∠CAB＋∠DBA＝90°

(3) 次の①，②のそれぞれの四角形 ABCD について，いつでも平行四辺形になるものには○を，平行四辺形になるとは限らないものには × を記入せよ。

なお，四角形 ABCD では，4 つの頂点 A，B，C，D は，周にそってこの順に並んでいる。また，①，②のそれぞれの四角形 ABCD の 4 つの内角は，すべて 180° より小さい。

① AB＝DC，∠DAC＝∠BCA である四角形 ABCD

② 2 つの対角線 AC，BD の交点を O とするとき，OA＝$\frac{1}{2}$AC，OD＝$\frac{1}{2}$BD である四角形 ABCD

> **ガイド** 平行四辺形の定義：2 組の対辺がそれぞれ平行な四角形を平行四辺形という。
> 平行四辺形に関する問題は，平行四辺形の定義，平行線の同位角や錯角，三角形の合同条件などを活用する。

重要 133 [平行四辺形になるための条件①]

平行四辺形 ABCD がある。辺 AB の 3 等分点のうち点 A に近い方を E，辺 CD の 3 等分点のうち点 C に近い方の点を G，対角線 BD の 4 等分点のうち点 B に最も近い点を F，点 D に最も近い点を H とする。

四角形 EFGH は平行四辺形であることを証明しなさい。

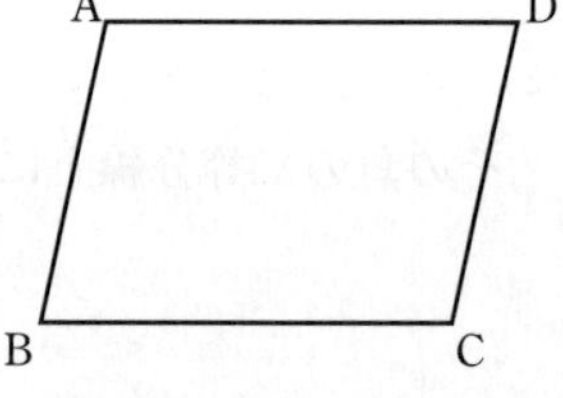

> **ガイド** (i) 2 組の対辺がそれぞれ平行
> (ii) 2 組の対辺がそれぞれ等しい
> (iii) 2 組の対角がそれぞれ等しい
> (iv) 2 つの対角線がそれぞれの中点で交わる
> (v) 1 組の対辺が平行で長さが等しい
> 以上の条件のどれかをみたす四角形は平行四辺形である。(ii)～(v)は以後定理として使ってよい。

134 [平行四辺形になるための条件②，ひし形・長方形になるための条件]

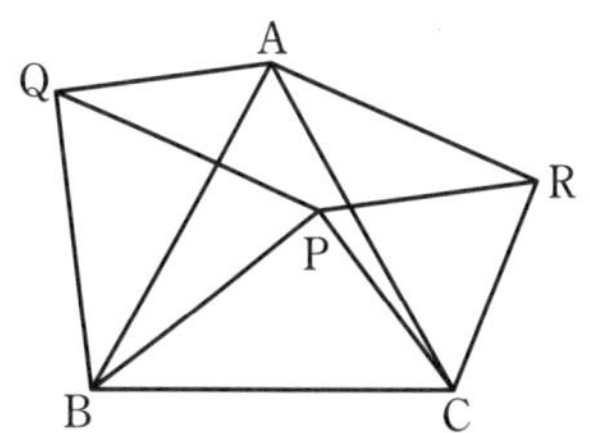

右の図のように，正三角形 ABC の辺を除く内部に点 P をとって△PBC をつくり，△PBC の辺 PB，PC をそれぞれ 1 辺とする正三角形 QBP，正三角形 RPC を △PBC の外部につくる。

このとき，△PBC と △QBA が合同であることが証明されれば，四角形 AQPR が平行四辺形であることは，次のように証明できる。

(四角形 AQPR が平行四辺形であることの証明)

△PBC≡△QBA ……(※)

よって，対応する辺の長さは等しいから，PC＝QA

△RPC は正三角形だから，PC＝PR

したがって，QA＝PR ……(ア)

また，(※)を証明するのと同じようにして

△PBC≡△RAC

よって，対応する辺の長さは等しいから，PB＝RA

△QBP は正三角形だから，PB＝PQ

したがって，RA＝PQ ……(イ)

(ア)と(イ)から，2 組の向かい合う辺がそれぞれ等しいので，四角形 AQPR は平行四辺形である。

このとき，次の問いに答えなさい。

(1) △PBC と △QBA が合同であることを証明せよ。

(2) △PBC に条件をつけ加えると，四角形 AQPR は平行四辺形の特別な形になるときがある。そのときの四角形の名称を 1 つ答え，その四角形となるために，△PBC につけ加える条件を答えよ。

ガイド 長方形…4 つの角が等しい四角形(定義)，1 つの角が直角または対角線が等しい平行四辺形
ひし形…4 つの辺が等しい四角形(定義)，隣り合う 2 辺が等しいか対角線が垂直に交わる平行四辺形
正方形…4 つの辺と 4 つの角がそれぞれ等しい四角形(定義)
等脚台形…平行でない 1 組の辺が等しい台形
台形…平行な 2 直線と平行でない 2 直線で囲まれた四角形

最高水準問題

解答 別冊 p.44

135 右の図の四角形 ABCD は ∠ABC が鋭角で，AB<AD の平行四辺形である。

点 P は頂点 B と頂点 D を結ぶ線分 BD 上の点で，頂点 B，D のいずれにも一致しない。頂点 A と点 P を結ぶ。

線分 BD を D の方向にのばした直線上に点 Q をとり，頂点 C と点 Q を結ぶ。

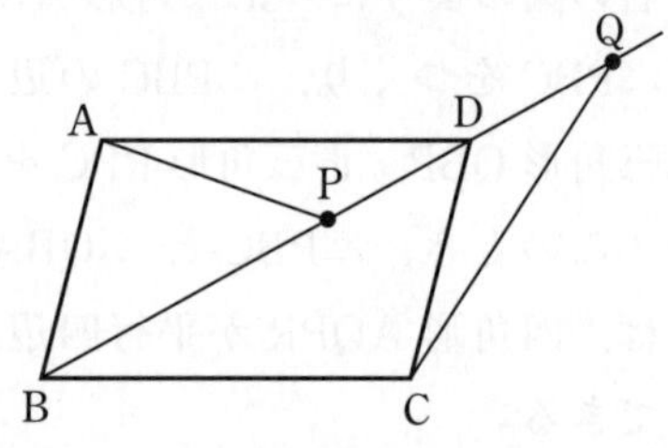

∠ABP = ∠APB，∠CBQ = ∠CQB のとき，点 D は線分 PQ の中点であることを証明しなさい。

（東京・西高）

136 右の図において，△ABC と △ADE はともに正三角形である。

このとき，∠ACE の大きさを求めなさい。　（山梨・駿台甲府高）

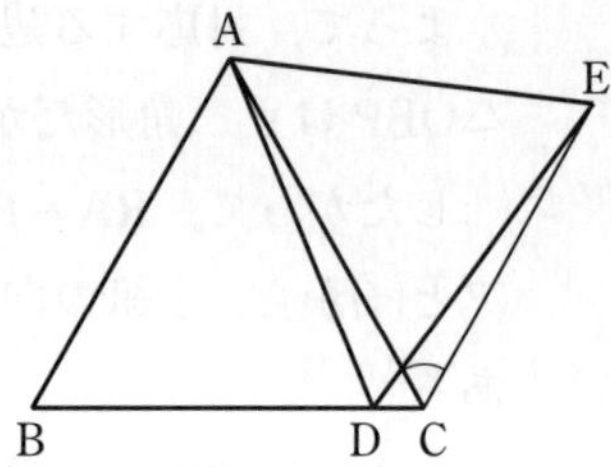

137 右の図で，四角形 ABCD は正方形である。

点 P は，辺 AB 上にある点で，頂点 A，頂点 B のいずれにも一致しない。

点 Q は，辺 BC 上にある点で，AP = BQ である。

頂点 C と点 P，頂点 D と点 Q をそれぞれ結ぶ。

このとき，∠CPB = ∠ADQ であることを証明しなさい。　（東京・国分寺高）

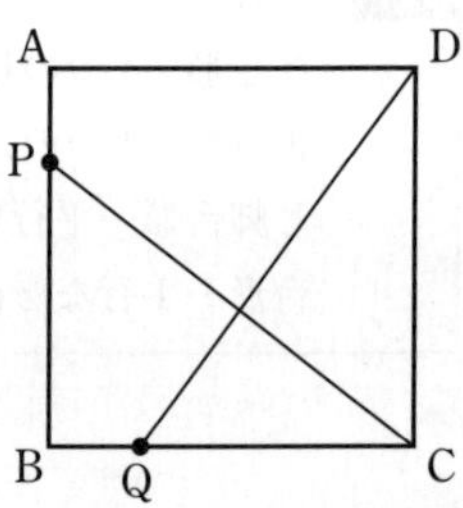

解答の方針

135 3 点 P，D，Q が一直線上にあり，PD = DQ ならば，点 D は線分 PQ の中点である。

138 右の図で，点 C は線分 AB 上の点であり，△DAC と △ECB は，それぞれ線分 AC と線分 CB を 1 辺とする正三角形である。∠EAC＝a°とするとき，∠DBC の大きさを a を用いた式で表しなさい。（秋田県）

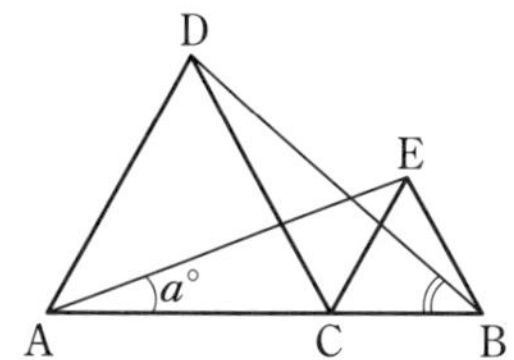

139 右の図のような正方形 ABCD があり，辺 AB の中点を E とする。頂点 B から線分 EC に引いた垂線の延長と辺 AD との交点を F とする。このとき，△ABF≡△BCE であることを証明しなさい。（新潟県）

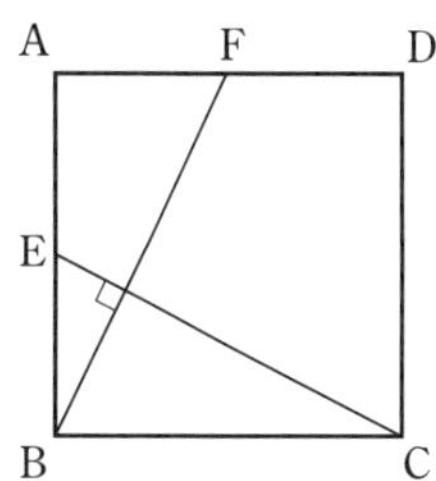

難 **140** 右の図において，AC＝GE，BC∥DF，AD∥FG のとき，△ABC と △GFE は合同であることを証明しなさい。

ただし，点 E は，線分 AG と線分 DF の交点とする。（鳥取県）

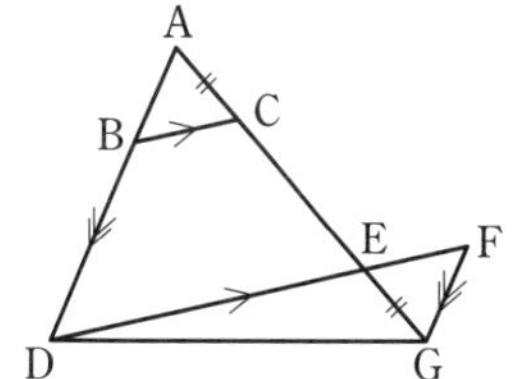

解答の方針

138 合同な図形を見つける。

139 3つある三角形の合同条件のうち，どれを使って証明するか見当をつけるとよい。

140 2つの平行な直線に着目して，等しい角度を探す。

141 「a, b がともに正の数　ならば　積 ab は正の数である。」ということがらは正しい。ところが，このことがらの逆「積 ab が正の数　ならば　a, b はともに正の数である。」は正しくない。このことを示す反例を1つ書きなさい。 (岩手県)

142 次の(ア)～(ケ)の文章の内容について，その正誤をそれぞれ答えなさい。また，「誤り」である場合は，理由を述べるか，反例を1つあげなさい。 (神奈川・慶應高改)

(ア) 3つの数 a, b, c について，$ac=bc$ が成り立つならば，$a=b$ である。

(イ) 2つの数 a, b について，$a=b$ が成り立つならば，$a^2+b^2=2ab$ である。

(ウ) 2つの数 a, b について，$a^2>b^2$ が成り立つならば，$a>b$ である。

(エ) サッカーボールは，12個の正五角形と20個の正六角形から成る正多面体である。

(オ) 異なる2点が1つの直線を決定するように，異なる3点は1つの平面を決定する。

(カ) 空間にある異なる2直線をどこまで延ばしても交わらないとき，その2直線は平行である。

(キ) 自然数 n が素数ならば，n は奇数である。

(ク) 整数 x が奇数ならば，x^2 は奇数である。

(ケ) 数 x が整数ならば，x^2 は自然数である。

解答の方針

141 2つの負の数をかけると積は正の数になる。

142 (ア), (イ), (ウ) 正の数の場合，0の場合，負の数の場合について考える。

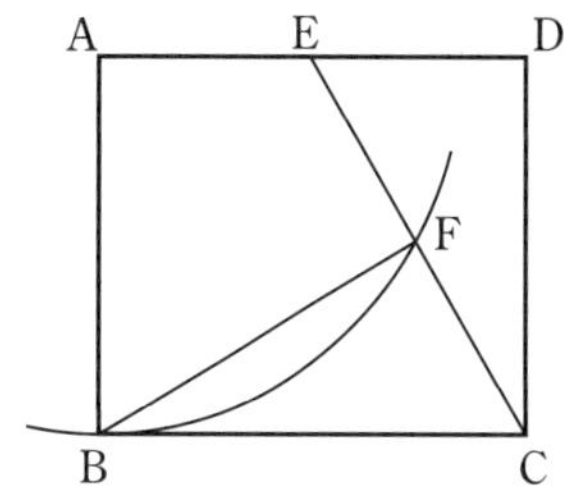

143 右の図のように，長方形 ABCD の辺 AD の中点を E とする。頂点 A を中心とする半径 AB の円 A の一部をかき，線分 CE との交点を F とすると，BF⊥CE となる。

ただし，AB＞AE とする。

辺 BA の延長と線分 CE の延長との交点を G とすると，線分 GB は円 A の直径であることの証明を途中まで示してある。

[(a)] に入る最も適当なものを，語群の㋐～㋓のうちから 1 つ選び，符号で答えなさい。また，[(b)] には適当なことばを，[(c)] には証明の続きを書き，証明を完成させなさい。

ただし，[　　] の中の①～⑤に示されている関係を使う場合，番号の①～⑤を用いてもかまわないものとする。

（千葉県 改）

（証明） 辺 BA の延長と，線分 CE の延長との交点を G とする。

△GAE と △CDE において，

仮定から，[(a)] ……①

長方形の向かい合う辺は平行なので，GB∥DC ……②

②より，平行線の錯角は等しいから，∠GAE＝∠CDE ……③

[(b)] は等しいから，∠GEA＝∠CED ……④

①，③，④より，1 組の辺とその両端の角がそれぞれ等しいので，

△GAE≡△CDE ……⑤

[(c)]

（語群） ㋐ AG＝DC　　㋑ GE＝CE

㋒ AE＝DE　　㋓ ∠AGE＝∠DCE

解答の方針

143 (c) AG＝AB となることをいう。

144 右の図において，△ABC は AB＝AC の二等辺三角形である。辺 BC 上に，2 点 B，C とは異なる点 D をとり，四角形 ABDE が平行四辺形となるように点 E をとる。また，線分 AC と線分 DE との交点を F とするとき，△ADC と △ECD が合同であることを証明しなさい。 (山形県)

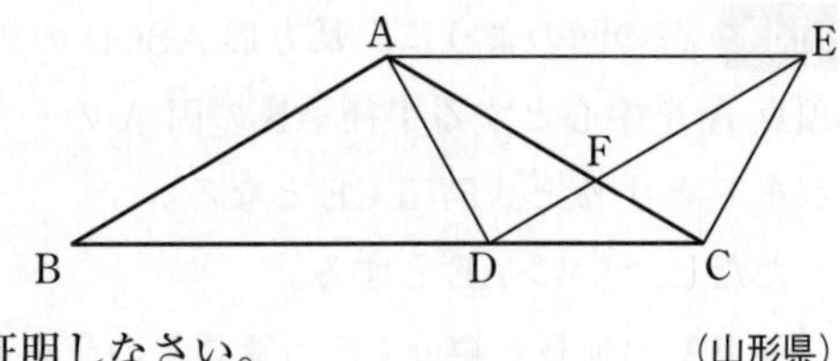

145 右の図のように，AB＝AC の直角二等辺三角形 ABC の辺 BC の延長上に点 D をとり，AD＝AE の直角二等辺三角形 ADE をつくる。辺 AD と EC との交点を F とする。このとき，△ABD≡△ACE であることを証明しなさい。 (岐阜県)

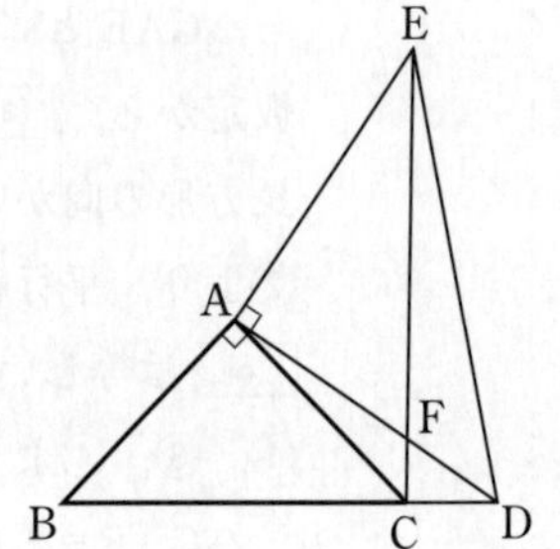

難 146 右の図のように，∠ABC＝45° である三角形 ABC がある。頂点 A から辺 BC にひいた垂線と辺 BC との交点を D とし，頂点 B から辺 AC にひいた垂線と辺 AC との交点を E とする。また，線分 AD と線分 BE との交点を F とする。

このとき，△ADC≡△BDF であることを証明しなさい。 (新潟県)

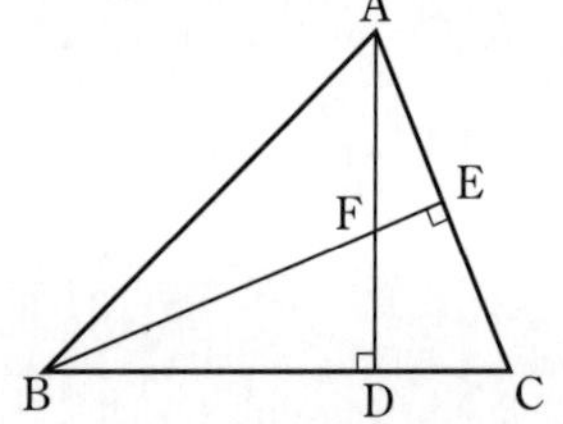

解答の方針

146 △ADC，△BCE において，内角の和が 180° であることを用いると

∠CAD＝90°－∠ACB，∠FBD＝90°－∠ACB

147 右の図のように，平行四辺形 ABCD の辺 BC の延長上に AB＝AE となる点 E をとる。このとき，△ABC≡△EAD であることを証明しなさい。（山口県）

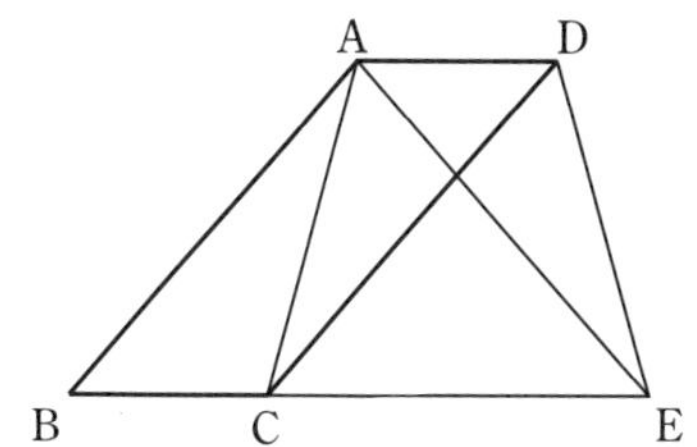

148 右の図のように，半径の等しい 2 つの円 A，B があり，直線 ℓ にそれぞれ点 C，D で接している。線分 AB と ℓ との交点を M とする。

このとき，AM＝BM であることを証明しなさい。（福島県）

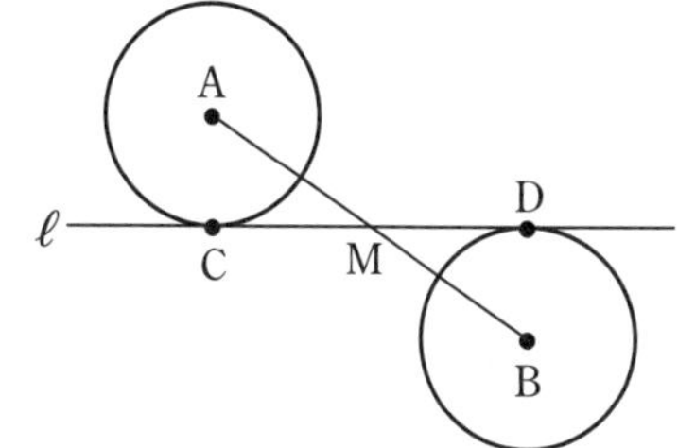

149 右の図のように，AB<AD である平行四辺形 ABCD を，対角線 BD を折り目として折り返す。折り返したあとの頂点 C の位置を E とし，AD と BE の交点を F とする。

このとき，△ABF≡△EDF であることを証明しなさい。（岩手県）

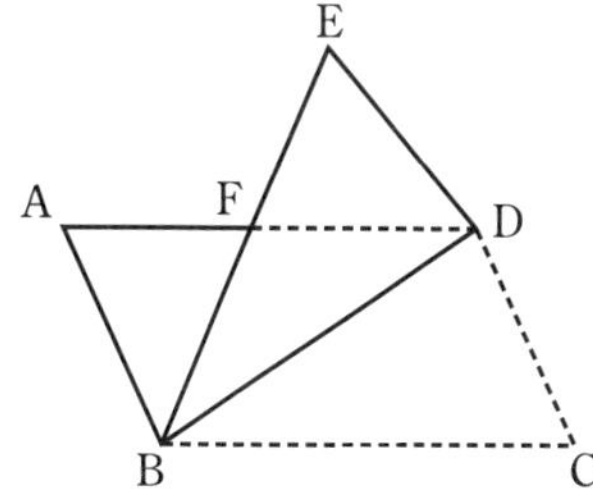

解答の方針

148 △ACM と △BDM について考える。

150 平面図形について，次の問いに答えなさい。 (神奈川・横浜翠嵐高)

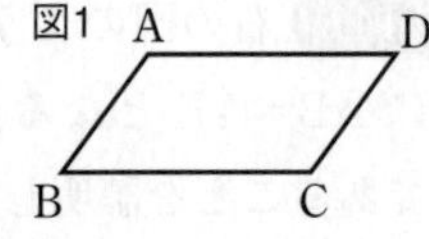

(1) 「平行四辺形のどの隣り合う２つの角の和も 180° である」という性質を，図１の平行四辺形 ABCD を用いて証明せよ。

(2) 図２の四角形 ABCD は平行四辺形である。辺 AD を１辺とする正方形 ADEF と，辺 CD を１辺とする正方形 DCGH を，平行四辺形 ABCD と重ならないようにかき加える。

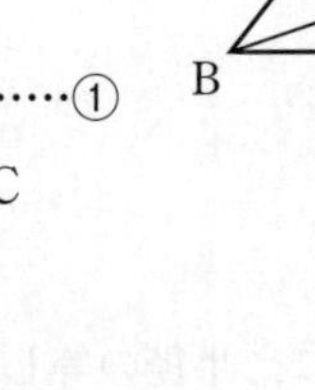

このとき，三角形 ABD と三角形 DHE が合同であることを次のように証明したい。

(証明)　△ABD と △DHE において，

まず，四角形 ADEF は正方形だから，AD＝DE　……①

次に，四角形 ABCD は平行四辺形だから，AB＝DC

また，四角形 DCGH は正方形だから，DC＝DH

よって，AB＝DH　……②

上の［　］の中に続きを書き，証明を完成させよ。

ただし，(1)の平行四辺形の性質を用いてもよい。

151 右の図のように，平行四辺形 ABCD において，辺 BA の延長線上の点 P と対角線の交点 O を通る直線をひき，辺 DC の延長との交点を Q，辺 AD との交点を R とする。

このとき，△AOP≡△COQ となることを証明しなさい。 (富山県)

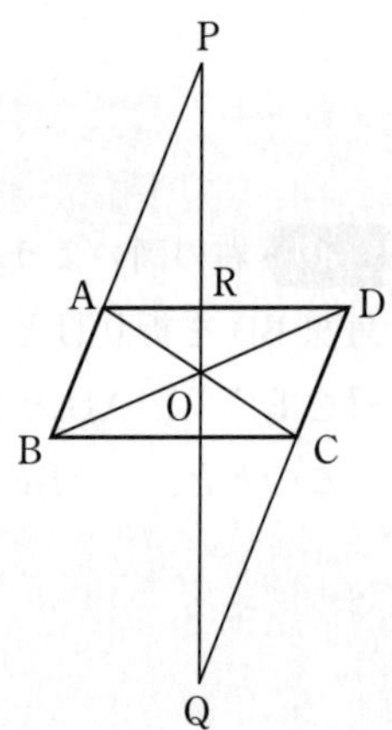

解答の方針

150 (1) 平行四辺形の向かい合う角は等しいという性質と，四角形の内角の和は 360° であるという性質から，どの隣り合う２つの角の和も 180° になることを導く。

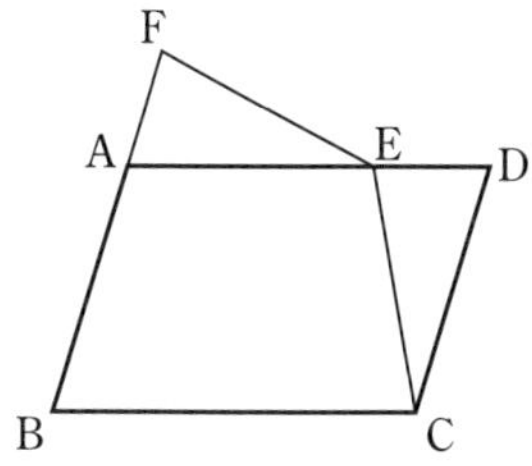

152 右の図のように，平行四辺形 ABCD の辺 AD 上に AB＝AE となる点 E をとり，BA の延長上に AD＝BF となる点 F をとる。A と F，E と F，C と E をそれぞれ結ぶ。

次の問いに答えなさい。 （岐阜県）

(1) △AEF≡△DCE であることを証明する。次の証明の続きを書き，証明を完成させよ。

（証明） △AEF と △DCE で，

仮定から， BF＝AD ……①

AB＝AE ……②

①，②から， AF＝DE ……③

⋮

(2) A と C，D と F をそれぞれ結び，△EAC と △EDF をつくる。AB＝3 cm，BC＝5 cm のとき，△EAC の面積は △EDF の面積の何倍であるか求めよ。

153 正三角形 ABC がある。

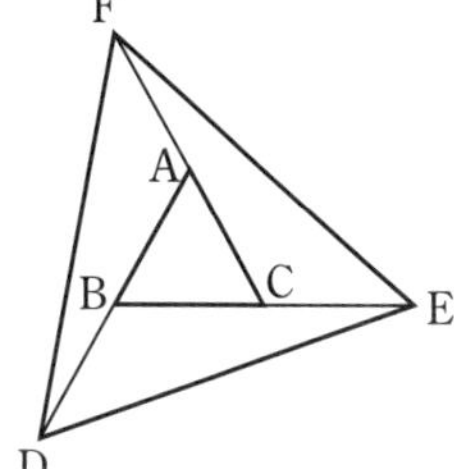

辺 AB の B の方への延長上に BD＝BA となる点 D，

辺 BC の C の方への延長上に CE＝CB となる点 E，

辺 CA の A の方への延長上に AF＝AC となる点 F をとる。

このとき，次の問いに答えなさい。

（東京・お茶の水女子大附高）

(1) 三角形 DEF が正三角形になることを証明せよ。

(2) 正三角形 DEF の面積は正三角形 ABC の面積の何倍であるか求めよ。

解答の方針

153 (1) 3 つの三角形が合同になることを示す。

(2) △ABC：△ACE，△EFA：△ACE を考える。

154 右の図で，$\triangle ABC \equiv \triangle DEF$ であり，辺 FE は BC に平行である。点 D は辺 BC 上の点であり，点 A は辺 FE 上の点である。辺 AB と FD の交点を G，辺 AC と ED との交点を H とする。このとき，四角形 AGDH は平行四辺形であることを証明しなさい。 （岐阜県）

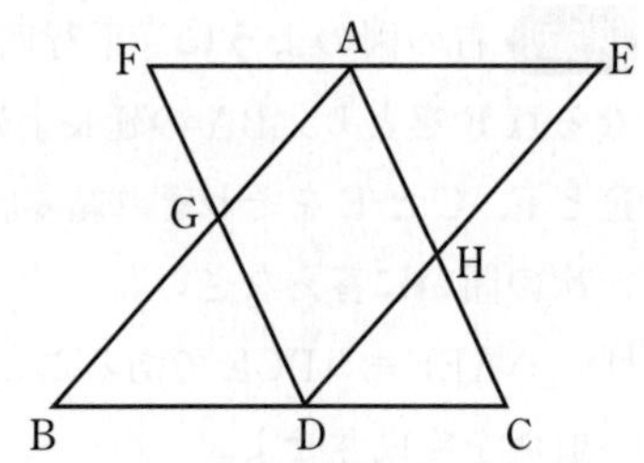

155 右の図の $\triangle ABC$ は，$\angle A = 90^\circ$ の直角三角形である。

辺 BC 上に AB＝BD となる点 D をとり，この点を通る辺 BC の垂線と辺 AC の交点を E とする。

次の問いに答えなさい。 （青森県）

(1) 下の証明は，AE＝DE となることを示したものである。［(ア)］～［(ウ)］にあてはまる記号やことばを入れよ。

（証明） A と D を結ぶと，AB＝BD なので $\triangle ABD$ は二等辺三角形である。

したがって，

$\angle BAD = \angle$［(ア)］……①

また，$\triangle ADE$ において

$\angle ADE = 90^\circ - \angle BDA$ ……②

同様に

$\angle$［(イ)］$= 90^\circ - \angle BAD$ ……③

①，②，③より $\angle ADE = \angle$［(イ)］

つまり，2つの角が等しいので $\triangle ADE$ は［(ウ)］である。

よって，AE＝DE である。

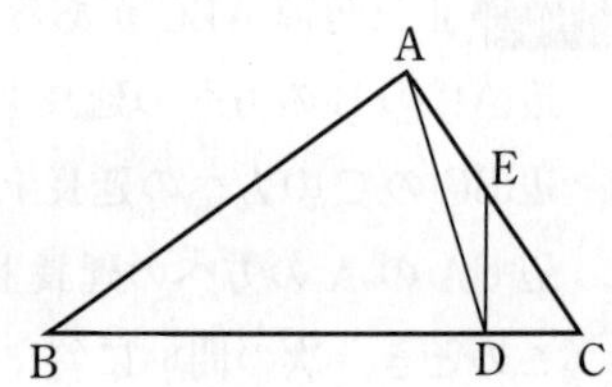

(2) (1)とはちがう方法で，AE＝DE となることを証明せよ。

解答の方針

155 (2) $\triangle ABE \equiv \triangle DBE$ を証明する。

156 図のような AB＝AC である △ABC において，∠ABC の二等分線と辺 AC との交点を P とすると，BC＝BP となった。また，BC＝BQ となるような点 Q を辺 AB 上にとり，AR＝QR となるような点 R を辺 AC 上にとる。このとき，∠ARQ の大きさを求めなさい。

（奈良・西大和学園高）

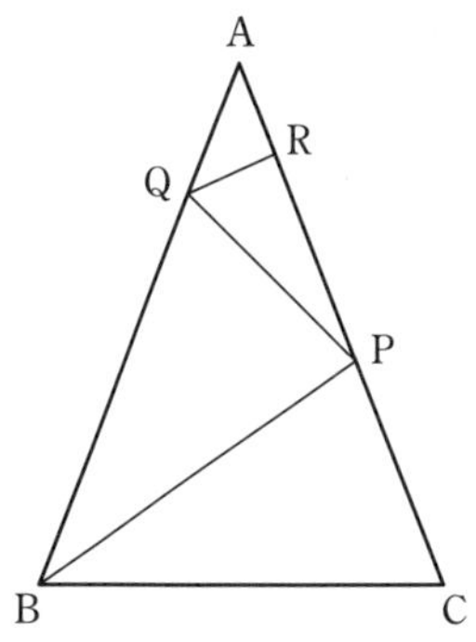

難 **157** 右の図で，四角形 ABCD は平行四辺形である。点 E，F は，辺 AD，BC 上の点で，AE：ED＝CF：FB＝1：3 である。線分 EF と対角線 BD との交点を G とする。次の問いに答えなさい。

（秋田県）

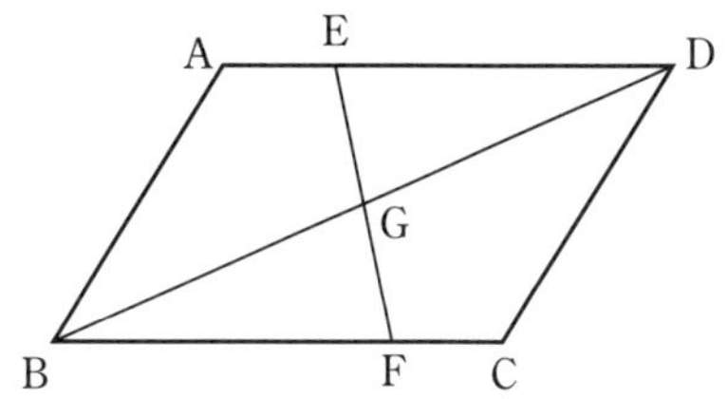

(1) 次の㋐～㋓から正しいものをすべて選び，その記号を書け。

㋐ △EGD≡△FGB である。

㋑ △ABD の面積は，△EGD の面積の 2 倍である。

㋒ 点 G は対角線 AC 上にある。

㋓ AB＝BC のとき，∠EGD＝90° である。

(2) 平行四辺形 ABCD の面積は四角形 ABGE の面積の何倍か答えよ。

解答の方針

156 ∠PBC＝x とおいて，∠BAC を求める。

157 (1) 点 G はどのような位置にあるか示す。

難 **158** 右の図のように，１つの平面上に平行四辺形 ABCD と平行四辺形 CEFG があり，この２つの平行四辺形は合同である。また，辺 CG 上に点 D があり，線分 BG と辺 AD との交点を H とする。

これについて，次の問いに答えなさい。（広島県）

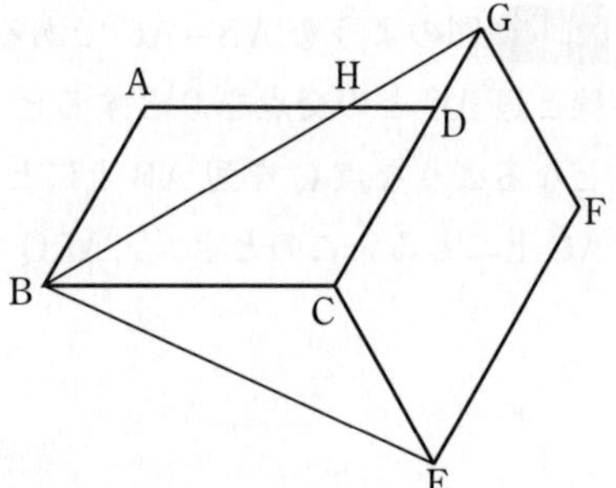

(1) AB＝AH であることを証明せよ。

難 (2) AB＝3 cm，BC＝5 cm，∠ABC＝60° のとき，平行四辺形 ABCD と四角形 BEFG の面積の比を，最も簡単な整数の比で表せ。

159 四角形が正方形になるためには，「対角線が，それぞれの中点で交わる。」という条件に，対角線に関するどのような条件を加えればよいか。その加える条件を簡潔に言葉で書きなさい。

（愛媛県）

160 右の図は，AB＞BC である長方形 ABCD の紙を，頂点 A が頂点 C と重なるように折り返したものである。頂点 D が移った点を R，折り目を PQ とするとき，次の問いに答えなさい。（高知県）

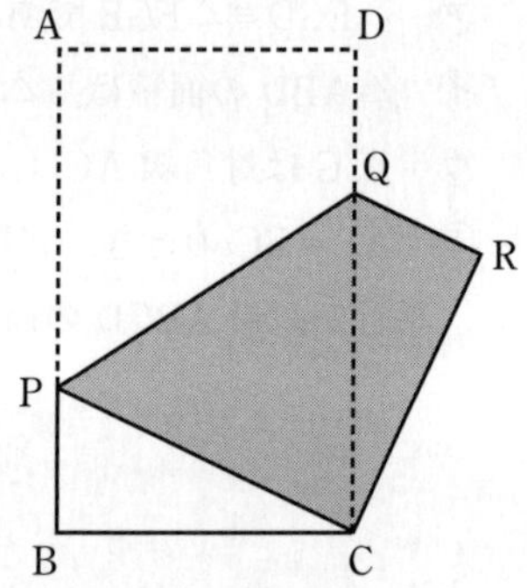

(1) △PBC≡△QRC であることを証明せよ。

(2) ∠PCB＝40° のとき，∠PQR の大きさを求めよ。

解答の方針

158 (2) AH＝3 cm，HD＝2 cm となることから，△ABH＝3S，△HCD＝2S とおき，平行四辺形 ABCD と四角形 BEFG の面積を S で表す。

161 次の問いに答えなさい。ただし，**図1，2**は，それぞれ平面上の図である。 （長崎県）

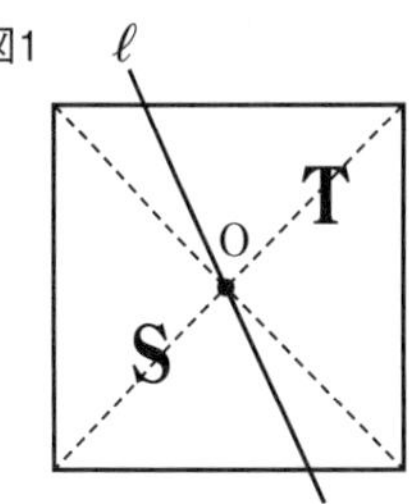

(1) **図1**のように，正方形の対角線の交点Oを通る直線ℓがある。直線ℓによって分けられた2つの図形を，S，Tとするとき，SとTの間にはどのような関係があるか。その関係の1つを簡潔に書け。

(2) **図2**のように，小さい正方形が大きい正方形の内部にあり，影をつけた部分は，大きい正方形から小さい正方形を除いた部分である。影をつけた部分の面積を1本の直線で2等分するためにはどのようにひけばよいか。その直線を**図2**の中にかき入れよ。ただし，このとき補助的に用いた線などは消さずに残しておくこと。

162 右の図において，三角形A′B′Cは正三角形ABCを点Cを中心として，辺ABと辺A′B′が1点で交わるように回転させたものである。辺ABと辺B′Cとの交点をD，辺ACと辺A′B′との交点をEとするとき，△BCD≡△A′CEであることを証明しなさい。

（奈良・西大和学園高）

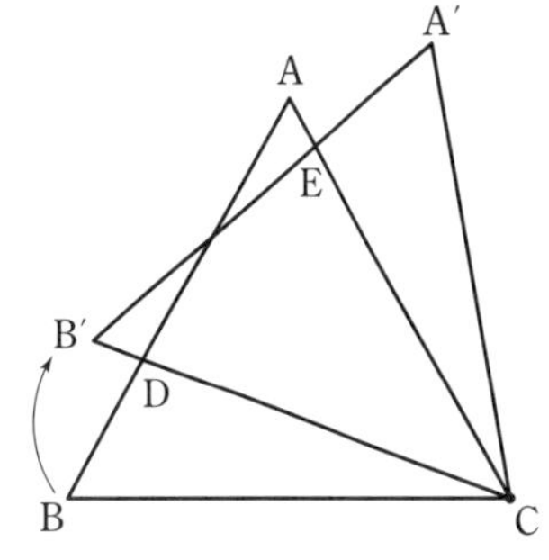

難 **163** 右の図のように，平行四辺形ABCDの辺BC，CDをそれぞれ1辺とする正三角形BEC，正三角形CFDをつくり，3点A，E，Fをそれぞれ直線で結ぶ。三角形AEFは正三角形であることを証明しなさい。 （群馬県）

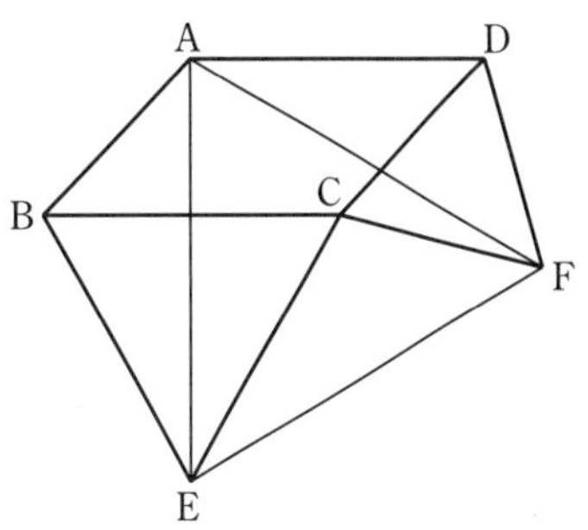

6 確率とデータの分布

標準問題

解答 別冊 p.51

重要 164 [場合の数と樹形図①]

次の問いに答えなさい。

(1) 1 1 1 2 3 の5枚のカードから3枚取り出して3桁の整数をつくるとき，奇数となるのは全部で何通りあるか求めよ。

(2) Aさんは，友達に渡すプレゼントを買う。そのプレゼントは，色紙で包み，リボンで飾りつけることにする。色紙は，赤，青，黄，緑の色から1枚選び，リボンは，赤，白，黄，紫の色から1本選ぶ。色紙の色とリボンの色が異なるように選ぶとすると，色紙とリボンの組み合わせ方は全部で何通りあるか求めよ。

165 [順列の数①]

次の問いに答えなさい。

(1) 5個の数字0，1，2，3，4の中から，異なる3個の数字を選んで3桁の整数をつくる。整数は全部で ① 個できる。このうち，3の倍数は ② 個ある。□にあてはまる数を答えよ。

(2) 男子2人，女子3人が1列に並ぶとき，両端が女子となる並び方は全部で何通りあるか求めよ。

166 [組合せの数]

次の問いに答えなさい。

(1) A，B，C，Dの4冊の本から2冊を選ぶとき，その選び方は全部で何通りあるか。

(2) 100円，50円，10円，5円，1円の硬貨がそれぞれ1枚ずつ計5枚ある。この中から2枚を選ぶとき，2枚の合計金額は全部で何通りあるか求めよ。

重要 **167** **[確率①]**

次の問いに答えなさい。

(1) A 君と B 君の 2 人がじゃんけんを 1 回するとき，勝負が決まる確率を求めよ。

(2) 大小 2 個のさいころを同時に投げるとき，一方の目の数が他方の目の数の 2 倍になる確率を求めよ。

> **ガイド** 起こりうるすべての場合が n 通りで，そのどれが起こることも同様に確からしいとする。このとき，ことがら A が起こる場合が a 通りとすると，A が起こる確率 p は
>
> $$p=\frac{a}{n}$$

168 **[場合の数と樹形図②]**

次の問いに答えなさい。

(1) 1 円硬貨 2 枚，10 円硬貨 2 枚，100 円硬貨 3 枚がある。その中の 4 枚を用いてできる合計金額は何通りあるか求めよ。ただし，3 種類の硬貨のうち，使用しない種類があってもよいこととする。

(2) [T]，[A]，[I]，[K]，[O] の 5 枚のカードを並べて，ローマ字の文字列をつくる。ただし，ローマ字とは子音字の後には必ず母音字がくるものとする。例えば，「AIKOT」などはローマ字の文字列ではない。このとき，文字列は全部で何通りつくることができるか求めよ。

169 **[場合の数]**

次の問いに答えなさい。

(1) 10 円，50 円，100 円，500 円の 4 種類の硬貨を使って，合計金額を 920 円にする方法は何通りあるか求めよ。ただし，どの硬貨も 1 枚は使うものとする。

(2) 2 つのさいころ A，B を同時に投げるとき，さいころ A の出る目の数を a，さいころ B の出る目の数を b とする。このとき，次の①，②の問いに答えよ。

① $a+b$ の値が 5 の倍数になるのは何通りあるか求めよ。

② $\frac{b}{a}$ の値が整数になるのは何通りあるか求めよ。

(3) 円周を 6 等分した点があるとき，これらの点のうちいくつかの点を頂点とする正多角形は，正三角形と正六角形の 2 種類である。

円周を 30 等分した点があるとき，これらの点のうちいくつかの点を頂点とする正多角形は全部で何種類か求めよ。

重要 170 [順列の数②]

次の問いに答えなさい。

(1) A，B，C，D，Eの5人の生徒が縦1列に並ぶ。先頭にはAが並ぶことにすると，5人の並び方は，全部で何通りあるか求めよ。

(2) 5人の生徒が，校舎を背景に横1列に並んで記念撮影をする。5人のうち，AさんとBさんは必ず両端に並ぶものとする。このとき，5人の並び方は全部で何通りあるか求めよ。

(3) 山田家は3人家族，中村家も3人家族である。山田家，中村家の計6人が1列に並ぶとき，同じ家族の者が隣り合わない場合の数を求めよ。

(4) 右の図のような4枚のカードがある。この4枚のカードから2枚を選び，横に並べてできる2桁の偶数は，全部で何個か求めよ。

0	1	2	3

(5) MITAKAのアルファベットを並べかえると，何通りの並べ方があるか求めよ。

(6) 2，3，4，5の数字がこの順番で並んでいる。これらのどの数字も，もとの位置にないような並べ方は全部で何通りあるか求めよ。

ガイド 異なるn個のものを1列に並べる並べ方は

$n\times(n-1)\times(n-2)\times\cdots\times3\times2\times1$

異なるn個のものの中のm個を1列に並べる並べ方は

$\underbrace{n\times(n-1)\times(n-2)\times\cdots\times(n-m+1)}_{m\text{個の積}}$

重要 171 [確率②]

大小2つのさいころを同時に投げるとき，次の確率を求めなさい。

(1) 出る目の和が11

(2) 出る目の和が4の倍数

(3) 出る目の和が10の約数

(4) 2つのさいころの目の差が2

(5) 出る目の積が3の倍数

(6) 小さいさいころの目と大きいさいころの目の最大公約数が1以外の数

重要 172 [確率③]

次の問いに答えなさい。

(1) 3 枚の硬貨 A，B，C を同時に投げるとき，1 枚が表で，2 枚が裏となる確率を求めよ。

(2) A，B，C，D，E の 5 人の中から，抽選で 3 人の当番を選ぶとき，B と C が，2 人とも選ばれる確率を求めよ。

(3) A，B，C，D の 4 人の男子生徒と，E，F，G の 3 人の女子生徒がいる。この 7 人の生徒の中から，くじ引きで 2 人の生徒を選ぶとき，男子生徒と女子生徒が 1 人ずつ選ばれる確率を求めよ。

173 [確率④]

正方形 ABCD がある。点 P は，最初に頂点 A にあり，さいころを投げて出た目の数だけ正方形の頂点を左回りに移動する。さいころを続けて 2 回投げたとき，点 P がどの頂点にある確率が最も大きいか，その頂点と確率を求めなさい。

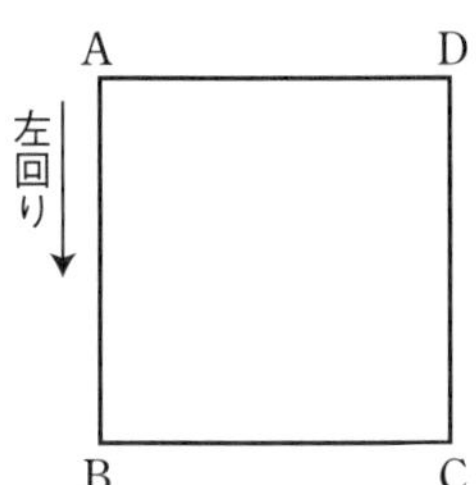

174 [ことがらAまたはBが起こる確率]

100 円硬貨が 1 枚，50 円硬貨が 2 枚ある。この 3 枚を同時に投げるとき，表が出た硬貨の金額の合計が 100 円以上になる確率を求めなさい。

175 [組合せと確率]

さいころを 3 回投げて出た目を順に a，b，c とし，$A=a\times b\times c$ とする。このとき，次の条件をみたす確率を求めなさい。

(1) A が 2^2 となる

(2) A が 2^3 となる

(3) A が 2^5 の倍数となる

(4) A が 2^4 の倍数となる

最高水準問題

解答 別冊 p.55

176 「1」を2個，「2」を4個使って6桁の数をつくり，小さいものから順に並べる。

(例) 112222, 121222, ……

このとき，次の問いに答えなさい。（山梨・駿台甲府高）

(1) 5番目の数を求めよ。

(2) 212122は何番目の数か答えよ。

(3) 6個の数字を並べてつくられる6桁の数すべてを加えると，$111111 \times x$ となる。x の値を求めよ。

177 次の問いに答えなさい。（東京・お茶の水女子大附高）

(1) 1以上50以下の自然数の中で，素数をすべて挙げよ。

(2) 2つの奇数の和は偶数であることを考えて，(1)の素数の中で異なる3つの素数の和が50になるような組をすべて挙げよ。

難 **178** 座標平面上に点Pがあり，その座標は初め(0, 0)である。いま，1つのさいころを振り，出た目に応じて次のようにPの座標を変えるものとする。

1：x 座標に1を加える　　2：x 座標から1をひく

3：y 座標に1を加える　　4：y 座標から1をひく

5と6：座標を変えない

次の問いに答えなさい。（千葉・渋谷教育学園幕張高）

(1) さいころを3回振った後，Pの座標が (0, 0) になる確率を求めよ。

(2) さいころを3回振った後，Pの x 座標と y 座標が等しくなる確率を求めよ。

解答の方針

177 (1)素数は，1とその数以外に約数をもたない正の整数である。

179 当たりが4本入った10本のくじを，引いたくじは元に戻さないで，太郎君が同時に2本引き，次に次郎君が1本引く。次の問いに答えなさい。 （埼玉・立教新座高）

(1) 太郎君が2本ともはずれくじを引き，次郎君が当たりくじを引く確率を求めよ。

(2) 次郎君が当たりくじを引く確率を求めよ。

180 正六角形ABCDEFがある。大中小3つのさいころを同時に投げるとき，出る目に以下の点を対応させる。

1→A，2→B，3→C，4→D，5→E，6→F

さいころの出る目に対応する点を結んだ図形が次のようになるときの，目の出方はそれぞれ何通りあるか求めなさい。 （東京・日本女子大附高）

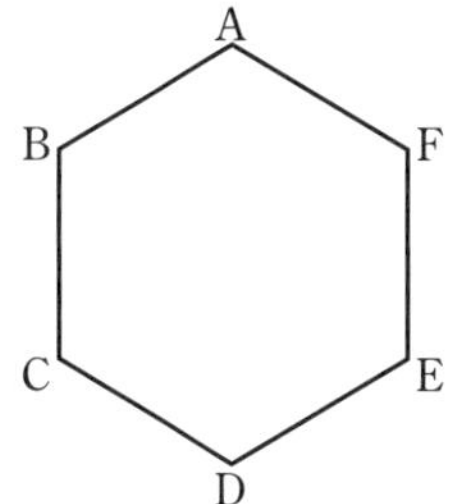

(1) △ABC

(2) 正三角形

(3) 直角三角形

難 **181** 正八角形ABCDEFGHがある。この8個の頂点から3個の頂点を選んで三角形をつくるとき，次の問いに答えなさい。 （東京・城北高）

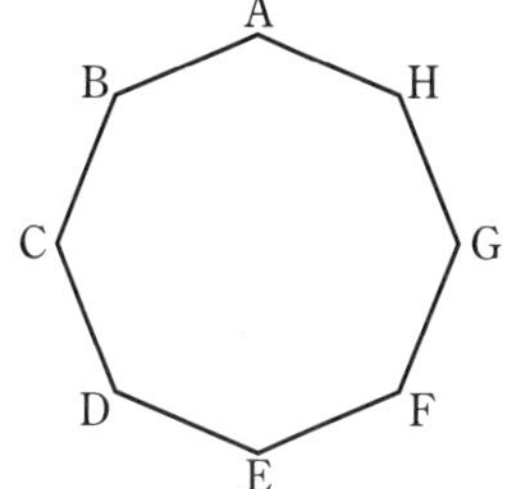

(1) 三角形は全部でいくつできるか求めよ。

(2) 直角三角形は全部でいくつできるか求めよ。

(3) 鋭角三角形は全部でいくつできるか求めよ。

182 3枚のコインを同時に投げるとき，少なくとも1枚のコインが裏となる確率は ① である。また，3枚のコインを同時に投げることを3回くり返すとき，少なくとも1回はすべてのコインが表となる確率は ② である。□にあてはまる数を求めなさい。 （兵庫・灘高）

解答の方針

182 少なくとも1枚のコインが裏となる場合の数は，3枚とも表となる場合の数を考える。少なくとも1回はすべてのコインが表となる場合の数は，3回とも少なくとも1枚のコインが裏となる場合の数を考える。

難 **183** H, H, I, I, O, R, Sの7文字を使ってつくられる文字列について，次の問いに答えなさい。

（東京・海城高）

(1) 文字列は何通りできるか求めよ。

(2) 両端に子音がくる文字列は何通りか求めよ。

(3) 文字列をアルファベット順に辞書式に並べるとき，73番目の文字列を答えよ。

184 大小2個のさいころを投げ，大きいさいころの目の数をa，小さいさいころの目の数をbとする。このとき，点$(a,\ b)$が直線$y=\frac{1}{2}x$上の点となる確率を求めなさい。（千葉・和洋国府台女子高）

185 大，中，小3個のさいころを同時に投げるとき，少なくとも1個は偶数の目が出る確率を求めなさい。

（東京・海城高）

186 さいころを2回投げ，1回目，2回目に出た目の数をそれぞれa，bとして，xの1次方程式$ax-b=c$をつくる。次の問いに答えなさい。

（鹿児島・ラ・サール高）

(1) $c=0$のとき，解が整数となる確率を求めよ。

(2) $c=18$のとき，解が整数となる確率を求めよ。

難 **187** A，A，A，B，B，B，C，Cの8個の文字を1列に並べるとき，Bが連続することのない並べ方は［ ① ］通りである。また，Bが連続することがなく，Cも連続することのない並べ方は［ ② ］通りである。［　　］にあてはまる数を求めなさい。

（兵庫・灘高）

188 右の図のようにA地点からB地点に行くには，横に2本，縦に4本の道がある。途中で通った道は再び通らないように移動するとき，A地点からB地点に行く道順は何通りあるか求めなさい。 (高知学芸高)

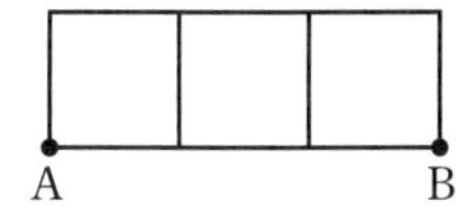

189 箱の中に赤球2個と白球3個と青球4個が入っている。このとき，次の問いに答えなさい。ただし，答えはそれ以上約分できない形にすること。 (神奈川・法政大二高)

(1) この箱から同時に2個の球を取り出すとき，2個とも同じ色である確率を求めよ。

(2) この箱から1個の球を取り出し，色を確かめてからもとに戻す。そして，もう1度1個の球を取り出すとき，2個とも同じ色である確率を求めよ。

難 (3) 赤球を取り出したら1点，白球を取り出したら2点，青球を取り出したら0点とする。この箱から続けて3個の球を取り出すとき，得点が2点となる確率を求めよ。

190 1から9までの数字を1つずつ記入した9枚のカード[1]，[2]，[3]，[4]，[5]，[6]，[7]，[8]，[9]がある。この9枚のカードをよくきって1枚を取り出し数字を見てもとに戻す。この操作を3回くり返し，見た数字をその順番に左から並べて3桁の整数nをつくるとき，nが4の倍数になる確率を求めなさい。 (神奈川・慶應高)

191 1から6までの目の出る大小1つずつのさいころを同時に1回投げる。

大きいさいころの出た目の数をX，小さいさいころの出た目の数をYとするとき，$\frac{Y}{X} \leqq \frac{1}{2}$となる確率を求めなさい。

ただし，大小2つのさいころはともに，1から6までのどの目が出ることも同様に確からしいものとする。 (東京・戸山高)

解答の方針

190 4の倍数となる条件「下2桁の数が4の倍数である」を用いる。

192 10 枚のクッキーについて，それぞれ 1 個の重さのデータは下の表の通りである。このとき，次の問いに答えなさい。

表

9g	16g	13g	8g	18g	15g	16g	14g	12g	15g

(1) このデータについてまとめられた，右の表を完成させよ。

表

最小値	g
第 1 四分位数	g
中央値	g
第 3 四分位数	g
最大値	g
範囲	g
四分位範囲	g

(2) このデータの箱ひげ図を，次の①～④のうちから 1 つ選べ。

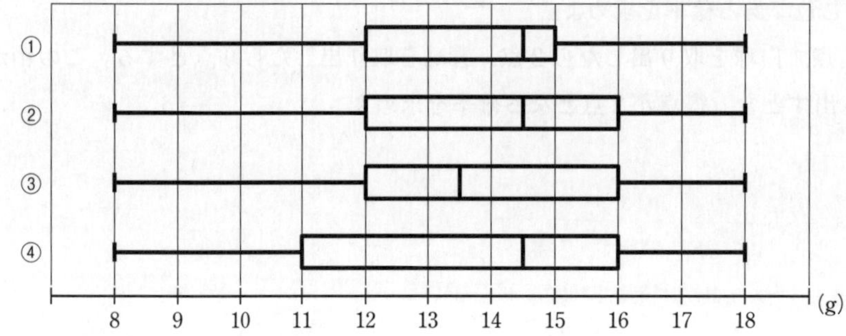

193 12 個のイチゴについて，それぞれ 1 個の重さのデータが下の表のようになった。

表

31g	40g	24g	33g	ag	30g	41g	39g	28g	bg	25g	35g

このデータの箱ひげ図が右の図のとき，$(a,\ b)$ の値の組をすべて求めなさい。ただし，a，b は正の整数で，$a<b$ とする。

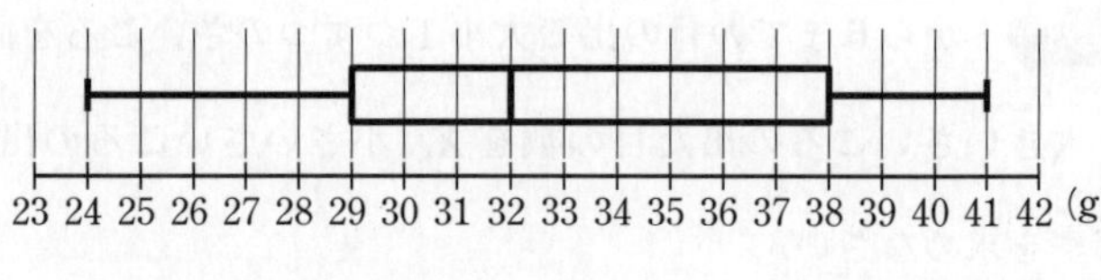

解答の方針

192 中央値，四分位範囲，第 1 四分位数，第 3 四分位数などについて調べる。

193 第 3 四分位数に着目して b の範囲を，第 1 四分位数と中央値に着目して a の範囲を考える。

194 右の図は，生徒 20 人の懸垂の回数のデータを箱ひげ図に表したものである。このとき，次の問いに答えなさい。

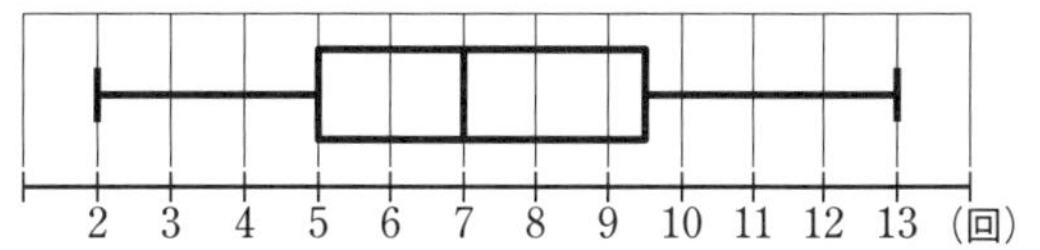

(1) この箱ひげ図から，次の値をそれぞれ求めよ。また，この箱ひげ図からだけでは求まらないときは，×と答えよ。

① 最小値　② 最大値
③ 平均値　④ 中央値
⑤ 第 1 四分位数　⑥ 第 3 四分位数
⑦ 5 回以上 7 回未満の人数　⑧ 13 回の人数

(2) このデータのヒストグラムを，次の①～④のうちから 1 つ選べ。

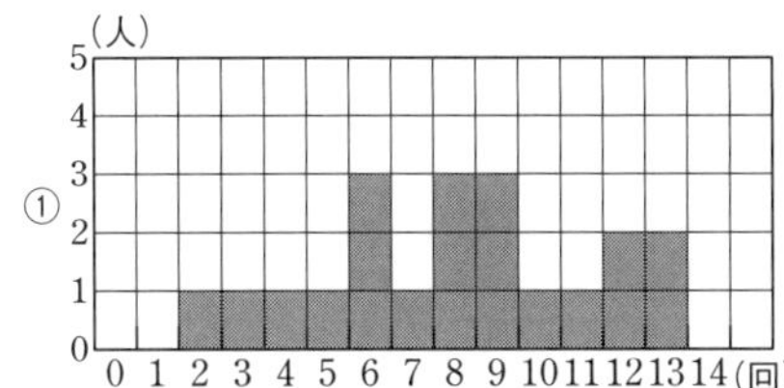

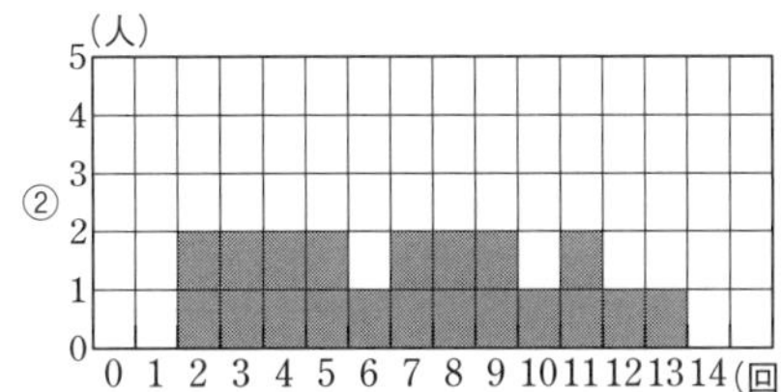

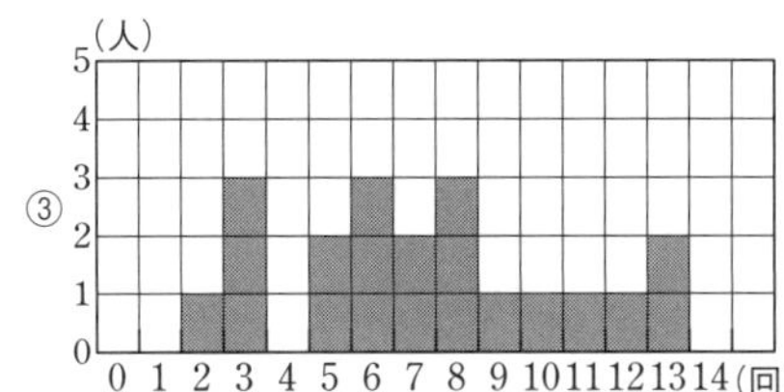

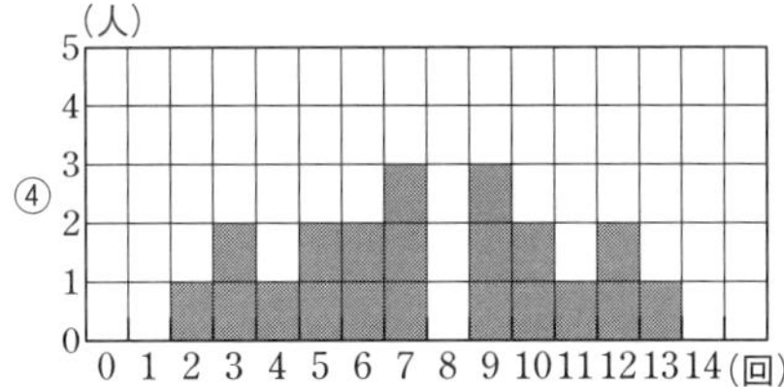

解答の方針

194 (1) 最小値 ⇒ ひげの左端，第 1 四分位数 ⇒ 箱の左端，中央値 ⇒ 箱の中の線，第 3 四分位数 ⇒ 箱の右端，最大値 ⇒ ひげの右端

(2) 中央値，第 1 四分位数，第 3 四分位数について調べる。

第1回 実力テスト ▶解答→別冊 p.60

時間50分　得点　　／100

目標70点

1　次の問いに答えなさい。（各6点，計12点）

(1) $\left(\frac{2}{5}xy^2\right)^2 \div \left(-\frac{2y}{x}\right)^2 \div \left(-\frac{1}{5}xy\right)$ を計算せよ。（鹿児島・ラ・サール高）

(2) $\left(\frac{c}{3a^2}\right)^3 \div \left(-\frac{b^2c^3}{1.5a}\right)^3 \times (-4ab^3c^5)^2$ を計算せよ。（兵庫・関西学院高等部）

2　右の表は，1問1点で10点満点のテストをA～Jの10人の生徒が受験した結果である。A，Bの得点は不明である。10人の平均は6点であった。また，7点以上を合格とすると，合格者の平均と不合格者の平均に3.75点の差があった。このとき，A，Bの得点の差を求めなさい。

生徒	A	B	C	D	E	F	G	H	I	J
得点（点）	?	?	5	9	4	9	2	6	5	7

（東京・筑波大附高）（7点）

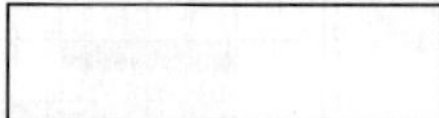

3　右の図で，直線 ℓ の式は $y=\frac{4}{5}x+b$，直線 m の式は $y=-x+6$ である。点A$(a,\ 4)$ において，2直線 ℓ，m が交わっている。また，2直線 ℓ，m と x 軸との交点をそれぞれB，Cとする。このとき，次の問いに答えなさい。

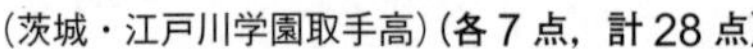

（茨城・江戸川学園取手高）（各7点，計28点）

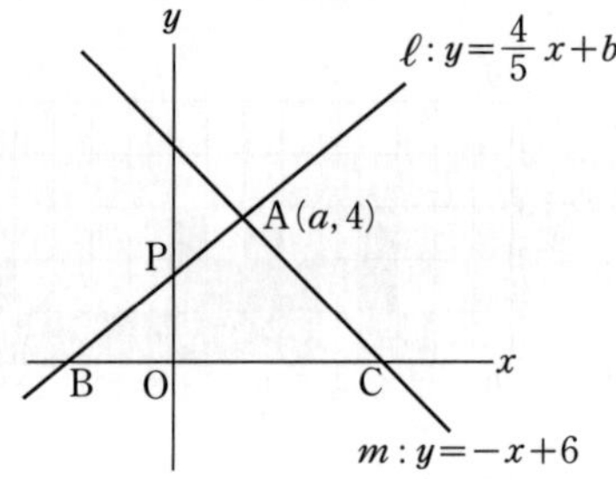

(1) 定数 a の値を求めよ。　(2) 定数 b の値を求めよ。

(3) 点Aを通り，△ABCの面積を二等分する直線の式を求めよ。

(4) 直線 ℓ と y 軸との交点をPとする。また，x 軸上の2点B，Cの間に点Qをとる。△ABCの面積と△PQBの面積の比が25：9であるとき，直線PQの式を求めよ。

(1)	$a=$	(2)	$b=$	(3)		(4)	

4　右の図のようにCA＝CBの二等辺三角形ABCと，CD＝CEの二等辺三角形CDEがある。3点B，C，Dはこの順で一直線上にある。また，点CはBDの中点であり，点Eは∠ABCの二等分線上にある。このとき，CEとADが垂直に交わることを証明しなさい。

（奈良・西大和学園改）（10点）

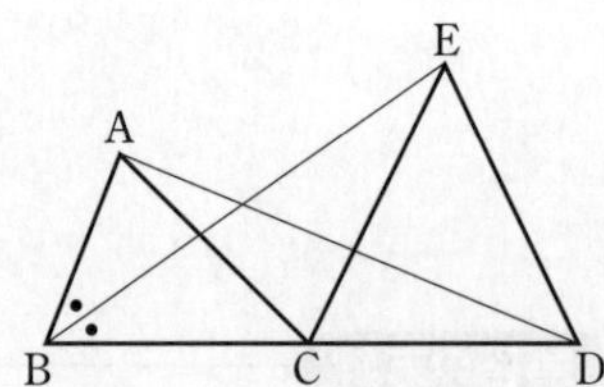

証明

5 上皿天びんを使ってものの重さをはかる。使える分銅は 4 個あり，それぞれ 1 g，3 g，9 g，27 g である。はかるものは必ず左の皿にのせることとする。また，分銅は左右どちらの皿にものせることができ，使用しないものがあってもよいこととする。

例えば左の皿にはかるものと 1 g と 3 g の分銅をのせ，右の皿に 27 g の分銅をのせたとき天びんがつり合えば，そのはかるものの重さは 23 g だとわかる。

このとき，次の問いに答えなさい。　　（東京・専修大附高）（各 7 点，計 21 点）

(1) あるものをはかったら 15 g であった。左右の皿にそれぞれのっている分銅をすべて答えよ。

(2) 1 g と 3 g の分銅を使うことができるとき，はかることのできる重さは全部で何通りあるか求めよ。ただし，使用しない分銅があってもよいこととする。

(3) 4 個の分銅を使うことができるとき，はかることのできる重さは全部で何通りあるか求めよ。ただし，使用しない分銅があってもよいこととする。

(1)	左　　　　　　　右	(2)		(3)	

6 右の図は，中学 2 年 A 組，B 組，C 組のそれぞれ 14 人について，8 月に図書館に行った日数のデータを箱ひげ図に表したものである。このとき，次の問いに答えなさい。　　（各 2 点，計 22 点）

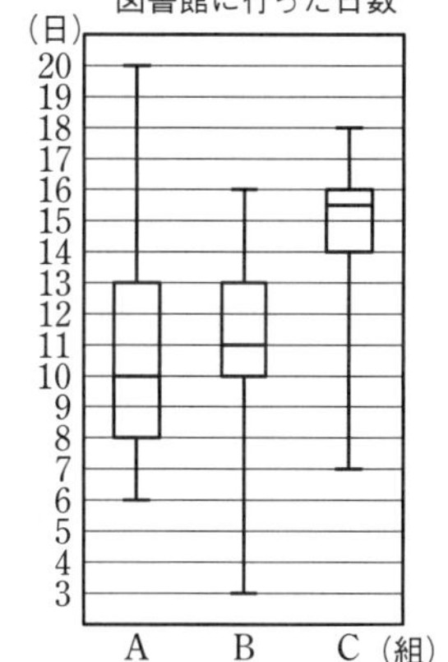

(1) A 組のデータについて，次の各値を求めよ。

①　最小値　　　②　最大値

③　第 1 四分位数　　　④　第 3 四分位数

⑤　中央値　　　⑥　範囲

⑦　四分位範囲

(2) 次の(　　)にあてはまるものを，A，B，C のうちからそれぞれ 1 つずつ選べ。

①　データの範囲が 1 番大きいのは(　　)組である。

②　中央値付近に 50 % の人が 1 番集まっているのは(　　)組である。

③　ちょうど 10 日行った人が，1 人はいると確実にいえるのは(　　)組だけである。

(3) この箱ひげ図から読み取れることとして正しいといえるものを，次のア～エのうちから 1 つ選べ。

ア　どの組にも，ちょうど 12 日行った生徒がいる。

イ　13 日以上行った人数は，A 組，B 組ともに 4 人以上いる。

ウ　7 日以下の人数が最も多いのは B 組である。

エ　平均値が 2 番目に大きいのは A 組である。

(1)	①		②		③		④	
	⑤		⑥		⑦			
(2)	①		②		③		(3)	

第2回 実力テスト ▶解答→別冊 p.63

時間50分　目標70点　得点 ／100

1 次の問いに答えなさい。（各9点，計18点）

(1) $\frac{9}{2}x^4y^3 \div \left(-\frac{3}{4}x^3y^2\right)^2 \times \left(-\frac{1}{2}xy\right)^3$ を計算せよ。（福岡大附大濠高）

(2) $x=-2$，$y=5$ のとき，$\left(-\frac{x^2y^3}{3}\right)^3 \div \left(\frac{x^3y^6}{2}\right) \div (-x^2y)^2$ の値を求めよ。（奈良・西大和学園高）

(1)		(2)	

2 蘭子さんのクラスでは，ダンスコンクールで着る手作りの衣装の準備を進めている。衣装のデザインはA，B，Cの3種類あり，クラスのメンバー40名それぞれに対して1種類の衣装が割り当てられ，1人が2種類の衣装を着ることはない。衣装は赤，黄，緑の3種類の布を組み合わせて作る。A，B，Cの衣装を1人分作るのに必要な布の長さは，次の表のようになっている。衣装A，B，Cを着る人の人数をそれぞれa人，b人，c人とする。このとき，次の問いに答えなさい。ただし，「布の長さ」という表し方について：ここでは，布の横幅は一定とし，縦の長さで布の大きさを表すことにする。（東京・お茶の水女子大附高）（各9点，計27点）

衣装	赤	黄	緑
A	20cm	50cm	15cm
B	50cm	20cm	15cm
C	10cm	10cm	70cm

(1) 衣装係の蘭子さんはまず，赤，黄，緑の布がそれぞれ全体で何m必要なのか計算した。

① 赤の布について，必要となる長さ(単位はm)をa，b，cを用いた式で表せ。

② Cの衣装を着る人はBの衣装を着る人の3倍の人数であることがわかった。また，衣装を作る際に必要な，赤，黄，緑の3種類の布の合計の長さは34.9mだった。a，b，cの値を求めよ。また，赤の布は何m必要か求めよ。

(2) (1)で求めた結果から必要な数値がわかったので，蘭子さんは布を買いに行くことにした。布は，1mあたりの値段が設定されており，10cm単位で販売してくれる。(例えば，「1mあたり400円」の布であれば，120cmの長さを購入すると代金は400×1.2＝480円である。）蘭子さんが手芸店へ布を買いに行くと，赤と黄の布は，1mあたりの値段が同じだった。店頭の値段から蘭子さんが3種類の布の合計金額を計算すると6030円となることがわかった。ところが，レジで支払うと代金は5680円だった。1種類の布につき10m以上購入した場合は，10mにつき1m分を値引きしてくれる。このとき，赤の布の1mあたりの値段を求めよ。

(1)	①		②	$a=$	$b=$	$c=$	赤い布
(2)							

3　右の図のように，座標平面上に A(2, 1)，B(6, 11) がある。線分 AB を対角線とする正方形の残りの頂点の座標を求めなさい。

（千葉・専修大松戸高）(10 点)

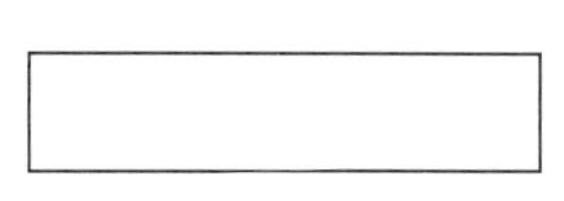

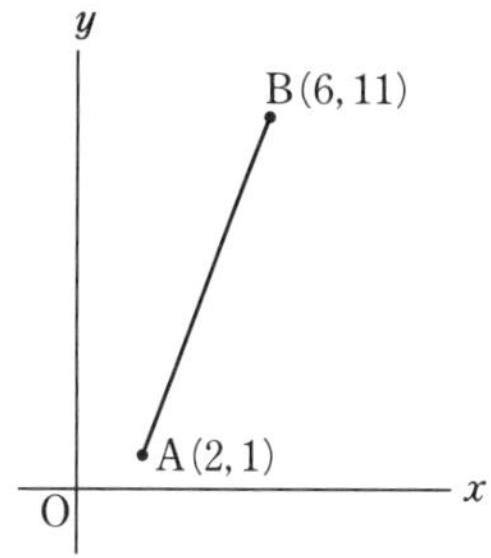

4　4 つの袋 A，B，C，D がある。A，B，C，D それぞれの袋に，赤球と白球とを合わせて 20 個ずつ入れるとする。このとき，次の問いに答えなさい。　（茨城・江戸川学園取手高）(各 9 点，計 27 点)

(1)　A の袋に入っている白球の個数が 18 個であったとする。A の袋から 1 個球を取り出すとき，赤球の出る確率を求めよ。

(2)　B の袋から 1 個球を取り出すとき，白球の出る確率を $\frac{3}{10}$ にするには，B の袋に赤球と白球をそれぞれ何個ずつ入れればよいか答えよ。

(3)　C，D の袋からそれぞれ球を 1 個ずつ取り出すとき，C の袋から赤球の出る確率が，D の袋から赤球の出る確率よりも $\frac{2}{5}$ だけ大きく，C の袋から白球の出る確率と D の袋から白球の出る確率との和が $\frac{6}{5}$ であったとする。C，D の袋の赤球の個数をそれぞれ m，n とするとき，m，n の値を求めよ。

(1)		(2)	赤球　　　　白球	(3)	$m=$　　　　$n=$

5　A 市，B 市，C 市，D 市の冬期 100 日間における降雪日数を 30 年間調べた。右の図は，その日数のデータを箱ひげ図に表したものである。このとき，次の問いに答えなさい。　(各 9 点，計 18 点)

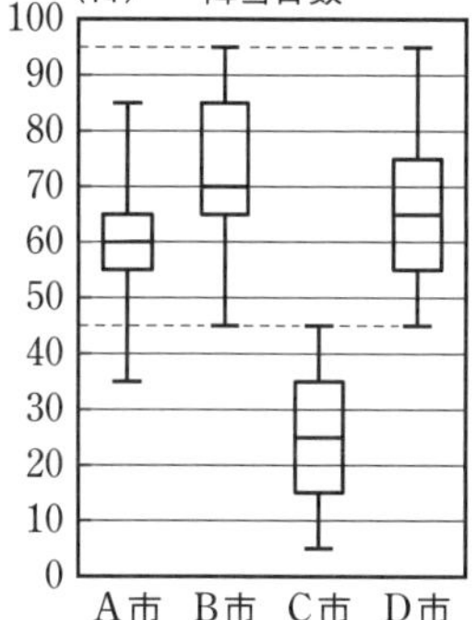

(1)　この箱ひげ図から読み取れることとして正しいといえるものを，次の①～⑥のうちからすべて選べ。

①　B 市と D 市の最大値，最小値は，それぞれ等しい。

②　70 日以上の降雪日数が 15 年以上あるのは，B 市と D 市である。

③　30 年間において，常に D 市の降雪日数は C 市の降雪日数以上である。

④　A 市で降雪日数が 40 日台であるのは 6 年以下である。

⑤　四分位範囲が 1 番小さい都市は，C 市と D 市である。

⑥　B 市の降雪日数が 70 日以上の年数は，A 市の降雪日数が 70 日以上の年数の 2 倍以上である。

(2)　右の図は，降雪日数のデータをヒストグラムに表したものである。このヒストグラムは，A 市，B 市，C 市，D 市うち，どの都市のものか答えよ。

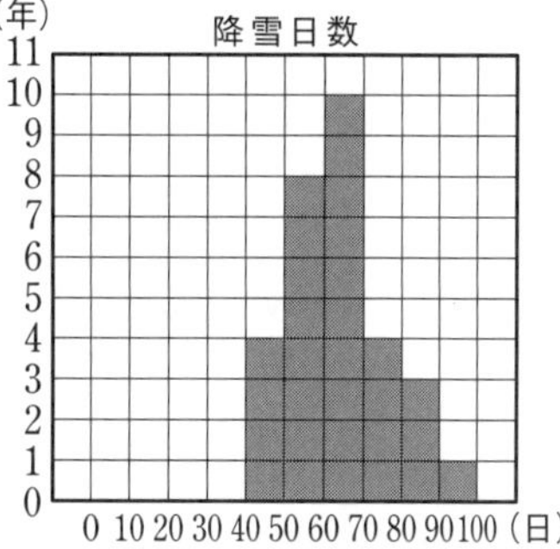

(1)		(2)	

④

□ 編集協力　エデュ・プラニング合同会社　河本真一　踊堂憲道

□ 本文デザイン　CONNECT

シグマベスト

最高水準問題集
中２数学

編　者　文英堂編集部

発行者　益井英郎

印刷所　中村印刷株式会社

発行所　株式会社文英堂

〒601-8121　京都市南区上鳥羽大物町28

〒162-0832　東京都新宿区岩戸町17

(代表)03-3269-4231

●落丁・乱丁はおとりかえします。

ΣBEST
シグマベスト

最高水準
問題集

中２数学

解答と解説

文英堂

1 式の計算

001 (1) ① 単　② 2　③ 単
④ 4　⑤ 単　⑥ 単
⑦ 2　⑧ 3　⑨ 4
(2) ① 1　② 2　③ 3
④ 3　⑤ 2　⑥ 3
⑦ 2　⑧ 2　⑨ 4
(3) ② 項は，$3ab$ と x
その次数は，$3ab$…2　x…1
係数は，$3ab$…3　x…1
④ 項は，x^3 と $-2x^2$ と $3x$ と -1
その次数は，x^3…3　$-2x^2$…2
$3x$…1　-1…0
係数は，x^3…1　$-2x^2$…-2
$3x$…3
⑧ 項は，ab と bc と ca
その次数は，ab…2　bc…2
ca…2
係数は，ab…1　bc…1
ca…1

002 (1) $8a+3b$　(2) $9x-6y$
(3) $-x+5y$　(4) $-3x^2+2x+6$
(5) $-7x^2-2x+3$　(6) $-6a+3b-8$

解説 同類項をまとめる。
(1) $9a-2b-(a-5b)$
$=(9-1)a+(-2+5)b=8a+3b$
(2) $(7x-5y)-(y-2x)$
$=(7+2)x+(-5-1)y=9x-6y$
(4) $(-2x^2+2x+1)-(x^2-5)$
$=(-2-1)x^2+2x+(1+5)=-3x^2+2x+6$
(5) $(3x^2-x+2)+(-10x^2-x+1)$
$=(3-10)x^2+(-1-1)x+(2+1)=-7x^2-2x+3$
(6) $(-8a-3b+2)-(3a-4b+3)+(5a+2b-7)$
$=(-8-3+5)a+(-3+4+2)b+(2-3-7)$
$=-6a+3b-8$

003
(1)
$$\begin{array}{rr} & -x+2y \\ +) & 3x-4y \\ \hline & 2x-2y \end{array}$$
(2)
$$\begin{array}{rr} & 4x-5y-2 \\ -) & -6x+2y+3 \\ \hline & 10x-7y-5 \end{array}$$
(3)
$$\begin{array}{rr} & -8x^2+7x-6 \\ +) & 3x^2-4x+7 \\ \hline & -5x^2+3x+1 \end{array}$$

004 (1) $-a+6b$　(2) $3x+13y$
(3) $-18x+19y$　(4) $3x^2-7x-5$
(5) $-a-4b+5$

解説 (2) $2(5x+3y)-7(x-y)$
$=10x+6y-7x+7y=3x+13y$
(3) $-8(2x-3y)-\{4x-(2x-5y)\}$
$=-16x+24y-(4x-2x+5y)$
$=-16x+24y-4x+2x-5y=-18x+19y$
(5) $3\{a-(3b-5)\}-(4a-5b+10)$
$=3(a-3b+5)-4a+5b-10$
$=3a-9b+15-4a+5b-10=-a-4b+5$

005 (1) $\dfrac{7x-5y}{24}$　(2) $\dfrac{7a+5b}{12}$
(3) $\dfrac{a+b}{2}$　(4) $\dfrac{2x-7y}{15}$

解説 (2) $-\dfrac{a-b}{6}+\dfrac{3a+b}{4}$
$=\dfrac{-2(a-b)+3(3a+b)}{12}=\dfrac{-2a+2b+9a+3b}{12}$
$=\dfrac{7a+5b}{12}$
(3) $\dfrac{5a+b}{6}-\dfrac{a-b}{3}=\dfrac{5a+b-2(a-b)}{6}$
$=\dfrac{5a+b-2a+2b}{6}=\dfrac{3a+3b}{6}$
$=\dfrac{3(a+b)}{6}$ ←約分できる
$=\dfrac{a+b}{2}$

(4) $\dfrac{x-2y}{3}-\dfrac{6x-y}{5}+x$

$=\dfrac{5(x-2y)-3(6x-y)+15x}{15}$

$=\dfrac{5x-10y-18x+3y+15x}{15}=\dfrac{2x-7y}{15}$

006 (1) $\boldsymbol{-18a^5}$　(2) $\boldsymbol{6x^4y^6}$
(3) $\boldsymbol{4a^4b^3}$　(4) $\boldsymbol{108a^7b^8}$

解説 (1) $(-3a)^2\times(-2a^3)=9a^2\times(-2)a^3$
$=9\times(-2)\times a^2\times a^3$
$=-18\times a^{2+3}=-18a^5$

(2) $2x^2y^4\times 3x^2y^2=2\times3\times x^2\times x^2\times y^4\times y^2$
$=6\times x^{2+2}\times y^{4+2}=6x^4y^6$

(3) $\dfrac{1}{4}a^2b\times(-4ab)^2=\dfrac{1}{4}a^2b\times16a^2b^2$
$=\dfrac{1}{4}\times16\times a^2\times a^2\times b\times b^2$
$=4\times a^{2+2}\times b^{1+2}=4a^4b^3$

(4) $-a^2b\times(-2ab^2)^2\times(-3ab)^3$
$=-a^2b\times4a^2b^{2\times2}\times(-27a^3b^3)$
$=108a^{2+2+3}b^{1+4+3}=108a^7b^8$

得点アップ

▸**指数法則の説明**

① $a^m\times a^n=a^{m+n}$
左辺は，a を m 個かけたものと a を n 個かけたものの積を表しているから，a を $(m+n)$ 個かけた数となる。

② $(a^m)^n=a^{m\times n}$
左辺は，a を m 個かけたものを n 個かけることを表しているから，a を $(m\times n)$ 個かけた数となる。

③ $(ab)^n=a^nb^n$
左辺は，$a\times b$ を n 個かけたものを表しているから積の交換法則を用いれば，a を n 個，b を n 個かけた数に等しくなる。

④ $a^0=1$（高校で履修する）

⑤ $a^1=a$
a^1 は a を1回かけたものであるから a である。

007 (1) $\boldsymbol{7a^2}$　(2) $\boldsymbol{-3a}$
(3) $\boldsymbol{-\dfrac{2}{3}y}$　(4) $\boldsymbol{\dfrac{b^2}{a}}$
(5) $\boldsymbol{18b^2}$　(6) $\boldsymbol{-3b}$

解説 (3) $(-2xy)^2\div(-6x^2y)=-\dfrac{\overset{2}{\cancel{4}}\cancel{x^2}y^{\cancel{2}}}{\underset{3}{\cancel{6}}\cancel{x^2}\cancel{y}}=-\dfrac{2}{3}y$

(4) $9ab^2\div(-3a)^2=\dfrac{\cancel{9}\cancel{a}b^2}{\cancel{9}a^{\cancel{2}}}=\dfrac{b^2}{a}$

(5) $2a^2b^4\div\left(-\dfrac{1}{3}ab\right)^2$
$=\dfrac{2\cancel{a^2}b^{\cancel{4}2}}{\dfrac{1}{9}\cancel{a^2}\cancel{b^2}}=\left(2\div\dfrac{1}{9}\right)b^2=18b^2$

(6) $(-6ab)^2\div(-3a)\div4ab$
$=-\dfrac{\overset{\cancel{12}\,3}{\cancel{36}}\cancel{a^2}b^{\cancel{2}}}{\cancel{3a}\times\cancel{4ab}}=-3b$

※符号は，初めにつけておいた方が符号ミスを防ぐことができる。

得点アップ

指数法則を用いて解くと，次のようになる。
（例）(6) $(-6ab)^2\div(-3a)\div4ab$
$=\{(-6)^2\div(-3)\div4\}\,a^{2-1-1}b^{2-1}$
$=-3a^0b^1$
$=-3b$

008 (1) $\boldsymbol{4xy}$　(2) $\boldsymbol{-6b^2}$
(3) $\boldsymbol{-2ab}$

解説 (1) $(-8xy^2)\times2x\div(-4xy)$
$=\{-8\times2\div(-4)\}\,x^{1+1-1}y^{2-1}=\dfrac{8\times2}{4}x^1y^1$
$=4xy$

(2) $2ab^2\times(3b)^2\div(-3ab^2)$
$=\{2\times3^2\div(-3)\}\,a^{1-1}b^{2+2-2}=-\dfrac{2\times3^2}{3}a^0b^2$
$=-6b^2$

(3) $3a^2b\times(-2b)^3\div(12ab^3)$
$=\{3\times(-2)^3\div12\}\,a^{2-1}b^{1+3-3}=-\dfrac{3\times2^3}{12}a^1b^1$
$=-2ab$

※指数法則を用いて解いたが，分数の演算として計算して約分できるものを約分するという解法でもよい。

009 (1) $\boldsymbol{2xy^3}$　(2) $\boldsymbol{-\dfrac{1}{6}a^3b}$　(3) $\boldsymbol{-\dfrac{3}{4}a^5}$

解説 (1) $\left(\dfrac{2}{3}xy^3\right)^2\times(-9x^2y)\div(-2x^3y^4)$

$=\dfrac{2^2x^2y^6\times(-9)x^2y}{3^2\times(-2)x^3y^4}$ ←約分する方法は，少し見づらくなるので，注意が必要

$=2xy^3$

(2) $3a^2b\div(-3b)^2\times\left(-\dfrac{1}{2}ab^2\right)$

$=\left\{3\div(-3)^2\times\left(-\dfrac{1}{2}\right)\right\}\times\dfrac{a^2b\times ab^2}{b^2}$

└文字の部分だけ約分する方法で計算する

$=-\dfrac{1}{6}a^3b$

(3) $\left(-\dfrac{3a^2b}{4}\right)^2\times\dfrac{ab}{6}\div\left(-\dfrac{b}{2}\right)^3$

$=\left\{\left(-\dfrac{3}{4}\right)^2\times\dfrac{1}{6}\div\left(-\dfrac{1}{2}\right)^3\right\}a^{4+1}b^{2+1-3}$

$=-\dfrac{9}{16}\times\dfrac{1}{6}\times8\times a^5b^0=-\dfrac{3}{4}a^5$

010 (1) $\boldsymbol{r=\dfrac{\ell}{2\pi}}$　(2) $\boldsymbol{a=\dfrac{b}{2b+c}}$

解説 (1) $\ell=2\pi r$ の両辺を 2π でわると，

$\dfrac{\ell}{2\pi}=\dfrac{2\pi r}{2\pi}$

└「両辺に $\dfrac{1}{2\pi}$ をかける」としても同じ意味

よって，$r=\dfrac{\ell}{2\pi}$

(2) $c=b\left(\dfrac{1}{a}-2\right)$ の両辺を b でわると，

$\dfrac{c}{b}=\dfrac{1}{a}-2$

この両辺に 2 を加えると，

$\dfrac{c}{b}+2=\dfrac{1}{a}$

よって，$\dfrac{1}{a}=\dfrac{2b+c}{b}$

この両辺の逆数をとると，

└両辺に $\dfrac{ab}{2b+c}$ をかけてもよい

$a=\dfrac{b}{2b+c}$

011 (1) $\boldsymbol{-8x+9y}$

(2) $\boldsymbol{-26x^2+2xy+10y^2}$

解説 (1) $3(2A-3B)+7B-5A$

$=6A-9B+7B-5A=A-2B$

$=-2x+y-2(3x-4y)=-2x+y-6x+8y$

$=-8x+9y$

(2) $3(A-B)-5\{C-(3B-2A)\}$

$=3A-3B-5(C-3B+2A)$

$=3A-3B-5C+15B-10A=-7A+12B-5C$

$=-7(4x^2-xy-3y^2)+12\left(\dfrac{1}{6}x^2-y^2\right)-5\left(xy-\dfrac{1}{5}y^2\right)$

$=-28x^2+7xy+21y^2+2x^2-12y^2-5xy+y^2$

$=-26x^2+2xy+10y^2$

012 (1) $\boldsymbol{4x-10}$　(2) $\boldsymbol{10x-45}$

解説 (1) $-2x+3y-1$

$=-2x+3(2x-3)-1=-2x+6x-9-1=4x-10$

(2) $-9-2\{x-3(y-3)\}$

$=-9-2(x-3y+9)=-9-2x+6y-18$

$=-2x+6y-27=-2x+6(2x-3)-27$

$=-2x+12x-18-27=10x-45$

013 　**奇数を $\boldsymbol{2m+1}$，偶数を $\boldsymbol{2n}$（$\boldsymbol{m}$，$\boldsymbol{n}$：整数）とおくと，奇数と偶数の差は，**

$\boldsymbol{(2m+1)-2n=2(m-n)+1}$

**　ここで，$\boldsymbol{m}$，$\boldsymbol{n}$ は整数だから，$\boldsymbol{m-n}$ も整数である。**

**　したがって，$\boldsymbol{2(m-n)+1}$ は奇数となるので，奇数と偶数の差は奇数である。**

014 (1) $\boldsymbol{\dfrac{a+b}{18}}$　(2) $\boldsymbol{-x+5y}$

(3) $\boldsymbol{\dfrac{7x+3y}{12}}$　(4) $\boldsymbol{\dfrac{-2x-5y}{6}}$

(5) $\boldsymbol{\dfrac{-8x+7y}{12}}$　(6) $\boldsymbol{\dfrac{91x-32}{20}}$

(7) $\boldsymbol{2x-y}$　(8) $\boldsymbol{\dfrac{6x-y+5}{12}}$

解説 (2) $6\left(\dfrac{x-2y}{3}-\dfrac{x-3y}{2}\right)$

$=2(x-2y)-3(x-3y)$

$=2x-4y-3x+9y=-x+5y$

(3) $\dfrac{5x-3y}{6}-\dfrac{x-3y}{4}$

$=\dfrac{2(5x-3y)-3(x-3y)}{12}$

$=\dfrac{10x-6y-3x+9y}{12}$

$=\dfrac{7x+3y}{12}$

(4) $\dfrac{2x-4y}{3}-\dfrac{y-2x}{2}-(2x-y)$

$=\dfrac{2(2x-4y)-3(y-2x)-6(2x-y)}{6}$

$=\dfrac{4x-8y-3y+6x-12x+6y}{6}=\dfrac{-2x-5y}{6}$

(5) $\dfrac{2x-y}{4}-\dfrac{x+3y}{6}-\dfrac{3x-4y}{3}$

$=\dfrac{3(2x-y)-2(x+3y)-4(3x-4y)}{12}$

$=\dfrac{6x-3y-2x-6y-12x+16y}{12}=\dfrac{-8x+7y}{12}$

(6) $\dfrac{9-7x}{10}-3(1-2x)-\dfrac{3x-2}{4}$

$=\dfrac{2(9-7x)-60(1-2x)-5(3x-2)}{20}$

$=\dfrac{18-14x-60+120x-15x+10}{20}=\dfrac{91x-32}{20}$

(7) $\dfrac{11x-7y}{6}-\left(\dfrac{7x-9y}{8}-\dfrac{8x-10y}{9}\right)\times 12$

$=\dfrac{11x-7y}{6}-\dfrac{3(7x-9y)}{2}+\dfrac{4(8x-10y)}{3}$

$=\dfrac{11x-7y-9(7x-9y)+8(8x-10y)}{6}$

$=\dfrac{11x-7y-63x+81y+64x-80y}{6}$

$=\dfrac{12x-6y}{6}=2x-y$

(8) $\dfrac{3(2x-y+5)}{4}-\dfrac{3x-2y+1}{3}-3$

$=\dfrac{9(2x-y+5)-4(3x-2y+1)-36}{12}$

$=\dfrac{18x-9y+45-12x+8y-4-36}{12}=\dfrac{6x-y+5}{12}$

015 (1) $\boldsymbol{2x^2y}$　(2) $\boldsymbol{\dfrac{4}{9}a^4b^2}$

解説 (1) $\square=\dfrac{-x^3\times(-2xy^4)}{x^2y^3}$

$=\dfrac{2x^4y^4}{x^2y^3}=2x^2y$

(2) $\square=\dfrac{\dfrac{6}{a^3b^3}\times\left(\dfrac{2}{3}a^3b^3\right)^3}{(-2ab^2)^2}$

$=\dfrac{6\times 2^3\times a^9b^9}{a^3b^3\times 3^3\times 2^2\times a^2b^4}$　←$(-2)^2=2^2$, $6=3\times 2$

$=\dfrac{3\times 2^4\times a^9b^9}{2^2\times 3^3\times a^5b^7}$

$=\dfrac{4}{9}a^4b^2$

016 (1) $\boldsymbol{-y^5}$　(2) $\boldsymbol{4a^2}$　(3) $\boldsymbol{27a^4}$

(4) $\boldsymbol{-a^5b^5}$　(5) $\boldsymbol{\dfrac{1}{3}y}$　(6) $\boldsymbol{\dfrac{3a^2b^2}{c^2}}$

(7) $\boldsymbol{ab^2}$　(8) $\boldsymbol{\dfrac{36}{25}}$　(9) $\boldsymbol{\dfrac{3}{2}b}$

(10) $\boldsymbol{-20x^5y^2}$　(11) $\boldsymbol{\dfrac{3}{4y}}$

解説 (1) $(-xy^2)^3\div xy\times\dfrac{1}{x^2}$

$=-\dfrac{x^3y^6}{xy\times x^2}=-\dfrac{x^3y^6}{x^3y}=-y^5$

(2) $(-3ab)^2\div\dfrac{9}{4}b^2$

$=\dfrac{9a^2b^2}{9b^2}\times 4=4a^2$

(3) $-4a^3b^2\times(-3a)^3\div(2ab)^2$

$=\dfrac{4\times 3^3}{4}\times a^{3+3-2}b^{2-2}=27a^4b^0=27a^4$

(4) $(-2a^2b)^3\times\left(-\dfrac{1}{4}ab^2\right)^2\div\dfrac{1}{2}a^3b^2$

$=-8\times\dfrac{1}{16}\times 2\times a^{6+2-3}b^{3+4-2}=-a^5b^5$

(5) $\left(\dfrac{6xy^2}{z}\right)^2\div(-4x^2z)\times\left(-\dfrac{z}{3y}\right)^3$

$=6^2\div(-4)\times\left(-\dfrac{1}{3^3}\right)\times x^{2-2}y^{4-3}z^{-2-1+3}$

$=\dfrac{1}{3}x^0y^1z^0=\dfrac{1}{3}y$

(6) $\left(-\dfrac{2ac^2}{3b}\right)\div\left(-\dfrac{c}{3ab}\right)^3\div 6a^2c$

$=\left\{-\dfrac{2}{3}\div\left(-\dfrac{1}{3}\right)^3\div 6\right\}\times\dfrac{ac^2\times a^3b^3}{b\times c^3\times a^2c}$

$=\dfrac{2\times 3^3}{3\times 6}\times\dfrac{a^4b^3c^2}{a^2bc^4}=3\times\dfrac{a^2b^2}{c^2}=\dfrac{3a^2b^2}{c^2}$

(7) $\dfrac{3}{8}a^{10}b^4\div\left\{\left(-\dfrac{1}{3}a^2b\right)\times\dfrac{9}{2}a\right\}^3\times(-9b)$

$=\dfrac{3}{8}a^{10}b^4\div\left(-\dfrac{3}{2}a^3b\right)^3\times(-9b)$

$=\dfrac{3}{8}\times\left(-\dfrac{2}{3}\right)^3\times(-9)\times\dfrac{a^{10}b^4\times b}{a^9b^3}$

$=\dfrac{3}{8}\times\dfrac{8}{27}\times 9\times ab^2=ab^2$

(8) $(-6x\div 3x^2y)^2\times\left(-\dfrac{3}{5}xy\right)^2$

$=\left(-\dfrac{6x}{3x^2y}\right)^2\times\left(-\dfrac{3}{5}xy\right)^2=\left(-\dfrac{2}{xy}\right)^2\times\left(-\dfrac{3xy}{5}\right)^2$

$= \dfrac{4}{x^2y^2} \times \dfrac{9x^2y^2}{25} = \dfrac{36}{25}$

(9) $-\dfrac{1}{2}a^3b^2 \div \dfrac{1}{3}a(-b)^3 \times \left(-\dfrac{b}{a}\right)^2$

$= -\dfrac{1}{2} \div \dfrac{1}{3} \times (-1)^2 \times \dfrac{a^3b^2 \times b^2}{a \times (-b^3) \times a^2}$

$= \dfrac{3}{2} \times \dfrac{a^3b^4}{a^3b^3} = \dfrac{3}{2} \times b = \dfrac{3}{2}b$

(10) $4x^6y^4 \div (-0.2x^3y^2)^3 \times \left(-\dfrac{1}{5}x^4y^2\right)^2$

$= 4 \div (-0.2)^3 \times \left(-\dfrac{1}{5}\right)^2 \times \dfrac{x^6y^4 \times x^8y^4}{x^9y^6}$

$= 4 \div \left(-\dfrac{1}{5}\right)^3 \times \left(-\dfrac{1}{5}\right)^2 \times \dfrac{x^{14}y^8}{x^9y^6}$

$= \dfrac{4 \times \left(-\dfrac{1}{5}\right)^2}{\left(-\dfrac{1}{5}\right)^3} \times x^5y^2$

$= \dfrac{4}{-\dfrac{1}{5}}x^5y^2$ ← $\dfrac{4}{-\dfrac{1}{5}} = 4 \div \left(-\dfrac{1}{5}\right) = -20$

$= -20x^5y^2$

(11) $-\dfrac{x^3}{18} \times (-2y)^2 \div \left(-\dfrac{2}{3}xy\right)^3$

$= -\dfrac{x^3}{18} \times 4y^2 \div \left(-\dfrac{8}{27}x^3y^3\right)$

$= -\dfrac{x^3}{18} \times 4y^2 \times \left(-\dfrac{27}{8x^3y^3}\right) = \dfrac{3}{4y}$

017 (1) $\boldsymbol{a=6b-3}$　(2) $\boldsymbol{b=\dfrac{a-4c}{2}}$

(3) $\boldsymbol{b=\dfrac{2S}{h}-a}$　(4) $\boldsymbol{b=\dfrac{ca}{c-a}}$

解説 (1) $1 + \dfrac{a}{3} = 2b$

$\dfrac{a}{3} = 2b - 1$

$a = 3(2b-1)$

よって，$a = 6b - 3$

(2) $c = \dfrac{a-2b}{4}$

$4c = a - 2b$

$\dfrac{4c-a}{-2} = b$

すなわち，$b = \dfrac{a-4c}{2}$ $\left(b = \dfrac{a}{2} - 2c \text{ でもよい。}\right)$

(3) $S = \dfrac{(a+b)h}{2}$

$\dfrac{2S}{h} = a + b$

$\dfrac{2S}{h} - a = b$

(4) $\dfrac{1}{a} - \dfrac{1}{b} = \dfrac{1}{c}$

$\dfrac{1}{b} = \dfrac{1}{a} - \dfrac{1}{c}$

よって，$\dfrac{1}{b} = \dfrac{c-a}{ca}$

両辺の逆数をとると，$b = \dfrac{ca}{c-a}$

018 (1) **2**　(2) $\boldsymbol{\dfrac{3}{2}}$　(3) **−54**

解説 (1) $(3a^2b)^3 \div \dfrac{3}{2}a^2 \div 2ab^2$

$= \left(3^3 \times \dfrac{2}{3} \times \dfrac{1}{2}\right) \times \dfrac{a^6b^3}{a^2 \times ab^2} = 3^2 \times \dfrac{a^6b^3}{a^3b^2} = 3^2 \times a^3b$

$= 3^2 \times \left(-\dfrac{2}{3}\right)^3 \times \left(-\dfrac{3}{4}\right) = 3^2 \times \dfrac{2^3}{3^3} \times \dfrac{3}{2^2} = \dfrac{2^3 \times 3^3}{2^2 \times 3^3}$

$= 2$

(2) $18a^3b^3 \times \left(\dfrac{1}{3}a\right)^2 \div (-3a^4b^2)$

$= \left\{18 \times \left(\dfrac{1}{3}\right)^2 \div (-3)\right\} \times \dfrac{a^3b^3 \times a^2}{a^4b^2} = -\dfrac{2}{3} \times \dfrac{a^5b^3}{a^4b^2}$

$= -\dfrac{2}{3}ab = -\dfrac{2}{3} \times (-9) \times \dfrac{1}{4} = \dfrac{3}{2}$

(3) $\left(\dfrac{3}{4}a^3b\right)^3 \times \left(-\dfrac{1}{9}ab^2\right)^2 \div \left(-\dfrac{5}{128}a^7b^6\right)$

$= -\dfrac{27a^9b^3}{64} \times \dfrac{a^2b^4}{81} \times \dfrac{128}{5a^7b^6} = -\dfrac{2a^4b}{15}$

$= -\dfrac{2 \times (-3)^4 \times 5}{15} = -54$

得点アップ

与えられた式にそのまま代入すると計算が大変になり，計算ミスをしてしまうことがあるので，式を簡単にしてから代入すること。

019 (1) $\boldsymbol{8a^4b-3a^2+1}$　(2) $\boldsymbol{-25a-50b}$

解説 (1) $\{(4a^3b)^2 - 6a^4b + 2a^2b\} \div 2a^2b$

$= \dfrac{16a^6b^2}{2a^2b} - \dfrac{6a^4b}{2a^2b} + \dfrac{2a^2b}{2a^2b} = 8a^4b - 3a^2 + 1$

(2) $\dfrac{a^3+2a^2b}{3} \div \left(\dfrac{7b^2+6}{6} - \dfrac{5b^2+4}{4}\right) \times \left(-\dfrac{5b}{2a}\right)^2$

$$= \frac{a^3+2a^2b}{3} \div \frac{2(7b^2+6)-3(5b^2+4)}{12} \times \frac{25b^2}{4a^2}$$

$$= \frac{a^2(a+2b)}{3}$$ ←分配法則の逆

$$\div \frac{14b^2+12-15b^2-12}{12} \times \frac{25b^2}{4a^2}$$

$$= \frac{a^2(a+2b)}{3} \div \frac{-b^2}{12} \times \frac{25b^2}{4a^2}$$

$$= \frac{a^2(a+2b)}{3} \times \left(-\frac{12}{b^2}\right) \times \frac{25b^2}{4a^2}$$

$$= -25(a+2b)$$

$$= -25a-50b$$

得点アップ

分配法則の逆(因数分解)

分配法則　$a(b+c)=ab+ac$

を使って，(　)を外すことを展開という。

また，分配法則を“逆”に使用して，複数個の項を(　)でまとめることを因数分解という。

展開の例：

$x(2y+3)=2xy+3x$

因数分解の例：

$2xy+3x=x(2y+3)$

因数分解をしたときの，(　)の外にある x を共通因数という。

(分配法則の応用である『展開・因数分解』は中学３年で詳しく学習する。)

020 $\frac{29}{26}$

解説 $\frac{x}{2}=\frac{y}{3}=\frac{z}{4}=k$ とおくと，

$\frac{x}{2}=k$ より，$x=2k$

$\frac{y}{3}=k$ より，$y=3k$

$\frac{z}{4}=k$ より，$z=4k$

よって，これを $\frac{x^2+y^2+z^2}{xy+yz+zx}$ に代入して，

$$\frac{(2k)^2+(3k)^2+(4k)^2}{(2k)\times(3k)+(3k)\times(4k)+(4k)\times(2k)}$$

$$= \frac{29k^2}{26k^2} = \frac{29}{26}$$

021 -243

解説 $a+b+c=0$ より，

$b+c=-a$

$c+a=-b$

$a+b=-c$

これを $a^3(b+c)^2b^3(c+a)^2c^3(a+b)^2$ に代入すると，

$$a^3(b+c)^2b^3(c+a)^2c^3(a+b)^2$$

$$=a^3(-a)^2b^3(-b)^2c^3(-c)^2$$

$$=a^5b^5c^5$$

$$=(abc)^5$$

$$=(-3)^5$$

$$=-243$$

022 $-\frac{5}{2}$

解説 $\frac{1}{a}+\frac{1}{b}+\frac{1}{c}+\frac{1}{d}=k$ とおくと，

$\frac{1}{b}+\frac{1}{c}+\frac{1}{d}=k-\frac{1}{a}$，$\frac{1}{a}+\frac{1}{c}+\frac{1}{d}=k-\frac{1}{b}$

$\frac{1}{a}+\frac{1}{b}+\frac{1}{d}=k-\frac{1}{c}$，$\frac{1}{a}+\frac{1}{b}+\frac{1}{c}=k-\frac{1}{d}$

より，これを

$$a\left(\frac{1}{b}+\frac{1}{c}+\frac{1}{d}\right)+b\left(\frac{1}{a}+\frac{1}{c}+\frac{1}{d}\right)$$

$$+c\left(\frac{1}{a}+\frac{1}{b}+\frac{1}{d}\right)+d\left(\frac{1}{a}+\frac{1}{b}+\frac{1}{c}\right)$$

$$=-14$$

に代入して，

$$a\left(k-\frac{1}{a}\right)+b\left(k-\frac{1}{b}\right)+c\left(k-\frac{1}{c}\right)+d\left(k-\frac{1}{d}\right)=-14$$

$$(ak-1)+(bk-1)+(ck-1)+(dk-1)=-14$$

$$ak+bk+ck+dk-4=-14$$

↑分配法則の逆

$$(a+b+c+d)k-4=-14$$

↑$a+b+c+d=4$ を代入

$$4k-4=-14$$

よって，これを解いて，

$$k=\frac{1}{a}+\frac{1}{b}+\frac{1}{c}+\frac{1}{d}=-\frac{5}{2}$$

023 (1) **9**　(2) **9986**　(3) **18組**

解説 (1)　4個の数を $a \leqq b \leqq c \leqq d$ とすると，

$A=1000d+100c+10b+a$

$B=1000a+100b+10c+d$

と表せることから，

$A-B=(1000d+100c+10b+a)$
$\quad-(1000a+100b+10c+d)$
$=-999a-90b+90c+999d$
$=9(-111a-10b+10c+111d)$
└9×(自然数)

よって，$A-B$ は9の倍数である。

(2)　$3087=9\times343$ と表せるので，
(1)より，$-111a-10b+10c+111d=343$
$111(d-a)+10(c-b)=343$

ここで，$d-a=0,\ 1,\ 2,\ 3,\ \cdots$ のときを調べる。
$d-a=0$ のとき，$a=b=c=d$ となり不適
$d-a=1$ のとき，$10(c-b)=232$
$c-b=\frac{116}{5}$ となり不適
$d-a=2$ のとき，$10(c-b)=121$
$c-b=\frac{121}{10}$ となり不適
$d-a=3$ のとき，$10(c-b)=10$
$c-b=1$ となる。
$d-a>4$ のとき，$10(c-b)<-101$
$c-b<-\frac{101}{10}$ となり不適

これを満たす，最大の A は，
$d=9$ のとき，$a=6$，$c=9$ のとき $b=8$ となり
最大の A は 9986

(3)　(2)より，$d-a=3$，$c-b=1$ を満たし，さらに $a\leqq b\leqq c\leqq d$ となる B を求める。
$d-a=3$ より，a，d にあてはまる数を，$(a,\ d)$ のように表すとすると，
(i)　$(a,\ d)=(6,\ 9)$ のとき，$6\leqq b\leqq c\leqq 9$ なので，
$(b,\ c)=(6,\ 7)$，$(7,\ 8)$，$(8,\ 9)$ の3通り。
(ii)　同様に，
$(a,\ d)=(5,\ 8)$，$(4,\ 7)$，$(3,\ 6)$，$(2,\ 5)$，
$(1,\ 4)$ のときは下の表のようになる。

(a,d)	(b,c)	b,cの範囲
(5,8)	(5,6)，(6,7)，(7,8)	$5\leqq b\leqq c\leqq 8$
(4,7)	(4,5)，(5,6)，(6,7)	$4\leqq b\leqq c\leqq 7$
(3,6)	(3,4)，(4,5)，(5,6)	$3\leqq b\leqq c\leqq 6$
(2,5)	(2,3)，(3,4)，(4,5)	$2\leqq b\leqq c\leqq 5$
(1,4)	(1,2)，(2,3)，(3,4)	$1\leqq b\leqq c\leqq 4$

$(b,\ c)$ の組はそれぞれで3通りずつあるので，
全部で $3\times6=18$（通り）

024　(1) **問題文より，**
$\boldsymbol{a=10x+y}$
$\boldsymbol{b=10y+x}$
$(x,\ y$：1から9までの整数$)$
と表せる。
$\boldsymbol{10a-b=10(10x+y)-(10y+x)}$
$\boldsymbol{=100x+10y-10y-x}$
$\boldsymbol{=99x=9\times11x}$
ここで，x は整数だから $11x$ も整数であるから，$10a-b$ は9の倍数である。
(2) $\boldsymbol{a=89}$

解説　(2)　$792=9\times11\times8$　(1)より，
$9\times11x=9\times11\times8$　よって，$x=8$
$a=10x+y=80+y$ より，もっとも大きい a の値は，$y=9$ のときで 89

025　$\boldsymbol{\frac{7}{2}}$

解説　3つの式をかけると
$xy\times yz\times xz=49\times6\times24$
└素因数分解をする
$x^2y^2z^2=7^2\times(2\times3)\times(2^3\times3)$
$x^2y^2z^2=2^4\times3^2\times7^2$
$xyz=2^2\times3\times7$
$y=\frac{2^2\times3\times7}{xz}$
この式に，$xz=24$ を代入すると，
$y=\frac{2^2\times3\times7}{24}=\frac{7}{2}$

026　(1) $\boldsymbol{A=2X}$　(2) **330**

解説　(1)　$A=2\times1+2\times2+2\times3+\cdots+2\times11$
$=2(1+2+3+\cdots+11)=2X$
(2)　(1)と同様にして，$B=3X$，$C=4X$ となるから，
$(C+B-A)=4X+3X-2X=5X$
ここで，$X=66$ であるから，$5\times66=330$

得点アップ

式の計算では，とにかく計算ミスを防ぐことが大切である。特に，約分をするとき，わかりやすく表記することが要求される。

もう一度見直しをしたときに誤りを発見できるような計算過程の書き方を心掛けるとよい。

2 連立方程式

027 (1) $\boldsymbol{x=-2,\ y=4}$　(2) $\boldsymbol{x=18,\ y=\frac{16}{3}}$

(3) $\boldsymbol{x=6,\ y=-7}$　(4) $\boldsymbol{x=\frac{1}{2},\ y=-3}$

解説 (1) $3x+(2x+8)=-2$

$5x=-10$

$x=-2$

$y=2x+8=2(-2)+8=4$

(2) $0.2x-0.3y=2$ の両辺を 10 倍して，

$2x-3y=20$

$2(3y+2)-3y=20$

$6y+4-3y=20$

$3y=16$

$y=\frac{16}{3}$

$x=3\times\frac{16}{3}+2=16+2=18$

(3) $2x=y+19$ より，$y=2x-19$

$4x+5(2x-19)+11=0$

$4x+10x-95+11=0$

$14x=84$

$x=6$

$y=2x-19=12-19=-7$

(4) $2x+y=-2$ より，

$y=-2x-2=-2(x+1)$

$3x-\frac{1}{2}\times\{-2(x+1)\}=3$

$3x+(x+1)=3$

$4x=2$

$x=\frac{1}{2}$

$y=-2\left(\frac{1}{2}+1\right)=-2\times\frac{3}{2}=-3$

028 (1) $\boldsymbol{x=4,\ y=-6}$

(2) $\boldsymbol{x=3,\ y=-2}$

(3) $\boldsymbol{x=2,\ y=\frac{3}{2}}$

(4) $\boldsymbol{x=8,\ y=-2}$

(5) $\boldsymbol{x=10,\ y=6}$

(6) $\boldsymbol{x=-3,\ y=2}$

解説 (1)

$$\begin{array}{rl} & 2x-y=14 \\ +) & 3x+y=6 \\ \hline & 5x\quad=20 \\ & x\quad=4 \end{array}$$

よって，$8-y=14$ より，$y=8-14=-6$

(2)

$$\begin{array}{rl} & 3x+2y=5 \\ +) & 4x-2y=16 \\ \hline & 7x\quad=21 \\ & x\quad=3 \end{array}$$

$y=2x-8=6-8=-2$

(3) $\begin{cases} 3x-8y=-6 \\ 6x-2y=9 \end{cases}$

より，

$$\begin{array}{rl} & 6x-16y=-12 \\ -) & 6x-\ \ 2y=9 \\ \hline & -14y=-21 \\ & y=\frac{3}{2} \end{array}$$

$6x-2\times\frac{3}{2}=9$ より，$6x=12$　$x=2$

(4)

$$\begin{array}{rl} & 2x+3y=10 \\ +) & x-3y=14 \\ \hline & 3x\quad=24 \\ & x\quad=8 \end{array}$$

$8-3y=14$ より，$3y=-6$　$y=-2$

(5) $\frac{4}{3}x-\frac{5}{3}y+\frac{1}{2}x-\frac{5}{4}y=\frac{5}{6}$

$\left(\frac{4}{3}+\frac{1}{2}\right)x-5\left(\frac{1}{3}+\frac{1}{4}\right)y=\frac{5}{6}$

$\frac{11}{6}x-\frac{35}{12}y=\frac{5}{6}$

$22x-35y=10$

よって，

$$\begin{array}{rl} & 22x-35y=10 \\ -) & 21x-35y=0 \\ \hline & x\quad=10 \end{array}$$

$3\times10-5y=0$ より，$y=6$

(6) $2(x+2)-3(y-1)=-5$

$2x-3y=-12$

よって，

$$\begin{array}{rl} & 4x+3y=-6 \\ +) & 2x-3y=-12 \\ \hline & 6x\quad=-18 \\ & x\quad=-3 \end{array}$$

$2\times(-3)-3y=-12$ より，

$-3y=-6$　$y=2$

029 (1) $x=2$, $y=-1$

(2) $x=6$, $y=\dfrac{3}{2}$

(3) $x=-1$, $y=-2$

(4) $x=4$, $y=-6$

(5) $x=5$, $y=-2$

(6) $x=0$, $y=-\dfrac{7}{2}$

(7) $x=\dfrac{10}{3}$, $y=-\dfrac{2}{3}$

(8) $x=-25$, $y=10$

解説 (1) $\begin{cases}2x+3y=1\\5x+2y=8\end{cases}$ より,

$$\begin{array}{rrl} & 4x+6y & =2\\ -) & 15x+6y & =24\\ \hline & -11x & =-22\\ & x & =2\end{array}$$

$2\times2+3y=1$ より, $y=-1$

(2) $\begin{cases}5x+2y=33\\3x-4y=12\end{cases}$ より,

$$\begin{array}{rrl} & 10x+4y & =66\\ +) & 3x-4y & =12\\ \hline & 13x & =78\\ & x & =6\end{array}$$

$3\times6-4y=12$ より, $y=\dfrac{3}{2}$

(3) $4(2-x)=3(2x-3y)$

$8-4x=6x-9y$

$10x-9y-8=0$ …①

$x+3y+7=0$ …②

①+②×3 より, $13x+13=0$ $x=-1$

②より, $-1+3y+7=0$

$3y=-6$ $y=-2$

(4) $2(5x+y)-(7x-5y)=-\dfrac{5}{2}\times12$

$10x+2y-7x+5y=-30$

$3x+7y=-30$ …①

$4x-y=22$ …②

①+②×7 より, $3x+28x=-30+154$

$31x=124$

$x=4$

②より, $y=4x-22=4\times4-22=-6$

(5) $\begin{cases}2x-3y=16 & \cdots①\\-2x+5y=-20 & \cdots②\end{cases}$

①+②より, $2y=-4$

$y=-2$

①に代入して, $2x-3\times(-2)=16$

$2x=10$

$x=5$

(6) $\begin{cases}3x-2y=7 & \cdots①\\x-4y=14 & \cdots②\end{cases}$

①×2−②より, $6x-x=14-14$

$x=0$

①より, $-2y=7$ $y=-\dfrac{7}{2}$

(7) $\begin{cases}2x+y=6 & \cdots①\\2x-5y=10 & \cdots②\end{cases}$

①−②より, $6y=-4$ $y=-\dfrac{2}{3}$

①より, $2x-\dfrac{2}{3}=6$ $2x=\dfrac{20}{3}$ $x=\dfrac{10}{3}$

(8) $\begin{cases}x+4y=15 & \cdots①\\4x-15y=-250 & \cdots②\end{cases}$

①×4−②より, $16y+15y=60+250$

$31y=310$

$y=10$

①より, $x=-4\times10+15=-25$

030 (1) $a=3$, $b=2$ (2) $a=3$, $b=7$

(3) $y=-4$ (4) $a=\dfrac{3}{2}$, $b=\dfrac{3}{2}$

解説 (1) $\begin{cases}-a+3b=3 & \cdots①\\3a-2b=5 & \cdots②\end{cases}$

①×3+②より, $9b-2b=9+5$

$7b=14$

$b=2$

①より, $a=3b-3=6-3=3$

(2) $\begin{cases}5a+4b=43 & \cdots①\\5a-4b=-13 & \cdots②\end{cases}$

①+②より, $10a=30$ $a=3$

①より, $15+4b=43$ $4b=28$ $b=7$

(3) $\begin{cases}4+3y=-4a & \cdots①\\2-y=3a & \cdots②\end{cases}$

①+②×3より, $4+6=-4a+9a$

$5a=10$ $a=2$

②より, $y=2-3\times2=-4$

(4) $\begin{cases}4+4a=6b+1\\6b-10=2a-4\end{cases}$

だから,

$$\begin{cases} 4a-6b=-3 & \cdots ① \\ 2a-6b=-6 & \cdots ② \end{cases}$$

①－②より，$2a=3$　$a=\dfrac{3}{2}$

①より，$6-6b=-3$　$6b=9$　$b=\dfrac{3}{2}$

031 (1) $\boldsymbol{a=-\dfrac{3}{2},\ b=\dfrac{8}{3}}$

(2) $\boldsymbol{a=-7,\ b=11}$

解説 (1) 条件より，

$$\begin{cases} 2y+x=-1 & \cdots ① \\ ay+3x=2 & \cdots ② \\ 2x-3y=b & \cdots ③ \\ 4x+5y=-2 & \cdots ④ \end{cases}$$

①×4－④より，$8y-5y=-4+2$

$3y=-2$

$y=-\dfrac{2}{3}$

①より，$x=-1-2\times\left(-\dfrac{2}{3}\right)=-1+\dfrac{4}{3}$

$=\dfrac{1}{3}$

②に代入して，$-\dfrac{2}{3}a+3\times\dfrac{1}{3}=2$

$-\dfrac{2}{3}a=1$

$a=-\dfrac{3}{2}$

③に代入して，$2\times\dfrac{1}{3}-3\times\left(-\dfrac{2}{3}\right)=b$

$b=\dfrac{8}{3}$

(2) 条件より，
$$\begin{cases} ax+5y=2b & \cdots ① \\ 3x+2y=3 & \cdots ② \\ 2x-5y=-17 & \cdots ③ \\ bx+3y=a+5 & \cdots ④ \end{cases}$$

②×2－③×3 より，$4y+15y=6+51$

$19y=57$

$y=3$

③より，$2x-15=-17$　$2x=-2$

$x=-1$

①，④に代入して，$-a-2b=-15$　…①′

$a+b=4$　…④′

①′＋④′より，$-b=-11$　$b=11$

④′より，$a=4-11=-7$

032 $\boldsymbol{a=1,\ b=2}$

解説 条件より，
$$\begin{cases} x-2y=-7 & \cdots ① \\ ax+by=13 & \cdots ② \\ 2x+y=11 & \cdots ③ \\ bx-ay=1 & \cdots ④ \end{cases}$$

①＋③×2 より，$5x=-7+22$

$=15$

$x=3$

③より，$y=11-2x=11-6=5$

②に代入して，$3a+5b=13$　…②′

④に代入して，$-5a+3b=1$　…④′

②′×5＋④′×3 より，$25b+9b=65+3$

$34b=68$

$b=2$

④′より，$a=\dfrac{3b-1}{5}=1$

得点アップ

連立方程式では，解いた解をもとの方程式に代入して両方の方程式の等号が成り立つかどうか確かめることで検算できる。この検算の癖をつけておこう。

033 (1) $\boldsymbol{x=3,\ y=7}$　(2) **44歳**

解説 (1) 条件より，$2x+y=13$　…①

$10y+x=10x+y+36$　…②

②は，$9x-9y=-36$

すなわち，$x-y=-4$　…②′

①＋②′より，$3x=9$　$x=3$

①より，$y=13-6=7$

(2) 太郎の今日における年齢を x 歳，父の年齢を y 歳とおく。

条件より，$y=4x-4$　…①

20 年後の太郎の父の年齢に関して，

$y+20=2(x+20)$　…②

（$x+20$：太郎の 20 年後の年齢）

すなわち，$2x-y=-20$　…②′

①を②′に代入して，$2x-(4x-4)=-20$

$-2x+4=-20$

$x=12$

したがって，今日の太郎の父の年齢は，

$y=4\times12-4=44$（歳）

034 (1) A…**1200円**　B…**900円**

(2) ノート…**150円**

ボールペン…**300円**

解説 (1) A，Bの定価をそれぞれ，x円，y円とおく。

条件より，$x+y=2100$ …①

$0.8x+0.9y=1770$ …②

②は，$8x+9y=17700$ …②′

①×8−②′より，$8y-9y=16800-17700$

$y=900$

①より，$x=1200$

(2) ノート1冊，ボールペン1本の定価をそれぞれx円，y円とおく。

条件より，$x+y=450$ …①

$0.8x+0.9y=390$ …②

②は，$8x+9y=3900$ …②′

①×8−②′より，$8y-9y=3600-3900$

$y=300$

①より，$x=450-300=150$

035 (1) A…**80 g**　B…**120 g**

(2) $\boldsymbol{x=15,\ y=6}$

解説 (1) A，Bがそれぞれx g，y gあるとする。

条件より，$x+y=200$ …①

$\frac{1.5}{100}\times x+\frac{2.0}{100}\times y=3.6$ …②

②は，$1.5x+2.0y=360$

すなわち，$15x+20y=3600$ …②′

①×20−②′より，$20x-15x=4000-3600$

$5x=400$

$x=80$

①より，$y=200-80=120$

(2) 初めに容器Aに入っている食塩の量は，

$200\times\frac{x}{100}=2x$ (g)

容器Bに入っている食塩の量は，

$100\times\frac{y}{100}=y$ (g)

容器Aから，20 gの食塩水を取り出すと，Bに加わる食塩の量は，

$2x\times\frac{20}{200}=\frac{1}{5}x$ (g)

よって，1回目の操作後の食塩の量は，

容器A：$2x-\frac{1}{5}x=\frac{9}{5}x$ (g)

容器B：$y+\frac{1}{5}x$ (g)

次に，容器Bから20gの食塩水を取り出すとAに加わる食塩の量は，

$\left(y+\frac{1}{5}x\right)\times\frac{20}{120}=\frac{1}{6}y+\frac{1}{30}x$ (g)

よって，2回目の操作後の食塩の量は，

容器A：$\frac{9}{5}x+\frac{1}{6}y+\frac{1}{30}x=\frac{11}{6}x+\frac{1}{6}y$ (g)

容器B：$y+\frac{1}{5}x-\left(\frac{1}{6}y+\frac{1}{30}x\right)=\frac{1}{6}x+\frac{5}{6}y$ (g)

条件より，$\begin{cases}\dfrac{\frac{11}{6}x+\frac{1}{6}y}{200}\times100=14.25\\[2ex]\dfrac{\frac{1}{6}x+\frac{5}{6}y}{100}\times100=7.5\end{cases}$

よって，$\begin{cases}\frac{11}{6}x+\frac{1}{6}y=28.5\\ \frac{1}{6}x+\frac{5}{6}y=7.5\end{cases}$

すなわち，$\begin{cases}11x+y=171 & \cdots①\\ x+5y=45 & \cdots②\end{cases}$

①×5−②より，$55x-x=855-45$

$54x=810$

$x=15$

①より，$y=171-11\times15=6$

036 (1) (ア)…$\boldsymbol{10x+y}$　(イ)…$\boldsymbol{10y+x}$

(ウ)…$\boldsymbol{9y-9x}$　(エ)…**整数**

(オ)…$\boldsymbol{9x}$　(カ)…**12**

(キ)…$\boldsymbol{3x+4}$

(2) ① $\begin{cases}\boldsymbol{9(y-x)=36}\\ \boldsymbol{x+y=12}\end{cases}$

② **48点**

解説 (1) ((イ))−((ア))

$=(10y+x)-(10x+y)=9y-9x$ … (ウ)

(ア) $=10x+y$

$=9x+(x+y)$ … (オ)

$=9x+12$ … (カ)

$=3\times(3x+4)$ … (キ)

(2) ① ((イ))−((ア))$=36$であることと，$x+y=12$であることから，

$\begin{cases}9(y-x)=36\\ x+y=12\end{cases}$

② ①の連立方程式を解くと，

$$\begin{array}{r} y-x=4 \\ +)\ y+x=12 \\ \hline 2y\quad =16 \\ y\quad =8 \end{array}$$

よって，$8+x=12$　$x=4$

037 $\boldsymbol{a=5}$

解説 A さんは正しく解いたので，次が成り立つ。

$$\begin{cases} 4a-3b=8 & \cdots① \\ 8-9=c \end{cases}$$

よって，$c=-1$

B さんが，c の値を c' と間違えて解いたとすると，

$$\begin{cases} -4a+7b=8 & \cdots② \\ -8+21=c' \end{cases}$$

よって，$c'=13$

①＋②より，$4b=16$　$b=4$

①より，$4a-12=8$　$4a=20$　$a=5$

038 (1) $\boldsymbol{x=10,\ y=60}$
(2) **比…2：3，** $\boldsymbol{x=19}$
(3) **15 個**

解説 (1) 容器 A から x g，容器 B から y g を取り出し，C に移すと 100 g の食塩水ができるから，

$x+y+30=100$

よって，

$x+y=70$　…①

また，食塩の量の関係から，

$$10\times\frac{x}{100}+20\times\frac{y}{100}=13$$

└容器 A にふくまれる食塩の量
└容器 B にふくまれる食塩の量
└(A，B から取り出した食塩の量の和)＝(操作後 C にふくまれる食塩の量)

容器 A から取り出した食塩の量
容器 B から取り出した食塩の量

よって，

$x+2y=130$　…②

②－①より，$y=60$

①より，$x=10$

(2) A，B，C の中に入っている食塩水の量をそれぞれ a g，b g，c g とおくと，条件より，

$$\frac{5}{100}\times a+\frac{10}{100}\times b=\frac{8}{100}\times(a+b)$$

これを整理すると，$3a=2b$　…①

└比に直すときは，(内側の項の積)＝(外側の項の積)であるから，$a:b=2:3$

よって，$a:b=2:3$

また，

$$\begin{cases} \dfrac{10}{100}\times b+\dfrac{x}{100}\times c=\dfrac{13}{100}\times(b+c) \\ \dfrac{5}{100}\times a+\dfrac{x}{100}\times c=\dfrac{11}{100}\times(a+c) \end{cases}$$

より，これらを整理すると，

$$\begin{cases} 3b=(x-13)c \\ 6a=(x-11)c \end{cases}$$

①より，

$$\begin{cases} 3b=(x-13)c \\ 2\cdot 2b=(x-11)c \quad 4b=(x-11)c \end{cases}$$

したがって，

$(x-13)c:(x-11)c=3:4$

$(x-13):(x-11)=3:4$

$4(x-13)=3(x-11)$

これを解くと，$x=19$

(3) 白の碁石と黒の碁石がそれぞれ x 個，y 個あるとすると，

$$\begin{cases} x+y=120 & \cdots① \\ x-y=36 & \cdots② \end{cases}$$

①－②より，$2y=84$　$y=42$

よって，正三角形の 1 辺に並んだ黒の碁石の個数は，$42\div3+1=15$(個)

039 (1) $\boldsymbol{x=10-3k,\ y=4k-5}$
(2) $\boldsymbol{k=2,\ 3}$

解説 (1) $\begin{cases} 4x+3y=25 & \cdots① \\ x+2y=5k & \cdots② \end{cases}$

①－②×4より，$3y-8y=25-20k$

$-5y=-5(4k-5)$

$y=4k-5$　…③

①×2－②×3 より，$8x-3x=50-15k$

$5x=5(10-3k)$

$x=10-3k$　…④

(2) ③，④より，$4k-5\geqq1$，$10-3k\geqq1$

$$k\geqq\frac{3}{2},\ k\leqq3$$

よって，$\dfrac{3}{2}\leqq k\leqq3$

k は整数であるから，$k=2,\ 3$

040 $\boldsymbol{a=\frac{4}{5}}$

解説
$$\begin{cases} x+y=6 & \cdots① \\ x-y=2a & \cdots② \\ 2x-3y=1 & \cdots③ \end{cases}$$

①×3＋③より，$3x+2x=18+1$　　$x=\frac{19}{5}$

①より，$y=6-\frac{19}{5}=\frac{11}{5}$

②に代入して，$2a=\frac{19}{5}-\frac{11}{5}=\frac{8}{5}$

よって，$a=\frac{4}{5}$

041 4個入れた袋の数…**12袋**
6個入れた袋の数…**27袋**

解説 4個入れた袋の数をx袋，6個入れた袋の数をy袋とすると，問題の条件より，
$$\begin{cases} 4x+6y=210 & \cdots① \\ y=2x+3 & \cdots② \end{cases}$$
①より，$2x+3y=105$　…①′
②より，$2x=y-3$　…②′
②′を①′に代入して，$y-3+3y=105$
これを解いて，$y=27$
②′より，$2x=27-3=24$　　$x=12$

042 $\boldsymbol{w=0,\ x=1,\ y=0,\ z=0}$

解説 w，x，y，zで0にならない文字の場合分けをする。
(i)　wが0でない場合，
$x=y=z=0$を連立方程式に代入すると，
$w=1$と$w=-2$が得られる。
この場合，解は存在しない。
(ii)　xが0でない場合，同様にして，
$x=1$と$-2x=-2$より$x=1$
解は$w=0$，$x=1$，$y=0$，$z=0$
(iii)　yが0でない場合，同様にして，
$2y=1$より$y=\frac{1}{2}$と$y=-2$
この場合，解は存在しない。
(iv)　zが0でない場合，同様にして，
$z=1$と$-z=-2$より$z=2$
この場合，解は存在しない。
つまり，解は$w=0$，$x=1$，$y=0$，$z=0$

043 (1) $\boldsymbol{b=\frac{5}{3}a-c-2}$
(2) $\boldsymbol{a=3,\ c=1}$

解説 (2)　(1)の結果を㋑に代入すると，
$$3a+2\left(\frac{5}{3}a-c-2\right)+4c=17$$
$$\frac{19}{3}a+2c=21$$
$$c=\frac{63-19a}{6} \quad \cdots①$$
よって，$c\geqq1$より，$\frac{63-19a}{6}\geqq1$
aは正の整数であるから，$a=1$，2，3
〈$a=1$，2のとき〉①より，cは正の整数とはならないので不適
〈$a=3$のとき〉①より，$c=1$となり適する。

044 毎時**60 km**

解説 電車の速さを毎時x km，上り下りとも電車の間隔をy kmとすると，
$$\begin{cases} y=\frac{6}{60}(x+15) & \cdots① \\ y=\frac{10}{60}(x-15) & \cdots② \end{cases}$$
（$\frac{6}{60}(x+15)$：$(x+15)$km/hで6分間$\left(=\frac{6}{60}時間\right)$に進む距離）
（$\frac{10}{60}(x-15)$：$(x-15)$km/hで10分間$\left(=\frac{10}{60}時間\right)$に進む距離）
①，②より，
$$\frac{1}{10}(x+15)=\frac{1}{6}(x-15)$$
$$3(x+15)=5(x-15)$$
$$2x=3\times15+5\times15$$
$$=15\times8$$
$$x=15\times4=60$$

045 $\boldsymbol{x=70,\ y=15}$

解説 渋滞に巻き込まれているときの車の速さが毎分100 mであるので，渋滞に巻き込まれた距離は，
行きが，$100\times20=2000$ (m) $=2$ (km)
（距離＝速さ×時間）
帰りが，$100\times70=7000$ (m) $=7$ (km)
（距離＝速さ×時間）
渋滞に巻き込まれていないときに進んだ距離は，
行きが，$50-2=48$ (km)
帰りが，$50-7=43$ (km)
渋滞に巻き込まれていないときは1 km進むのにガ

ソリンを x mL 消費し，また渋滞に巻き込まれているときは毎分 y mL のガソリンを消費することから，

$$\begin{cases} 48x+20y=3.66\times1000 & \cdots① \\ 43x+70y=4.06\times1000 & \cdots② \end{cases}$$

└左辺のガソリンの単位が mL なので，単位をそろえる。1 L＝1000 mL

①，②より，

$$\begin{cases} 48x+20y=3660 & \cdots①' \\ 43x+70y=4060 & \cdots②' \end{cases}$$

①′×7−②′×2 より，　$250x=17500$

$x=70$

①′より，$3360+20y=3660$

$20y=300$

$y=15$

以上より，$x=70$，$y=15$ である。

046 (1) **11 時 18 分**

(2) B さんが Q を出発した時刻…

10 時 15 分

C さんが R を出発した時刻…

10 時 42 分

解説

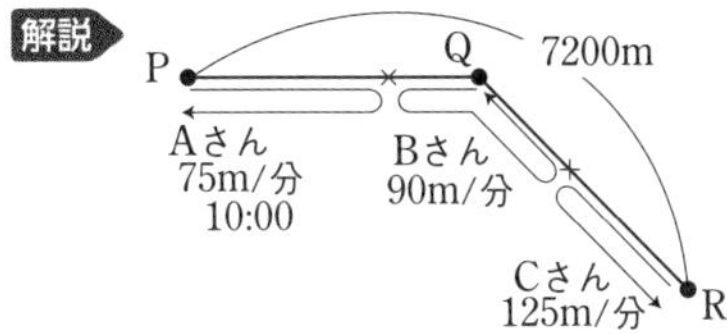

A さんが歩いた時間を t 分，歩いた道のりを x m とすると，$x=75t$　…①

B さんは A さんと同じ時間だけ歩いたので，B さんが歩いた道のりは，$90t$ m

C さんが A さんと同じ道のりを歩いたので，$75t$ m 歩いた。

よって，$75t+90t+75t=7200\times2$

これを解くと，$t=60$

①に代入して，$x=75\times60=4500$

$t=60$ より，A は B に 10 時 30 分に手紙を渡した。

└10 時の (60÷2) 分後

B さんは，A さんに出会うまでに，

$3600-(4500\div2)=1350$ (m)

└PQ＝QR＝3600(m)　└A さんが B さんに出会うまでに歩いた距離

歩いたので，$1350\div90=15$(分)

よって，B さんは 10 時 15 分に Q 地点を出発したことになる。

└10 時の (30−15) 分後

B さんは，条件より 60 分間歩いたから，A さんから手紙を受け取ってから，Q 地点を 10 時 45 分に

└10 時 30 分の 15 分後

通過し，11 時に C さんに手紙を渡したことになる。

└10 時 45 分の (60−15×2)÷2 分後

したがって，B さんは，Q 地点から

$90\times15=1350$ (m)

の地点で C さんに手紙を渡したので，C さんは B さんに出会うまで，

$3600-1350=2250$ (m)

歩いたので，$2250\div125=18$ (分)

よって，C さんは R 地点に戻るのも同じだけかかるから，手紙は 11 時 18 分に R 地点に届いた。

また，C さんが R 地点を出発した時刻は，10 時 42 分

└11 時より 18 分前

047 $\boldsymbol{x=9}$，$\boldsymbol{y=18}$

解説 10：00 から 10：10 までの水そうの水量の変化について，

$100+60\times10-(4x+y)\times10=160$

└10：00 にある水の量　└毎分 60L の水を 10 分間入れる　└A を 4 台，B を 1 台で 10 分間にくみ出す水の量

これを整理すると，

$4x+y=54$　…①

10：10 から 10：15 までの水そうの水量の変化について，

$160+60\times5-(6x+2y)\times5=10$

└10：10 にある水の量　└毎分 60L の水を 5 分間入れる　└A を 6 台，B を 2 台で 5 分間にくみ出す水の量

これを整理すると，

$3x+y=45$　…②

①，②より，$x=9$，$y=18$

048 (1) **3000 m**　　(2) **1440 m**

解説

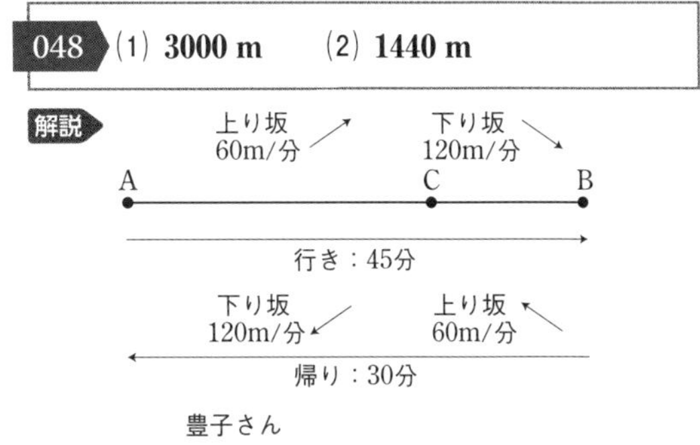

(1) A 町から C 地点までの距離を x m，C 地点から B 町までの距離を y m とおくと，

$$\begin{cases} \dfrac{x}{60}+\dfrac{y}{120}=45 \\ \dfrac{y}{60}+\dfrac{x}{120}=30 \end{cases}$$

これを解くと，$x=2400$，$y=600$

したがって，求める距離は，

$2400+600=3000$ (m)

(2)

豊子さんと出会った地点

A　am　C　B

行き：下り　96m/分

帰り：上り　60m/分

花子さん

2400m　600m

A 町から a m のところで 2 人が出会ったとすると，次に出会うまでの時間はそれぞれ

豊子さんが，

$\left(\dfrac{2400-a}{60}+\dfrac{600}{120}+\dfrac{600}{60}+\dfrac{2400-a}{120}\right)$ 分

花子さんが，$\left(\dfrac{a}{96}+\dfrac{a}{60}\right)$ 分

よって，

$$\frac{2400-a}{60}+\frac{600}{120}+\frac{600}{60}+\frac{2400-a}{120}=\frac{a}{96}+\frac{a}{60}$$

$$40-\frac{a}{60}+5+10+20-\frac{a}{120}=\frac{a}{96}+\frac{a}{60}$$

$$\left(\frac{1}{96}+\frac{1}{60}+\frac{1}{60}+\frac{1}{120}\right)a=75$$

$$\frac{5}{96}a=75 \qquad a=1440 \text{ (m)}$$

049 (1) 例 **今のガム 1 個の値段は，今のあめ 1 個の値段の 1.5 倍だから，1.5x (円)**

$(a-1)x+(b-4)\times1.5x=500-20$ …①

$(a-3)x+(b-2)\times1.5x=500+10$ …②

①－②より， $2x-2\times1.5x=-30$

$2x-3x=-30$

$x=30$

(2) $a=8$，$b=10$

解説 (1) 「20 円余り」ということは，代金は，$500-20=480$ 円であった。「10 円足りない」ということは，代金は，$500+10=510$ 円であった。

(2) 今のあめ 1 個の値段は 30 円，今のガム 1 個の値段は $30\times1.5=45$ 円であるので，

①より，$30(a-1)+45(b-4)=480$

$30a+45b=690$ …①′

また，中学 1 年生の頃のあめ 1 個の値段が 1.2 倍になって，今のあめは 1 個 30 円になったので，以前のあめの値段は $30\div1.2=25$ (円)

中学 1 年生の頃のガム 1 個の値段が 1.5 倍になって，今のガムは 1 個 45 円になったので，以前のガムの値段は $45\div1.5=30$ (円)

よって，$25a+30b=500$ …③

③より，　$5a+6b=100$ …③′

①′－③′×6　$9b=90$　$b=10$

③′より，　$5a+60=100$

$5a=40$　$a=8$

050 (1) A 会場…$\dfrac{9}{20}x-y$ (人)

B 会場…$\dfrac{5}{12}x+2y$ (人)

C 会場…$\dfrac{2}{15}x-y$ (人)

(2) $x=1200$，$y=40$

解説 (1) 受付から P 地点に行く人は，

$\dfrac{3}{3+2}x=\dfrac{3}{5}x$ (人)

受付から Q 地点に行く人は，

$\dfrac{2}{3+2}x=\dfrac{2}{5}x$ (人)

P 地点から A 会場に行く人は，

$\dfrac{3}{5}x\times\dfrac{3}{3+1}=\dfrac{9}{20}x$ (人)

P 地点から B 会場に行く人は，

$\dfrac{3}{5}x\times\dfrac{1}{3+1}=\dfrac{3}{20}x$ (人)

Q 地点から B 会場に行く人は，

$\dfrac{2}{5}x\times\dfrac{2}{2+1}=\dfrac{4}{15}x$ (人)

Q 地点から C 会場に行く人は，

$\dfrac{2}{5}x\times\dfrac{1}{2+1}=\dfrac{2}{15}x$ (人)

ここで，A 会場と C 会場からそれぞれ y 人ずつ B 会場に移動したので，

A 会場は，$\dfrac{9}{20}x-y$ (人)

B 会場は，$\dfrac{3}{20}x+\dfrac{4}{15}x+y+y=\dfrac{5}{12}x+2y$ (人)

C 会場は，$\dfrac{2}{15}x-y$ (人)

(2) B会場の人数から，$\frac{5}{12}x+2y=580$ …①

A会場とC会場の人数の比は，

$\left(\frac{9}{20}x-y\right):\left(\frac{2}{15}x-y\right)=25:6$ …②

└内側の項の積＝外側の項の積

①×12より，$5x+24y=6960$ …①′

②より，

$6\times\left(\frac{9}{20}x-y\right)=25\times\left(\frac{2}{15}x-y\right)$

よって，$19x-570y=0$

$x=30y$ …②′

①′へ代入して，

$150y+24y=6960$

$174y=6960$

$y=40$

②′より，　$x=1200$

051 (1) $\begin{cases}\mathbf{2x+3y=1150}\\ \mathbf{3x+4y=1650}\end{cases}$

(2) シャツ…**350 g**　　ネクタイ…**150 g**

解説 (1) 条件から，

$\begin{cases}2x+3y=23\times50 & \cdots① \\ 3x+4y=33\times50 & \cdots②\end{cases}$

└23本でとれる繊維の量

└33本でとれる繊維の量

(2) (1)でつくった連立方程式を解く。

①×3－②×2より，$y=150$

①より，$2x=23\times50-3\times150=700$

$x=350$

052 男子…**98人**　　女子…**53人**

解説 条件より $\begin{cases}x+y=150 & \cdots① \\ \frac{98}{100}x+\frac{106}{100}y=151 & \cdots②\end{cases}$

今年の男子の入学者数　今年の女子の入学者数

②×50より，$49x+53y=7550$ …②′

②′－①×49より，$4y=200$　　$y=50$

①より，$x=100$

したがって，今年度の

男子の入学者数は，$100\times\frac{98}{100}=98$(人)，

女子の入学者数は，$50\times\frac{106}{100}=53$(人)

053 (1) **670円**　　(2) **7：2：1**

解説 (1) 混ぜる量の比が5：2：3なので，それぞれのペンキの割合は，

Aのペンキ　$\frac{5}{5+2+3}=\frac{1}{2}$

Bのペンキ　$\frac{2}{5+2+3}=\frac{1}{5}$

Cのペンキ　$\frac{3}{5+2+3}=\frac{3}{10}$

よって，金額は，

$500\times\frac{1}{2}+750\times\frac{1}{5}+900\times\frac{3}{10}=670$ (円)

(2) A，B，Cの混ぜる量の割合を，それぞれ，a，b，cとおくと，$a+b+c=1$ …① とする。

└割合をすべてたすと1

ペンキXを1缶つくるのに590円かかるので，

$500a+750b+900c=590$ …②

また，ペンキYを1缶つくのに830円かかるので，

$500c+750b+900a=830$

└AとCの割合は逆である

$900a+750b+500c=830$ …③

②－①×500より，$250b+400c=90$ …④

①×900－③より，$150b+400c=70$ …⑤

④－⑤より，$100b=20$

$b=\frac{1}{5}$ …⑥

⑤より，$c=\frac{1}{10}$ …⑦

①，⑥，⑦より，$a=\frac{7}{10}$

よって，$a:b:c=\frac{7}{10}:\frac{1}{5}:\frac{1}{10}=7:2:1$

得点アップ

Aの割合をa，Bの割合をbとして，Cの割合を$1-a-b$として作ってもよい。

3 1次関数

054 (1) ① $p=3$　② 9

(2) ①

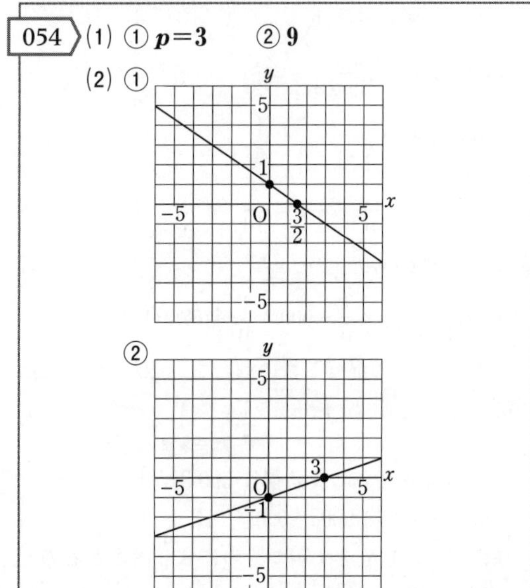

②

055 ㋓

解説 $a+b<0$ であることから，$x=1$ のときの y の値 $a+b$ が負であるので，㋐は不適である。

$ab>0$ であることから，

$\{a>0$ かつ $b>0\}$ または $\{a<0$ かつ $b<0\}$

である。a は傾き，b は y 切片を表すから，

㋑は，$a>0$ かつ $b<0$ で不適

㋒は，$a<0$ かつ $b>0$ で不適

㋓は，$a<0$ かつ $b<0$ で適する。

056 (1) $y=2x+1$　(2) $y=2x-3$

(3) $y=-\frac{1}{2}x-\frac{3}{2}$

解説 直線において，傾きと変化の割合は等しい。

(1) $y=2x+b$ とおいて，$x=1$，$y=3$ を代入して b の値を求めればよい。

(2) $y=2x+b$ とおいて，$x=1$，$y=-1$ を代入して b の値を求めればよい。

(3) 直線の平行条件は，傾きが等しいことであるから，$y=-\frac{1}{2}x+b$ とおけて，2 直線 $y=-3x-4$ と $y=2x+1$ の交点 $(-1,\ -1)$ から b の値を求める。

057 (1) $1\leqq y\leqq 7$　(2) $a=-\frac{2}{3}$，$b=2$

解説 (1) 傾きが正であるから，

$x=-1$ のとき　$y=1$

$x=2$ のとき　$y=7$

で，y の変域は，$1\leqq y\leqq 7$

(2) $a<0$ であるから，

$x=-3$ のとき　$y=4$

$x=6$ のとき　$y=-2$

より，$y=ax+b$ に代入して，

$-3a+b=4$ …①　　$6a+b=-2$ …②

②−① より，$9a=-6$　　$a=-\frac{2}{3}$

①より，$b=3\times\left(-\frac{2}{3}\right)+4=2$

058 (1) $(3,\ 0)$　(2) $(1,\ 3)$

(3) $y=-x+5$

解説 (1) x 軸の交点は，$y=0$ のときの x の値を求めればよい。

$0=2x-6$　　$x=3$

(2) 交点の座標は，両方の直線の式をみたす x，y の値を求めればよいから，連立方程式を解けばよい。

$$\begin{cases} y=2x+1 \\ y=-x+4 \end{cases}$$

より，$2x+1=-x+4$　　$x=1$

よって，$y=-1+4=3$

(3) 求める直線の式を $y=ax+b$ とおくと，

点$(5,\ 0)$を通るから，$5a+b=0$ …①

直線 $y=3x+1$ に関して，$x=1$ のとき $y=4$ だから，これを $y=ax+b$ も通る。

よって，

$a+b=4$ …②

①−②より，$4a=-4$　　$a=-1$

②より，$b=4+1=5$

059 (1) $y=ax+a-10$　(2) 5

(3) $\frac{52}{9}$

解説 (1) 点 P の y 座標は a，PQ=10 より，点 Q の y 座標は，$a-10$ である。直線①と②は平行であるから，直線②の傾きは a である。

よって，直線②の式は，

$y=ax+a-10$

(2) $a=2$，$b=0$ のとき，

直線①：$y=2x+2$

直線②：$y=2x-8$

直線③：$y=0$

であるから，①と③の交点 R の座標は，

$(-1,\ 0)$

②と③の交点 S の座標は，$(4,\ 0)$

よって，$\mathrm{RS}=4-(-1)=5$

(3) $a=4$，$b=-\dfrac{1}{2}$ のとき，

直線①：$y=4x+4$

直線②：$y=4x-6$

直線③：$y=-\dfrac{1}{2}x$

①と③の交点 R の x 座標は，$-\dfrac{8}{9}$

②と③の交点 S の x 座標は，$\dfrac{4}{3}$

$\mathrm{OP}=4$，$\mathrm{OQ}=6$ だから，

$\triangle\mathrm{OPR}+\triangle\mathrm{OQS}$

$=\dfrac{1}{2}\times4\times\dfrac{8}{9}+\dfrac{1}{2}\times6\times\dfrac{4}{3}=\dfrac{52}{9}$

060 48

解説 $\begin{cases}2x-3y=12 & \cdots① \\ y=0\,(x\text{軸}) & \cdots②\end{cases}$

②を①に代入すると，$x=6$

よって，$\mathrm{P}(6,\ 0)$

これを $ax-y=-12$ が通るから，

$6a-0=-12$

$a=-2$

よって，求める三角形の面積は，

$\dfrac{1}{2}\times\{12-(-4)\}\times6=48$

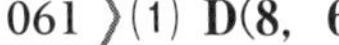

061 (1) D(8, 6)　(2) $y=2x-6$

解説 (1) $\mathrm{B}(2,\ 0)$ より，$\mathrm{A}(2,\ 6)$ だから，正方形の 1 辺の長さは，$\mathrm{AB}=6$

よって，$\mathrm{AD}=6$ だから，$\mathrm{D}(8,\ 6)$

(2) 求める直線と，OC，AD との交点をそれぞれ E，F とする。

$\mathrm{F}(a,\ 6)$ とすると，

求める直線の式は，

$y=2x+b$

とおけば，

$6=2a+b$ より，

$b=6-2a$ だから，

$y=2x+6-2a$　…①

とおける。よって，$y=0$ のとき

$0=2x+6-2a$

$x=a-3$

だから，$\mathrm{E}(a-3,\ 0)$

よって，

$\mathrm{AF}+\mathrm{OE}=(a-2)+(a-3)$

$=2a-5$

ここで，

$\mathrm{AD}+\mathrm{OC}=(8-2)+8=14$

より，$2a-5=14\div2$　$a=6$

①より，$y=2x-6$

得点アップ

1 次関数に関する図形問題では，なるべく正確に関数のグラフをかくことにより解法の糸口が見えてくる。

062 (1) C(2a, a+3)　(2) D(4, 7)　(3) D(2, 5)

解説 (1) $\mathrm{A}(a,\ 0)$ より，$\mathrm{D}(a,\ a+3)$

よって，点 C の y 座標も　$a+3$ であるから，

$a+3=\dfrac{1}{2}x+3$

より，$x=2a$

よって，$\mathrm{C}(2a,\ a+3)$

(2) $\triangle\mathrm{ECD}=\dfrac{1}{2}\times(2a-a)\times\{(a+3)-3\}$

$=\dfrac{1}{2}a^2$

よって，$\dfrac{1}{2}a^2=8$　$a^2=16$

a は正の整数であるから，$a=4$

したがって，$\mathrm{D}(4,\ 7)$

(3) (四角形 ABCD)$=(2a-a)\times(a+3)$

$=a(a+3)$

よって，$a(a+3)=10$

a，$a+3$ は正の整数であるから，$a=2$

したがって，$\mathrm{D}(2,\ 5)$

063 (1) **10.8**　　(2) **12**

解説 (1)　グラフより，はじめの水の深さは 6 cm である。

$60\times30\times6=10800\ (\mathrm{cm}^3)$

$\rightarrow 10.8\ (\mathrm{L})$

(2)　グラフは点 (0, 6)，(2, 11) を通るから，直線の式を $y=ax+6$ とおくと，

$11=2a+6$

より，$a=\dfrac{5}{2}$

よって，$y=\dfrac{5}{2}x+6$

満水になるのは，$y=36$ のときだから，

$36=\dfrac{5}{2}x+6$　　$x=12$

064 (1) **7 分間**　　(2) **毎分 150m**

(3) **時刻…午後 1 時 23 分**

道のり…2400 m

解説 (1)　グラフより，学校にいたのは，

$15-8=7$(分間)

(2)　家から学校までの 1200 m を 8 分間かかって走ったから，$1200\div8=150$(m／分)

(3)　学校から図書館までは

$(3000-1200)\div(45-15)=60$(m／分)

で歩いたので，A さんは午後 1 時 35 分には，

$1200+60\times(35-15)=2400$

より，家から 2400 m の地点にいる。

このときに兄は追いついたのだから，

$2400\div200=12$(分)

より，1 時 35 分の 12 分前，すなわち 1 時 23 分に兄は家を出発したことがわかる。

065 (1)

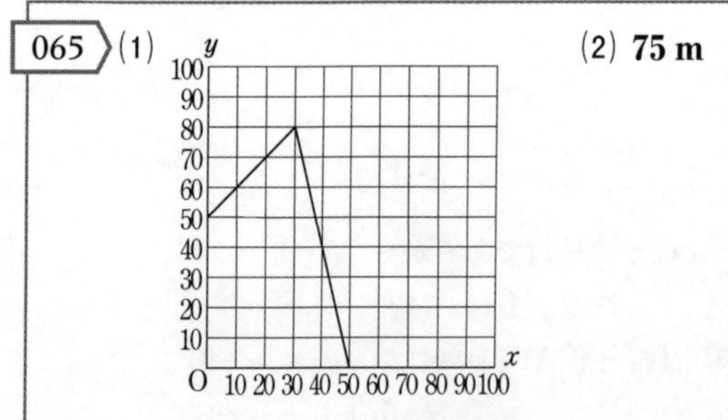

(2) **75 m**

解説 (1)　弟が A 地を出発するとき，兄は A 地から

$2.5\times20=50$ (m)　←はじめの兄と弟の差は 50 m

の地点にいる。

兄が A 地から B 地に着くのは，弟が出発してから，$125\div2.5=50$

$50-20=30$

で，30 秒後である。弟が出発してからは，

$2.5-1.5=1$

で，毎秒 1 m の差がつく。

兄が B 地を折り返してからは 2 人の距離は

$2.5+1.5=4$

で，毎秒 4 m ずつ縮まる。

兄とすれ違う ($y=0$ となるところ) までのグラフをかけばよい。

(2)　グラフより，兄と弟がすれ違うのは，弟が出発してから 50 秒後なので，

$50\times1.5=75$ (m)

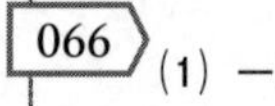

066 (1) $\boldsymbol{-2\leqq b\leqq 6}$　　(2) $\boldsymbol{a\leqq -4,\ a\geqq \dfrac{8}{7}}$

(3) $\boldsymbol{\dfrac{5}{7}\leqq a+b\leqq 5}$　　(4) $\boldsymbol{a=\dfrac{5}{3},\ b=0}$

解説 (1)　$y=x+b$ のグラフは，傾きが 1，切片が b の直線である。

点 B (3, 9) を通るとき，

$9=3+b$　　$b=6$

点 A(7, 5) を通るとき，

$5=7+b$　　$b=-2$

よって，$-2\leqq b\leqq 6$

(2)　$y=ax-3$ のグラフは，傾きが a，切片が -3 の直線である。

点 A (7, 5) を通るとき，

$5=7a-3$　　$a=\dfrac{8}{7}$

点 C(−1, 1) を通るとき，

$1=-a-3$　　$a=-4$

よって，$a\leqq -4$，$a\geqq\dfrac{8}{7}$

(3)　$a+b$ の値は，直線 $y=ax+b$ において，$x=1$ のときの y の値を表している。また，$y=ax+b$

が2辺AB，OCと交わるとき，$y=ax+b$ のグラフは，四角形OABCの周および内部を通る。

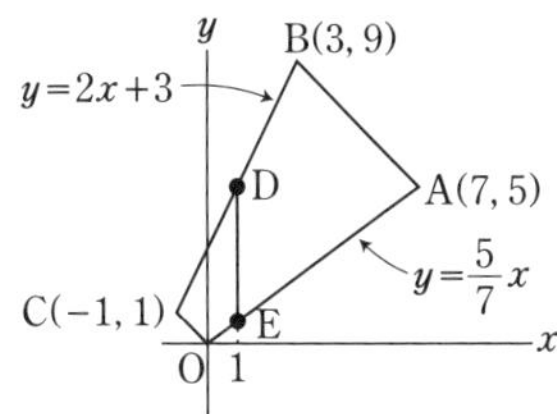

直線OA：$y=\frac{5}{7}x$

直線CB：$y=2x+3$

より，上の図の点D，Eの座標は，

$D(1,\ 5)$，$E\left(1,\ \frac{5}{7}\right)$

したがって，$\frac{5}{7}\leqq a+b\leqq 5$

(4) 線分AB，OCの中点をそれぞれP，Qとおくと，

$P(5,\ 7)$，

$Q\left(-\frac{1}{2},\ \frac{1}{2}\right)$

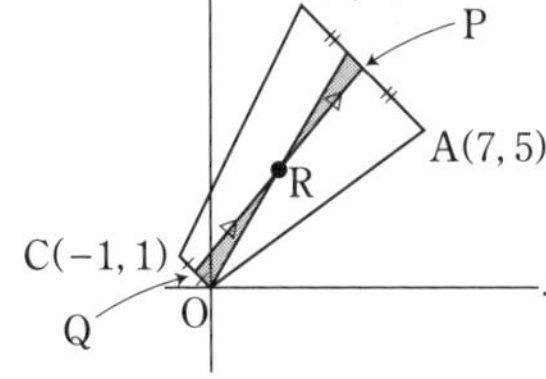

台形OABCの面積は線分PQで2等分される。ここで，線分PQの中点Rをとると，上の図のかげのついた2つの三角形は合同であるから，面積も等しく，直線ORは台形OABCを2等分する。

$R\left(\frac{9}{4},\ \frac{15}{4}\right)$ であるから，求める直線は，$y=\frac{5}{3}x$ となる。

得点アップ

2点 $A(x_1,\ y_1)$，$B(x_2,\ y_2)$ について，線分ABの中点の座標は，$\left(\frac{x_1+x_2}{2},\ \frac{y_1+y_2}{2}\right)$

067 (1) $y=\frac{2}{3}x+4$　(2) $C\left(\frac{3}{2},\ 5\right)$

(3) $P\left(\frac{1}{2},\ \frac{13}{3}\right)$，$\left(\frac{8}{3},\ 0\right)$

解説 (1) 直線 m の方程式は，$y=\frac{2}{3}x+b$ とおける。点 $B\left(-\frac{3}{2},\ 3\right)$ を通るから，

$3=\frac{2}{3}\times\left(-\frac{3}{2}\right)+b$ より，$b=4$

よって，$y=\frac{2}{3}x+4$ …①

(2) 直線 ℓ は，点 $(0,\ 8)$ を通ることから，$y=ax+8$ とおける。点 $(4,\ 0)$ を通るから，

$0=4a+8$　$a=-2$

よって，$y=-2x+8$ …②

点Cは①と②の交点であるから，

$\frac{2}{3}x+4=-2x+8$　$x=\frac{3}{2}$

②より，$y=5$

(3) 直線 m と x 軸との交点Dの座標は，①より，$D(-6,\ 0)$

$$(\text{四角形OACB})=\triangle ACD-\triangle OBD$$
$$=\frac{1}{2}\times AD\times 5-\frac{1}{2}\times 6\times 3$$
$$=\frac{1}{2}\times 10\times 5-9=16$$

よって，$\triangle OPB=\frac{1}{4}\times(\text{四角形OACB})$

$=4$

点 P_1 が辺OA上にあるとき

$\triangle OP_1B=\frac{1}{2}\times OP_1\times 3=\frac{3}{2}OP_1$

よって，$\frac{3}{2}OP_1=4$　$OP_1=\frac{8}{3}$

したがって，$P_1\left(\frac{8}{3},\ 0\right)$

点 P_1 を通り，直線OBに平行な直線と，直線 m との交点を P_2 とおくと，

$\triangle OP_1B$

$=\triangle OP_2B=4$

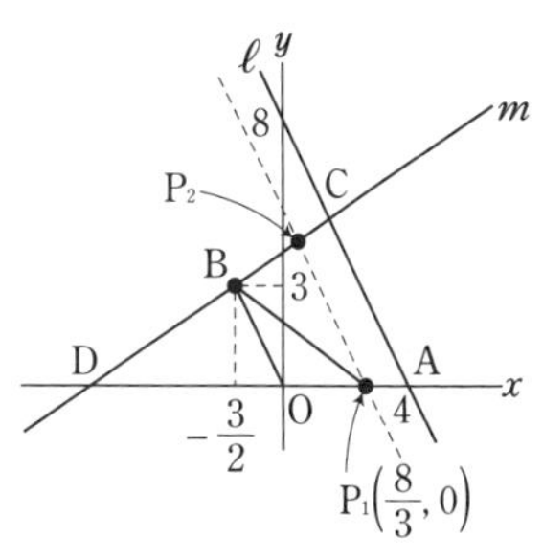

である。点 P_1 を通り，直線OBに平行な直線の方程式を

$y=-2x+b$

とおくと，

$0=-2\times\frac{8}{3}+b$

$b=\frac{16}{3}$

よって，$y=-2x+\frac{16}{3}$ と $y=\frac{2}{3}x+4$ を連立すると，$x=\frac{1}{2}$，$y=\frac{13}{3}$ より，

$P_2\left(\frac{1}{2},\ \frac{13}{3}\right)$

068 $a=\frac{7}{2}$

解説 AP＋PB が最も小さくなるとき，3点A，P，Bは一直線上に並んでいる。2点A$(-1,\ 3)$，B$(5,\ -1)$を通る直線の方程式は，

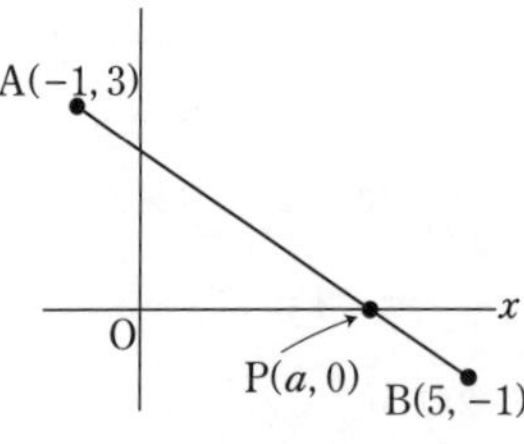

$y=-\frac{2}{3}x+\frac{7}{3}$

これと x 軸の交点の x 座標は，

$0=-\frac{2}{3}x+\frac{7}{3}$ より，$x=\frac{7}{2}$

よって，$a=\frac{7}{2}$

069 (1) $2\leqq p\leqq 4$　(2) $p=\frac{8}{3}$

解説 (1)

$y=-2x+p$ のグラフは，傾きが -2，切片が p の直線である。切片の可動範囲は右の図の直線②′の切片から，直線②″の切片までである。

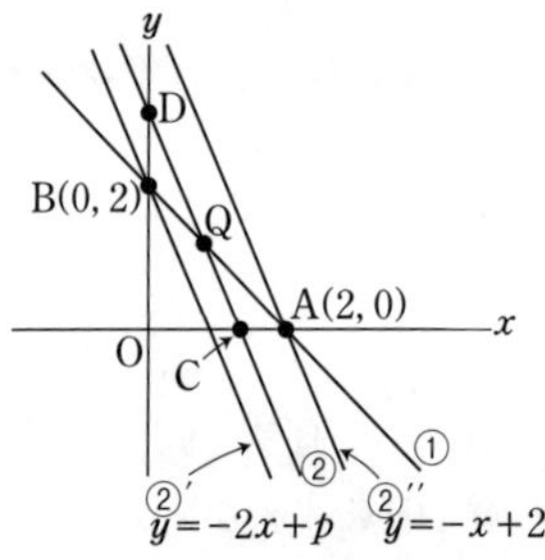

$y=-2x+p$ が点A$(2,\ 0)$を通るとき，

$p=4$

$y=-2x+p$ が点B$(0,\ 2)$を通るとき，

$p=2$

よって，$2\leqq p\leqq 4$

(2) ②より，C$\left(\frac{1}{2}p,\ 0\right)$，D$(0,\ p)$

①，②より，Q$(p-2,\ 4-p)$

条件より，△QAC＝2△QBD

$$\frac{1}{2}\times\left(2-\frac{1}{2}p\right)\times(4-p)=2\times\frac{1}{2}\times(p-2)\times(p-2)$$

$$\frac{1}{4}(4-p)^2=(p-2)^2$$

$$(4-p)^2=4(p-2)^2$$

$2\leqq p\leqq 4$ より，$4-p=2(p-2)$

$$3p=8$$

$$p=\frac{8}{3}$$

070 (1) $y=-x+3$　(2) C$(-2,\ 0)$
(3) D$(1,\ -3)$　(4) Q$(1,\ 0)$
(5) $-\frac{4}{5}$

解説 (1) 直線ABの y 切片は3で，傾きは，

$\frac{0-3}{3-0}=-1$ より，直線の方程式は，

$y=-x+3$

(2) 直線ACの方程式は，条件より，

$y=\frac{3}{2}x+3$

点Cの x 座標は，

$0=\frac{3}{2}x+3$　$x=-2$

(3) 四角形ACDBは平行四辺形であるから，
点A$(0,\ 3)$からC$(-2,\ 0)$への移動：
x 方向に -2，y 方向に -3
であるから，点B$(3,\ 0)$から上の移動をすると，点Dに移る。
よって，$3-2=1$，$0-3=-3$ より，
D$(1,\ -3)$

(4) 直線CD：$y=-x-2$ と求められるから，
P$(0,\ -2)$
よって，AP$=3-(-2)=5$
(四角形ACPQ)＝△ACP＋△AQP

$$=\frac{1}{2}\times2\times5+\frac{1}{2}\times\text{OQ}\times5$$

$$=\underset{※}{5}+\frac{5}{2}\text{OQ}$$

よって，$5+\frac{5}{2}\text{OQ}=\frac{15}{2}$ より，OQ$=1$

したがって，Q$(1,\ 0)$

※ △ACP$=5<\frac{15}{2}$ だから点Qの x 座標は，正

(5) 条件より，CP∥RQ であるような線分AC上の点Rをとればよい。
点Qを通り，直線CDに平行な直線の方程式は，$y=-x+1$ と求められるから，これと直線AC：$y=\frac{3}{2}x+3$ とを連立すると，

$x=-\frac{4}{5}$，$y=\frac{9}{5}$ より，R$\left(-\frac{4}{5},\ \frac{9}{5}\right)$

071 (1) $\boldsymbol{y=2x}$

(2)

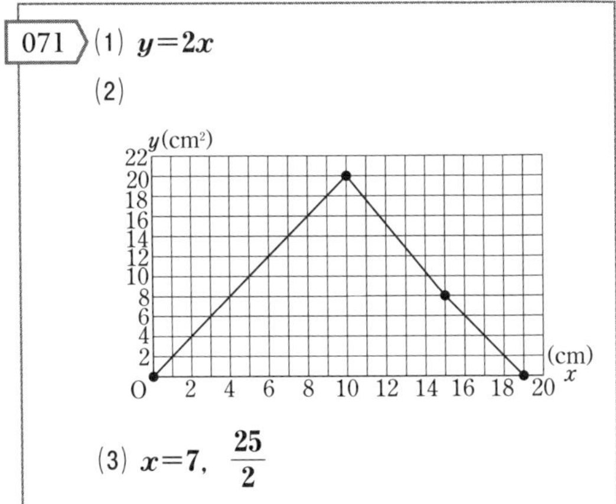

(3) $\boldsymbol{x=7,\ \frac{25}{2}}$

解説 (1) $\triangle APD=\frac{1}{2}\times x\times 4$ より，$y=2x$

(2) 点Dが辺AB上を動くとき，すなわち，$0\leqq x\leqq 10$ のとき

(1)より，$y=2x$ …①

点Pが辺BC上を動くとき，すなわち，$10\leqq x\leqq 15$ のとき

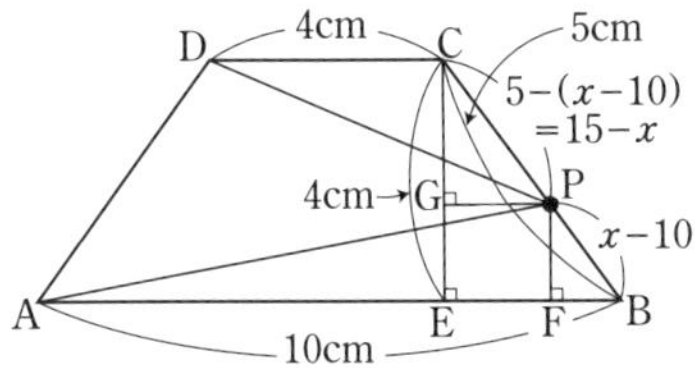

$CE:PF=CB:PB$

$4:PF=5:(x-10)$

$5PF=4(x-10)$

$PF=\frac{4(x-10)}{5}$

また，$CP:CG=5:4$

$(15-x):CG=5:4$

$5CG=4(15-x)$

$CG=\frac{4(15-x)}{5}$

よって，

$\triangle APD$

$=(\text{台形ABCD})-\triangle PCD-\triangle ABP$

$=\frac{1}{2}\times(4+10)\times 4-\frac{1}{2}\times 4\times CG-\frac{1}{2}\times 10\times PF$

$=28-2\times\frac{4(15-x)}{5}-5\times\frac{4(x-10)}{5}$

$=28-\frac{1}{5}(120-8x+20x-200)$

$=28-\frac{1}{5}(12x-80)$

$=28-\frac{12}{5}x+16$

$=-\frac{12}{5}x+44$

したがって，$y=-\frac{12}{5}x+44$ …②

点Pが辺CD上を動くとき，すなわち，$15\leqq x\leqq 19$ のとき

$PD=19-x$ より，

$\triangle APD=\frac{1}{2}\times(19-x)\times 4$

よって，$y=38-2x$ …③

①〜③をグラフに表せばよい。

(3) (2)より，台形ABCDの面積は $28\ cm^2$ であるから，$\triangle APD=14\ (cm^2)$ である。

①より，$14=2x$　$x=7$ ($0\leqq x\leqq 10$ をみたす)

②より，$14=-\frac{12}{5}x+44$　$x=\frac{25}{2}$

($10\leqq x\leqq 15$ をみたす)

③より，$14=38-2x$　$x=12$

($15\leqq x\leqq 19$ をみたさないので不適)

072 (1) **6 cm**

(2) $\boldsymbol{y=-\frac{3}{2}x+15\ (4\leqq x\leqq 10)}$

(3) $\boldsymbol{a=\frac{8}{5},\ b=\frac{28}{5}}$

解説 (1) △CDPの面積は，点Pが点Aから点Bまで動くとき増加し，点Bから点Cまで動くとき減少するから，グラフより，線分ABを4秒で，線分BCを6秒で動く。

点Pは毎秒1 cmの速さで動くから，

BC＝6 (cm)

(2) 2点 (4, 9)，(10, 0) を通る直線の方程式を求めればよい。

(3) $0\leqq x\leqq 4$ のとき，$y=x+5$

よって，$\begin{cases} y=x+5\ (0\leqq x\leqq 4) \\ y=-\frac{3}{2}x+15\ (4\leqq x\leqq 10) \end{cases}$

条件より，$\begin{cases} b=a+4 & \cdots① \\ a+5=-\frac{3}{2}b+15 & \cdots② \end{cases}$

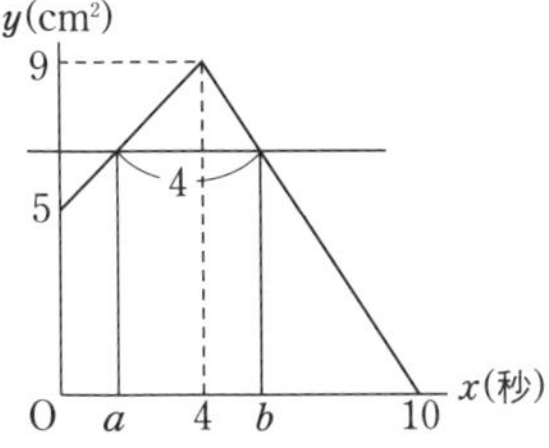

①を②に代入すると，

$b-4+5=-\dfrac{3}{2}b+15$

$\dfrac{5}{2}b=14$

$b=\dfrac{28}{5}$

①より，$a=\dfrac{28}{5}-4=\dfrac{8}{5}$

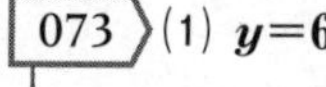

073 (1) $\boldsymbol{y=6}$　(2) $\boldsymbol{y=-4x+24}$

(3) $\boldsymbol{x=\dfrac{9}{2}}$

解説 (1)　$x=3$ のとき，点 P，点 Q は右の図の位置にある。

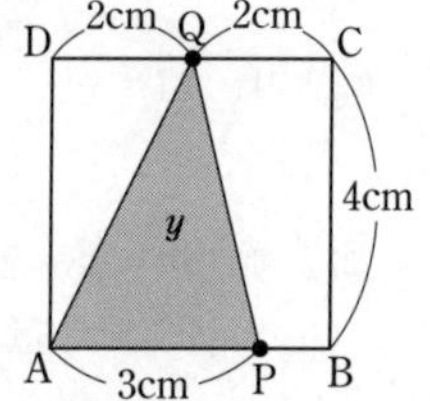

$y=\dfrac{1}{2}\times3\times4=6$

(2)　$4\leqq x\leqq6$ のとき，点 P，Q の位置は，右の図のようになっている。

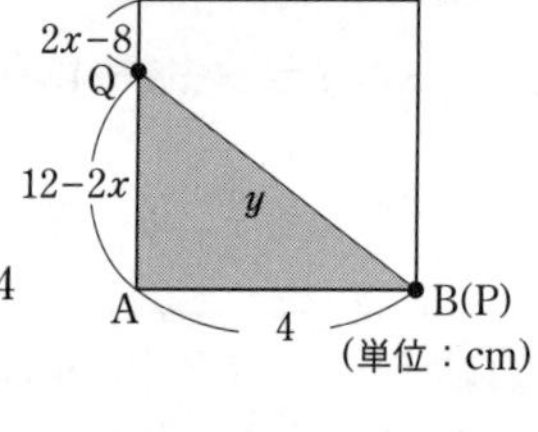

$y=\dfrac{1}{2}\times(12-2x)\times4$

$=2(12-2x)$

$=24-4x$

(3)　(2)より，$24-4x=6$　　$x=\dfrac{9}{2}$

074 (1) **54 km**

(2) ① (ア) **4**　(イ) **8**　(ウ) **12**　(エ) **16**

②

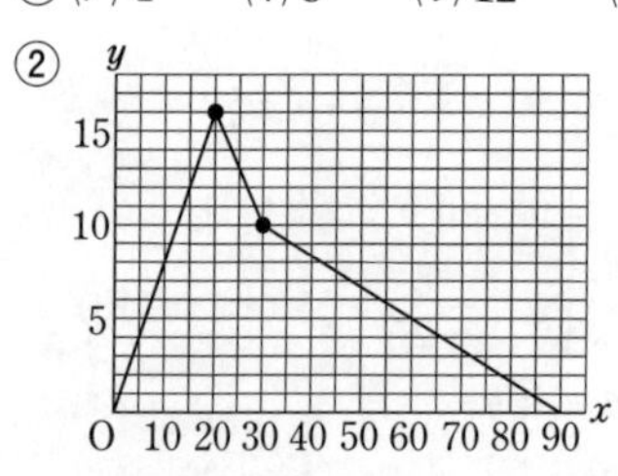

③ $\boldsymbol{y=-\dfrac{1}{6}x+15}$

④ **午前 8 時 5 分，午前 9 時 6 分**

解説 (1)　兄は C 町に寄ってから B 町に行ったから，図 1 より

$12+12+4+26=54$(km)

(2)　①　$0\leqq x\leqq20$ のとき，図 2 のグラフより，まきさんの進む速さは，

$4\div20=\dfrac{1}{5}$(km/分)

兄の進む速さは，$12\div20=\dfrac{3}{5}$(km/分)

よって，$y=\left(\dfrac{1}{5}+\dfrac{3}{5}\right)\times x=\dfrac{4}{5}x$

$x=5$，10，15，20 のとき，それぞれ，

$y=4$，8，12，16

②，③　①より，$0\leqq x\leqq20$ のとき，$y=\dfrac{4}{5}x$

$20\leqq x\leqq30$ のとき，

$y=16-\left(\dfrac{3}{5}x-12\right)=-\dfrac{3}{5}x+28$

（16：まきさんの C 町からの距離，$\dfrac{3}{5}x-12$：兄の C 町からの距離）

$30\leqq x\leqq90$ のとき，

$y=\left(\dfrac{13}{30}x+3\right)-\left(\dfrac{3}{5}x-12\right)$

（$\dfrac{13}{30}x+3$：まきさんの C 町からの距離，$\dfrac{3}{5}x-12$：兄の C 町からの距離）

$=-\dfrac{1}{6}x+15$

④　②のグラフより，$y=4$ となるのは，$0\leqq x\leqq20$ のときと，$30\leqq x\leqq90$ のときにあるから，$4=\dfrac{4}{5}x$ より，$x=5$

よって，午前 8 時 5 分

$4=-\dfrac{1}{6}x+15$ より，$x=66$

よって，午前 9 時 6 分

075 (1) $\boldsymbol{\dfrac{1}{7}\leqq m\leqq\dfrac{7}{5}}$　(2) $\boldsymbol{y=\dfrac{2}{3}x-\dfrac{5}{3}}$

解説 (1)　直線 AB の傾きは，

$\dfrac{4-(-3)}{3-(-2)}=\dfrac{7}{5}$

直線 AC の傾きは，

$\dfrac{-2-(-3)}{5-(-2)}$

$=\dfrac{1}{7}$

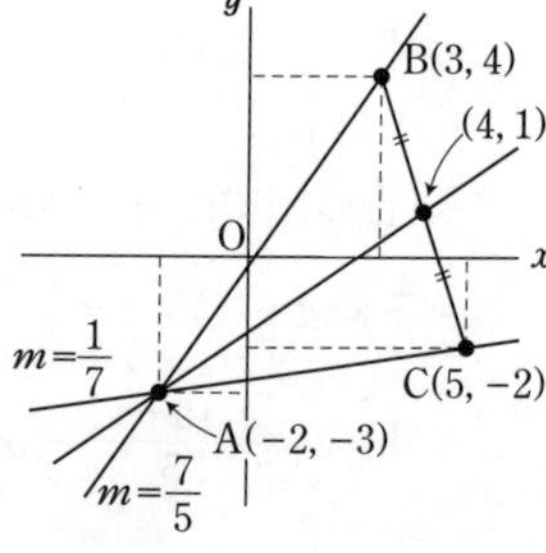

よって，$\dfrac{1}{7}\leqq m\leqq\dfrac{7}{5}$

(2)　線分 BC の中点の座標は，

$\left(\dfrac{3+5}{2},\ \dfrac{4-2}{2}\right)$

すなわち，(4，1)

2点 A(−2，−3)，(4，1)を通る直線を求めればよい。

傾きは，$\frac{1-(-3)}{4-(-2)}=\frac{4}{6}=\frac{2}{3}$ だから，

$y=\frac{2}{3}x+b$ とおける。

$1=\frac{2}{3}\times4+b$　　$b=-\frac{5}{3}$

076 (1) $-\frac{4}{3}$　(2) (14，0)　(3) (1，0)

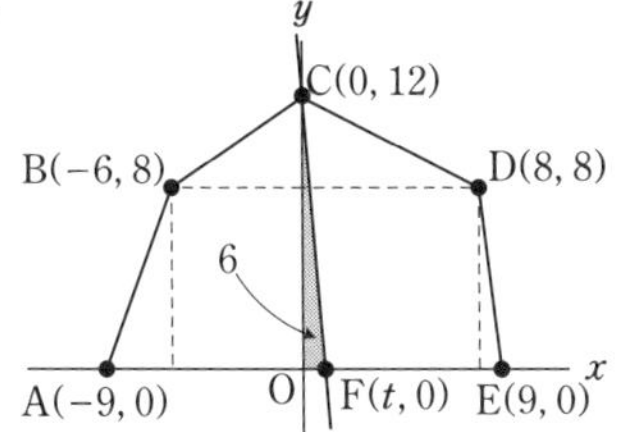

(1) 傾きは，$\frac{0-12}{9-0}=\frac{-12}{9}=-\frac{4}{3}$

(2) (1)より，求める直線は，$y=-\frac{4}{3}x+b$ とおける。

点 D(8，8)を通るから，$8=-\frac{4}{3}\times8+b$

$b=\frac{56}{3}$

$y=-\frac{4}{3}x+\frac{56}{3}$ について，$y=0$ のとき，

$-\frac{4}{3}x+\frac{56}{3}=0$　　$x=14$

(3) (四角形 AOCB)

$=\triangle$AOB$+\triangle$BOC

$=\frac{1}{2}\times9\times8+\frac{1}{2}\times12\times6=36+36=72$

(四角形 OEDC)

$=\triangle$OED$+\triangle$ODC

$=\frac{1}{2}\times9\times8+\frac{1}{2}\times12\times8=36+48=84$

よって，点 C を通り，面積が $(84-72)\div2=6$ であるような前の図の △COF を考えると，求める直線は直線 CF である。

F(t，0)とおくと，$\frac{1}{2}\times12\times t=6$ より，

$t=1$

よって，求める点の座標は，(1，0)

077 (1) $\frac{9}{2}$　(2) $a=-4$

解説 (1)

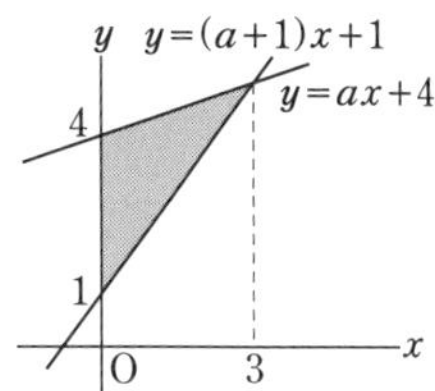

2直線 $\begin{cases} y=ax+4 \\ y=(a+1)x+1 \end{cases}$

の交点の x 座標は，

$ax+4=(a+1)x+1$

$4=x+1$

$x=3$

よって，求める三角形の面積は，

$\frac{1}{2}\times(4-1)\times3=\frac{9}{2}$

(2) 2直線 $\begin{cases} y=3x+a+10 & \cdots① \\ y=4x-2a & \cdots② \end{cases}$

の交点の座標を(b，0)とおくと，

①より，$3b+a+10=0$　…①′

②より，$4b-2a=0$　$2b-a=0$　…②′

①′+②′より，$5b+10=0$　　$b=-2$

②′より，$a=-4$

078 (1) ① **8km**　② **7時45分**

③ **7時42分**

(2) **7時10分30秒**

解説 (1) ① A さんが家からバス停までかかる時間，バス停から学校までかかる時間をともに a 分とおくと，B さんが家から学校までかかる時間は，条件より，

$(a+5+a)+3=2a+8$(分)

よって，家から学校までの距離に関して，

$4\times\frac{a}{60}+20\times\frac{a}{60}=10\times\frac{2a+8}{60}$

$\frac{a}{15}+\frac{a}{3}=\frac{a+4}{3}$

(家〜バス停)　(バス停〜学校)

$\frac{a}{15}=\frac{4}{3}$　　$a=20$

したがって，求める道のりは，

$\frac{20+4}{3}=8$ (km)

② Aさんが学校に着く時刻は，①より，家から，
$2a+5=2\times20+5=45$(分)
かかるから，7時に家を出ているから，7時45分

③ 7時x分の家からの道のりを$y$kmとすると，Aさん，Bさんの位置関係は右の図のようになる。

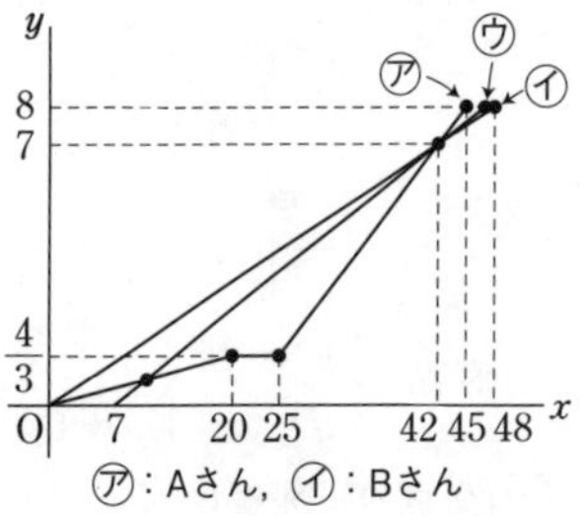

㋐：Aさん，㋑：Bさん

②より，Bさんが家から学校までかかる時間は，48分である。

㋐の，$25\leqq x\leqq45$のときのxとyの関係式は，

$$y=\frac{1}{3}x-7$$

㋑のxとyの関係式は，

$$y=\frac{1}{6}x$$

これらより，$\frac{1}{6}x=\frac{1}{3}x-7$を解くと，

$$x=42$$

よって，求める時刻は，7時42分

(2) Bさんが7分遅れて急いだ動きはグラフの㋒である。

㋒のxとyの関係式は，$y=\frac{1}{5}x-\frac{7}{5}$

$0\leqq x\leqq20$のとき㋐のxとyの関係式は，

$$y=\frac{1}{15}x$$

これらより，$\frac{1}{15}x=\frac{1}{5}x-\frac{7}{5}$　　$x=\frac{21}{2}$

よって，7時10分30秒

079 (1) $\boldsymbol{\frac{1}{4}\leqq a\leqq3}$　　(2) $\boldsymbol{-2\leqq b\leqq0}$

解説 (1) 直線$y=ax+2$は，aの値にかかわらずC(0, 2)を通る。また，aはこの直線の傾きである。

よって，aの値は，直線BCの傾き$\frac{1}{4}$から，直線ACの傾き3までを動く。

(2) 直線$y=2x+b$は，傾き2，切片bである。
よって，bの値は，点Bを通るときのbの値から点Aを通るときのbの値までを動く。

点Bを通るとき，$4=2\times3+b$　　$b=-2$
点Aを通るとき，$2=2\times1+b$　　$b=0$

080 (1) **(8, 1)，(5, 3)，(2, 5)**　　(2) **4個**

解説 (1) $y=\frac{19-2x}{3}$より，$19-2x=3y$

$$x=\frac{19-3y}{2}$$

x，yは正の整数だから，yは1から6までの整数が考えられるが，$19-3y$が偶数にならねばならないから，yは奇数で，$y=1, 3, 5$
このとき，それぞれ，$x=8, 5, 2$

(2) $y=\frac{1}{2}x+5$より，$x=2(y-5)$
$y-5<0$であるから，yは正の整数より，
$y=1, 2, 3, 4$

081 (1) **4**　　(2) $\boldsymbol{a=\frac{1}{4}}$

解説 (1) $y=-\frac{2}{3}x+4$において$x=0$とすると
$y=4$
よって，B(0, 4)

(2) $y=-\frac{2}{3}x+4$のグラフとx軸，y軸に囲まれた領域にある点のうち，x座標とy座標がともに整数である点は右の図のようになる。

それらの点を通る$y=ax$のグラフのうち，aが最小となるものは，図より，$y=ax$のグラフが点(4, 1)を通るときである。
よって，$y=ax$に(4, 1)を代入して

$$a=\frac{1}{4}$$

082 **Q(−3, 1)**

解説 右の図のように考えると，色のついた三角形がすべて合同であることから，求める点Qの座標は，Q(−3, 1)

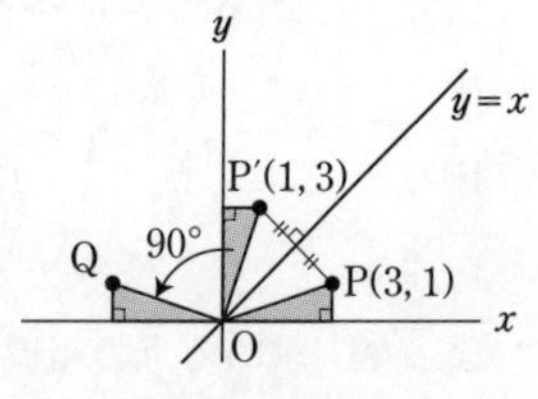

083 (1)

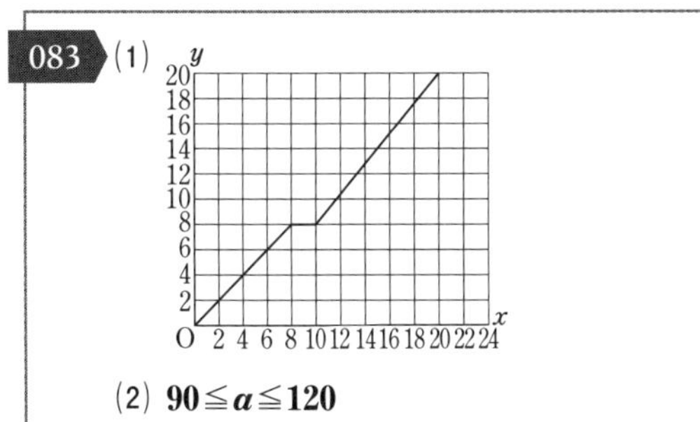

(2) $\boldsymbol{90 \leqq a \leqq 120}$

解説 (1) A 駅から B 駅までの 8 km を毎時 60 km (= 毎分 1 km) で進んだから,

$y=x\ (0 \leqq x \leqq 8)$

B 駅で 2 分停車したから,

$y=8\ (8 \leqq x \leqq 10)$

B 駅から C 駅までの 12 km を毎時 72 km (毎分 1.2 km) で進んだから,

$y=1.2x-4\ (10 \leqq x \leqq 20)$

(2) (1)のグラフをもとに考える。点 (2, 20) を通り, 線分 $y=8\ (8 \leqq x \leqq 10)$ を通るように直線の傾き $-\dfrac{a}{60}$ の値の範囲を考えればよい。

└分速 $\dfrac{a}{60}$ km であるが, C から A に向かっているので, マイナス

$$\frac{8-20}{8-2} \leqq -\frac{a}{60} \leqq \frac{8-20}{10-2}$$

└2 点 (8, 8), (2, 20) を通るときの直線の傾き

└2 点 (10, 8), (2, 20) を通るときの直線の傾き

よって,

$120 \geqq a \geqq 90$ ← 各辺に $-60(<0)$ をかけると不等号の向きは逆になる

084 (1) **時速 22.5 km**　(2) **23 分後**
(3) **25.5 km 地点**

解説 (1) A 君がスタートしてからの x 分後の地点を y km として, グラフをかくと, 右の図のようになる。

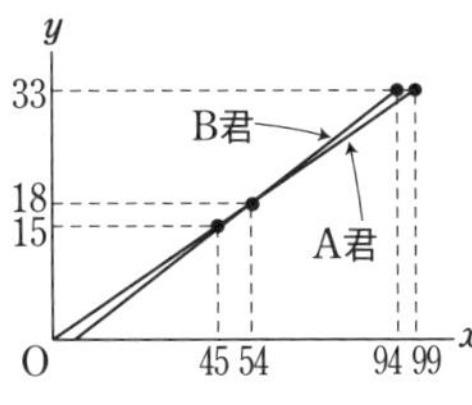

A 君 : $y=\dfrac{1}{3}x$　…①

B 君 : $y=\dfrac{3}{8}x-\dfrac{9}{4}$　…②

└傾き $\dfrac{33-18}{94-54}=\dfrac{3}{8}$, 点 (54, 18) を通る直線

よって, B 君の速さは,

$\dfrac{3}{8} \times 60 = 22.5$ (km/時)

(2) B 君が 15 km 地点を通過したのは, ②より,

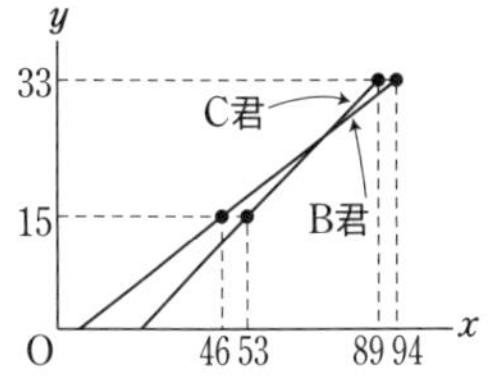

$15=\dfrac{3}{8}x-\dfrac{9}{4}$

$x=46$

よって, C 君が 15 km 地点を通過したのは,

$46+7=53$ (分後)

さらに, C 君が 33 km 地点にゴールしたのは 89 分後であるから,

C 君 : $y=\dfrac{1}{2}x-\dfrac{23}{2}$　…③

└傾き $\dfrac{33-15}{89-53}=\dfrac{1}{2}$, 点 (53, 15) を通る直線

C 君がスタートした時間は, ③より,

$0=\dfrac{1}{2}x-\dfrac{23}{2}$　$x=23$

よって, C 君は A 君の 23 分後にスタートした。

(3) ②と③より, $\dfrac{3}{8}x-\dfrac{9}{4}=\dfrac{1}{2}x-\dfrac{23}{2}$　$x=74$

③より, $y=\dfrac{1}{2} \times 74 - \dfrac{23}{2} = \dfrac{51}{2} = 25.5$

よって, C 君が B 君に追いついたのは, 25.5 km 地点

085 (1) $\boldsymbol{y=\dfrac{2}{25}x}$　(2) ㋑, ㋓

(3) ①

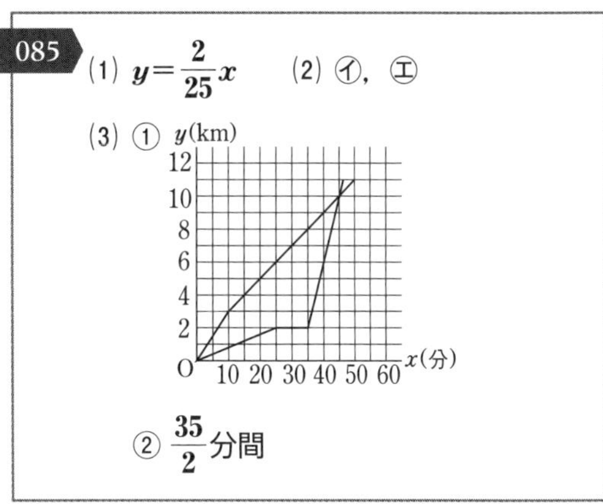

② $\boldsymbol{\dfrac{35}{2}}$ **分間**

解説 (1) 2 点 (0, 0), (25, 2) を通る直線の方程式を求める。

(3) ① 18 km/時の速さで進んだ時間を t 分とすると,

$18 \times \dfrac{t}{60} + 12 \times \dfrac{50-t}{60} = 11$

これを解くと, $t=10$

よって，$0 \leqq x \leqq 10$ のとき　$y=\frac{3}{10}x$

└18km/時 $=\frac{18}{60}\left(=\frac{3}{10}\right)$ km/分

$10 \leqq x \leqq 50$ のとき　$y=\frac{1}{5}x+1$

2点(10，3)，(50，11)を通る直線

② 幸二さんが映画館に着いたときの x の値は，

$x=45+\frac{5}{4}=\frac{185}{4}$

└傾きは $\frac{4}{5}$ であるから，y の値が 1 増加するとき，x の値は $\frac{5}{4}$ 増加する

18 km/時の速さで進む時間を t 分とすると，

$$18\times\frac{t}{60}+12\times\frac{\frac{185}{4}-t}{60}=11$$

これを解くと，$t=\frac{35}{2}$

086 (1) $\boldsymbol{y=4x-21}$　(2) $\boldsymbol{-1 \leqq k \leqq 14}$
(3) **20 cm²**

解説 (1) 求める直線の式を，$y=ax+b$ とおくと，
点 A(7，7) を通るから，$7=7a+b$ …①
点 C(5，−1) を通るから，
$-1=5a+b$ …②
①−②より，$2a=8$　$a=4$
①より，$7=28+b$　$b=-21$
よって，$y=4x-21$

(2) $\ell：y=-x+k$ は，傾き −1，切片 k の直線であるから，直線 ℓ が点 A を通るとき k の値は最大，点 B を通るときに k の値は最小となるから，
$k=x+y$ より，
$-2+1 \leqq k \leqq 7+7$
よって，$-1 \leqq k \leqq 14$

(3)

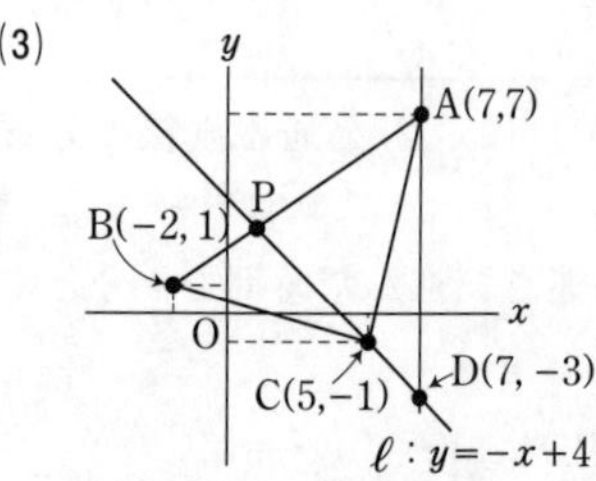

直線 ℓ が点 C を通るとき，$k=5-1=4$
よって，$\ell：y=-x+4$ …③
また，直線 AB の方程式は，
$y=\frac{7-1}{7-(-2)}(x-7)+7$ より，
$y=\frac{2}{3}x+\frac{7}{3}$ よって，③と連立して解を求めると，
$x=1$，$y=3$ であるから，P(1，3)
点 A を通り，y 軸に平行な直線と直線 ℓ との交点を D とおくと，D(7，−3)

$$\triangle APC=\triangle APD-\triangle ACD$$
$$=\frac{1}{2}\times\{7-(-3)\}\times(7-1)$$
$$-\frac{1}{2}\times\{7-(-3)\}\times(7-5)$$
$$=30-10$$
$$=20\ (\mathrm{cm}^2)$$

087 (1) **毎分 50 m**　(2) $\boldsymbol{y=120x-3400}$
(3) **40 分後**

解説 (1) 28 分間で 1400 m 進むから，
$1400\div 28=50$ (m/分)

(2) $40 \leqq x \leqq 70$ の直線の式を求めればよい。
つまり，2 点 (40，1400)，(70，5000) を通る直線の式を求めればいいので，

$$変化の割合=\frac{5000-1400}{70-40}=\frac{3600}{30}=120$$

└変化の割合 $=\frac{(y\text{の増加量})}{(x\text{の増加量})}$ ＝傾き

これが，傾きになるので，$y=120x+b$ とおく。
直線は点 (40，1400) を通るので，
$1400=4800+b$
$b=-3400$
よって，$y=120x-3400$ …①

(3) B さんは，10 分後に進み始め，反対方向に進むので，出発点から 5000 m 離れていると考える。
これより，点 (10，5000) をスタートとするグラフをかけばいいことがわかる。また，毎分 60 m の速さで $70-10=60$ 分後には，
$60\times 60=3600$ (m) 進むので，
出発点から，$5000-3600=1400$ (m) の地点にいることがわかる。

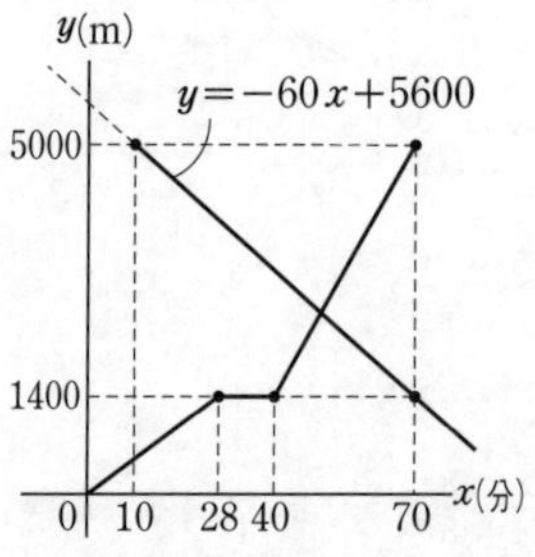

B さんの様子をグラフに書き込むと上の図のよ

うになる。
また，変化の割合が速さになるので，毎分 60m の速さでは傾きが -60 となる。
└グラフの傾きは右下がり
つまり，$y=-60x+b$ とおく。
直線は点 (10, 5000) を通るので，

$5000=-600+b$

$b=5600$

よって，$y=-60x+5600$ …②
①，②の交点を求めればいいので，

$120x-3400=-60x+5600$

$180x=9000$

$x=50$

となり，グラフより，$40 \leqq x \leqq 70$ であるからこの解は適する。
B さんは，A さんよりも 10 分遅れて出発するので，2 人が出会うのは，B さんが出発してから，
$50-10=40$（分後）である。

088 (1) $\boldsymbol{a=12}$　(2) **6 個**　(3) $\boldsymbol{\dfrac{7}{2}}$

(4) $\boldsymbol{y=\dfrac{4}{3}x-\dfrac{14}{3}}$

解説 (1) $y=\dfrac{a}{x}$ は，点 A(3, 4)を通るから，

$a=3\times4=12$

(2) 曲線 m：$xy=12$

x	1	2	3	4	6	12
y	12	6	4	3	2	1

より，求める個数は 6 個。

(3) 点 A から y 軸に，点 B から x 軸に垂線をひき，その足をそれぞれ H_1，H_2 とおくと，$\triangle OAH_1$ と $\triangle OBH_2$ は合同であるから，対称性により，B(4, 3)

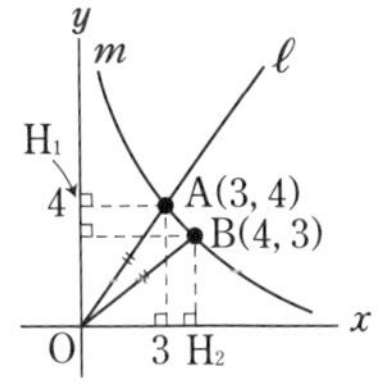

よって，求める面積は，

$$4\times4-\left(\frac{1}{2}\times4\times3\right)\times2-\frac{1}{2}\times1\times1=\frac{7}{2}$$

(4) 点 C の座標を C(p, q) とおくと，

$\dfrac{p+3}{2}=4$，$\dfrac{q+4}{2}=3$ より，$p=5$，$q=2$

よって，点 C(5, 2) を通り，傾き $\dfrac{4}{3}$ の直線の方程式を求めると，$y=\dfrac{4}{3}x-\dfrac{14}{3}$

089 (1) **C(4, 2)**　(2) $\boldsymbol{\dfrac{3}{2}}$，**3**

解説 (1) 点 C の x 座標を a とおくと，

A(2, 4)，B$\left(2, \dfrac{a}{2}\right)$，C$\left(a, \dfrac{a}{2}\right)$，D($a$, 4)であるから，

$4-\dfrac{a}{2}=a-2$ より，$a=4$
（$4-\dfrac{a}{2}$ は AB，$a-2$ は BC）

(2) 正方形 ABCD の面積は，

$2\times2=4(\text{cm}^2)$

重なった部分の面積は，この $\dfrac{1}{4}$ にあたる $1\ \text{cm}^2$ だから，

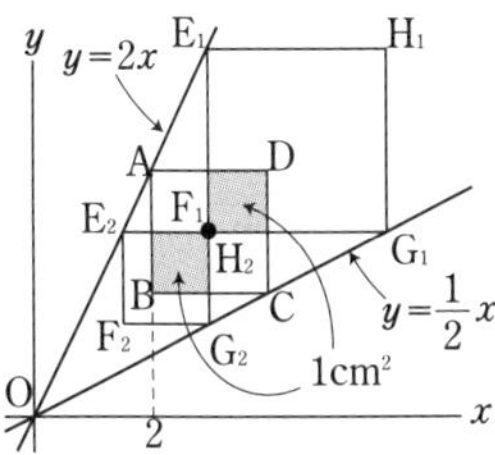

正方形 EFGH の候補は上の図のように，正方形 $E_1F_1G_1H_1$ と正方形 $E_2F_2G_2H_2$ の 2 つであり，点 F_1，H_2 は，正方形 ABCD の重心 (3, 3) に等しい。
点 E の x 座標が 2 より大きいとき，
点 E の x 座標は点 F_1 の x 座標に等しく，3
点 E の x 座標が 2 より小さいとき，
点 E の y 座標は，点 H_2 の y 座標に等しく，
3 であるから，その x 座標は，$\dfrac{3}{2}$

090 (1) $\boldsymbol{a=10}$　(2) $\boldsymbol{b=\dfrac{5}{8}}$

(3) **座標…$\left(6, \dfrac{15}{2}\right)$**　**面積…15**

解説 (1)

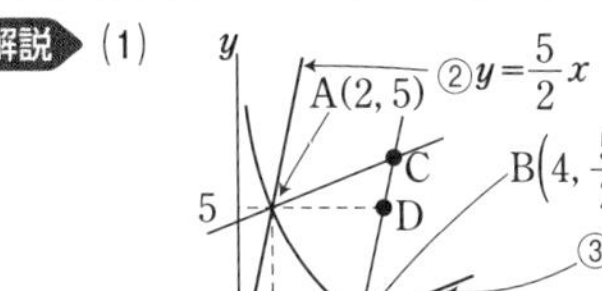

点 A は $y=\dfrac{5}{2}x$ 上の点だから，

$5=\dfrac{5}{2}x$　　$x=2$

$y=\dfrac{a}{x}$ は点 A(2, 5) を通るから，

$a=2\times5=10$

(2) 点 B は $y=\dfrac{10}{x}$ 上の点だから，

$y=\dfrac{10}{4}=\dfrac{5}{2}$

$y=bx$ は点 $\mathrm{B}\left(4,\ \dfrac{5}{2}\right)$ を通るから,

$b=\dfrac{\frac{5}{2}}{4}=\dfrac{5}{8}$

(3) 点 O から B への移動と, 点 A から C への移動は等しいから,

$\mathrm{C}\left(2+4,\ 5+\dfrac{5}{2}\right)$ よって, $\mathrm{C}\left(6,\ \dfrac{15}{2}\right)$

点 B を通り直線②と傾きが同じ直線と, 直線 $y=5$, x 軸との交点をそれぞれ D, E とおくと,

$\triangle\mathrm{ADC}=\triangle\mathrm{OEB}$

であるから, 求める面積は, ▱AOED の面積に等しい。

点 B を通り直線②と傾きが同じ直線の方程式は,

$y=\dfrac{5}{2}(x-4)+\dfrac{5}{2}$ より, $y=\dfrac{5}{2}x-\dfrac{15}{2}$

だから, E(3, 0)

よって, ▱AOED $=3\times5=15$

091 (1) $\boldsymbol{y=-\dfrac{1}{10}x+14}$ (2) **6 時間**

解説 (1) (イ)より, $y=px+q$ …①の関係が成り立つ。

(ア)より, $x=30$, $y=11$ なので,

①より, $11=30p+q$

$q=-30p+11$

①より, $y=px-30p+11$ …②

と表せる。

また, (ウ)より,

時速 40 km で走らせるとき,

走行時間は②より, $(y=)\,40p-30p+11$

└ $x=40$ を②へ代入

$=10p+11$

時速 100 km で走らせるとき,

走行時間は②より, $(y=)\,100p-30p+11$

└ $x=100$ を②へ代入

$=70p+11$

走行距離は xy で求まるので

$40(10p+11)=100(70p+11)$

└時速 40 km で走らせる場合の走行距離　└時速 100 km で走らせる場合の走行距離

$400p+440=7000p+1100$

$-6600p=660$

$p=-\dfrac{1}{10}$

②より, $y=-\dfrac{1}{10}x+14$

(2) $70a+98b=462$ …③

└時速 70 km で a 時間走らせた後, 時速 98 km で b 時間走らせたところ, 走行距離は 462 km

③÷14　$5a+7b=33$ …③′

また, (1)より, $y=-\dfrac{1}{10}x+14$ なので,

$x=70$ のとき $y=7$, $x=98$ のとき $y=\dfrac{21}{5}$

したがって, 時速 70 km で走ると 7 時間で, 時速 98 km で走ると $\dfrac{21}{5}$ 時間で燃料がなくなる。

スタート地点を A, 速度の切り替わる地点を B, ゴール地点を C とすると, 図のように表せる。

時速 70 km のとき,

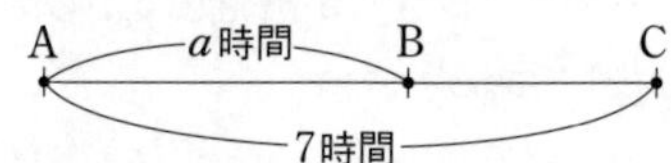

また, 時速 98km のとき,

A　B　b時間　C

$\dfrac{21}{5}$時間

燃料がなくなるまで走ったので,

$\dfrac{a}{7}+\dfrac{5}{21}b=1$ …④

└全体(=1)の走行距離のうち, $\dfrac{a}{7}$ は時速 70 km で走り, $\dfrac{5}{21}b$ は時速 98 km で走った

④×21　$3a+5b=21$ …④′

④′×5－③′×3　$4b=6$

$b=\dfrac{3}{2}$

④′より, $3a+\dfrac{15}{2}=21$

$a=\dfrac{9}{2}$

したがって, $(a+b)=\dfrac{9}{2}+\dfrac{3}{2}=6$ (時間)

得点アップ

1 次関数の文章問題は, まず y と x の関係式を $y=ax+b$ とおき, そこに問題文からわかる x や y の情報を代入していくことで求める。

092 (1) **7 時 7 分, 7 時 11 分**　(2) **7 時 1 分**

解説 (1) x 軸を7時からの時間(分)，y 軸をA駅からの距離を表すとすると，右の図のようになる。

$\dfrac{5+9}{2}=7$，$\dfrac{5+17}{2}=11$

よって，7時7分，7時11分

(2)

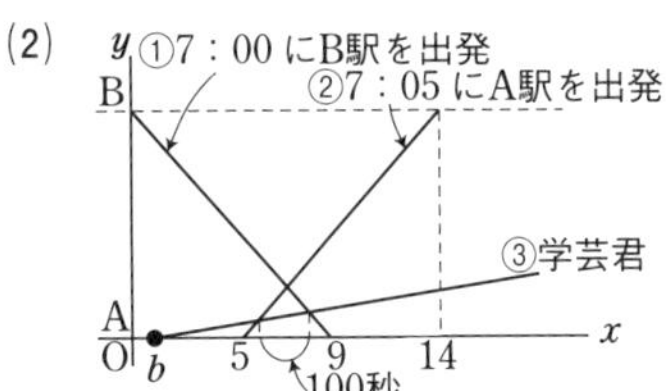

AB$=a$ とおく。

7：00にB駅を出発した列車は，

$y=-\dfrac{a}{9}x+a$ …①

7：05にA駅を出発した列車は，

$y=\dfrac{a}{9}x-\dfrac{5}{9}a$ …②

学芸君の速さは，距離 a に45分かかるので，7時 b 分にA駅を出発したとすると，

$y=\dfrac{a}{45}x-\dfrac{ab}{45}$ …③

①と③の交点の x 座標は，

$-\dfrac{a}{9}x+a=\dfrac{a}{45}x-\dfrac{ab}{45}$

$\dfrac{2}{15}ax=a+\dfrac{ab}{45}$

$a\neq0$ より，

$x=\dfrac{15}{2}\left(1+\dfrac{b}{45}\right)=\dfrac{15}{2}+\dfrac{b}{6}$ …④

②と③の交点の x 座標は，

$\dfrac{a}{9}x-\dfrac{5}{9}a=\dfrac{a}{45}x-\dfrac{ab}{45}$

$\dfrac{4}{45}ax=\dfrac{5}{9}a-\dfrac{ab}{45}$

$a\neq0$ より，$x=\dfrac{25}{4}-\dfrac{1}{4}b$ …⑤

④－⑤より，$\left(\dfrac{15}{2}+\dfrac{b}{6}\right)-\left(\dfrac{25}{4}-\dfrac{b}{4}\right)$

$=\dfrac{5}{4}+\dfrac{5}{12}b$

これが100秒$\left(=\dfrac{100}{60}\text{分}\right)$であるから，

$\dfrac{5}{4}+\dfrac{5}{12}b=\dfrac{5}{3}$　$b=1$

よって，学芸君がA駅を出発したのは，7時1分。

093 (1)

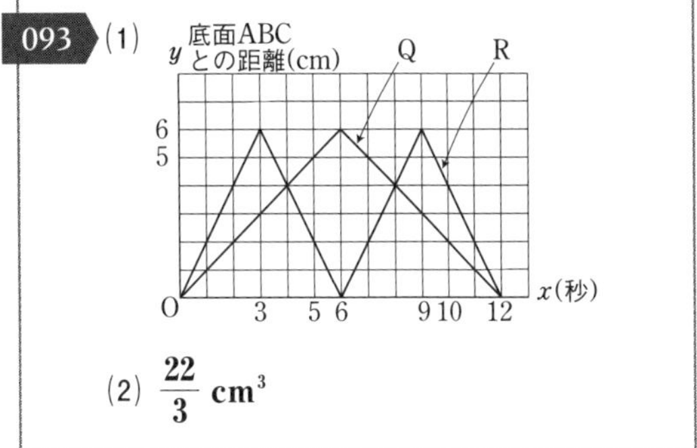

(2) $\dfrac{22}{3}$ **cm³**

解説 (1) 点Qについて，

$0\leqq x\leqq6$ のとき，$y=x$

$6\leqq x\leqq12$ のとき，$y=-x+12$

点Rについて，

$0\leqq x\leqq3$ のとき，$y=2x$

$3\leqq x\leqq6$ のとき，$y=-2x+12$

$6\leqq x\leqq9$ のとき，$y=2x-12$

$9\leqq x\leqq12$ のとき，$y=-2x+24$

(2) 5秒後の点Qと点Rの位置は，

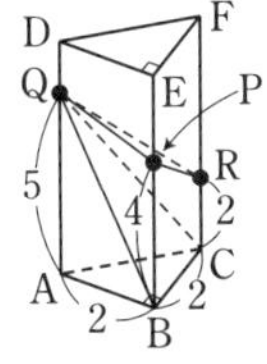

(1)より，

AQ$=5$(cm)，

CR$=-2\times5+12$

$=2$(cm)

五面体ABC－QPRを平面QBCで切り取って体積を考えると，求める体積は，

$\dfrac{1}{3}\times\left(\dfrac{1}{2}\times2\times2\right)\times5+\dfrac{1}{3}\times\left\{\dfrac{1}{2}\times(2+4)\times2\right\}\times2$

（$\dfrac{1}{2}\times2\times2$ … △ABC，$\dfrac{1}{2}\times(2+4)\times2$ … 台形PBCR）

$=\dfrac{10}{3}+4=\dfrac{22}{3}$ (cm³)

094 (1) ア…**20**　イ…**4000**

(2) $\dfrac{8}{5}$ **分後**

解説 (1) ア：図2より，水を入れ始めて6分後の水の高さは20 cmである。水そうの高さは40 cmなので，6分後から満水まで，高さ

$40-20=20$ (cm)

の分だけ水をいれたことになる。

イ：6分後から14分後までの8分間で，水の高さが20 cm上がっているので，毎分

$40\times40\times20\div8=4000$ (cm³)

（$40\times40\times20$ … 6分後から14分後までで入れた水の体積(cm³)）

だけ水が入れられていることがわかる。

(2) 図1，図2より，おもりPの高さは
$20\div2=10$ cm であることがわかる。
また，6分間で入れた水の体積は
$4000\times6=24000$ (cm^3)
水そう 20 cm までの体積は
$40\times40\times20=32000$ (cm^3)
おもり2個の体積は
$32000-24000=8000$ (cm^3)
おもり1個の体積は
$8000\div2=4000$ (cm^3)
おもり1個の高さは 10 cm なので，
底面積は $4000\div10=400$ (cm^2)
図3について，高さ 8 cm までの水の体積は，下図の灰色部分の体積と等しい。

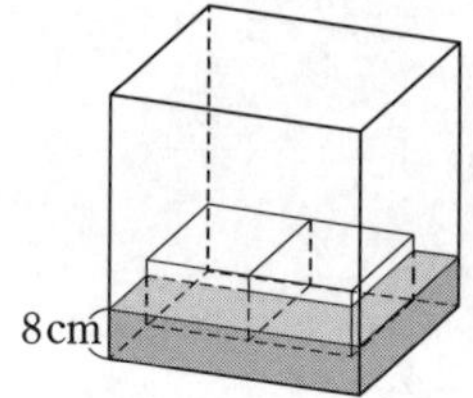

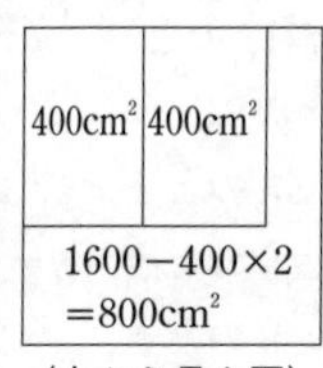

(上から見た図)

1分間に 4000 cm^3 の水を入れるので，8 cm の高さまで水を入れるのにかかる時間は，
$(1600-400\times2)\times8\div4000$
水そうの底面積－おもりの底面積×2　高さ
$=\dfrac{8}{5}$ (分後)

4 平面図形と平行

095 (1) ∠**PQB** と ∠**AQR**，
∠**PQA** と ∠**BQR**，
∠**QRC** と ∠**DRS**，
∠**QRD** と ∠**CRS**

(2) ∠**PQB** と ∠**QRD**，
∠**PQA** と ∠**QRC**，
∠**BQR** と ∠**DRS**，
∠**AQR** と ∠**CRS**

(3) ∠**BQR** と ∠**QRC**，
∠**AQR** と ∠**QRD**

096 (1) $\angle x=\mathbf{96^\circ}$
(2) $\angle x=\mathbf{116^\circ}$，$\angle y=\mathbf{64^\circ}$

解説 (1) $\angle x=180^\circ-(28^\circ+56^\circ)=96^\circ$
(2) $\angle y=42^\circ+(180^\circ-158^\circ)=64^\circ$
$\angle x=180^\circ-\angle y=180^\circ-64^\circ=116^\circ$

097 (1) $\angle x=\mathbf{130^\circ}$　(2) $\angle x=\mathbf{25^\circ}$

解説 (1)

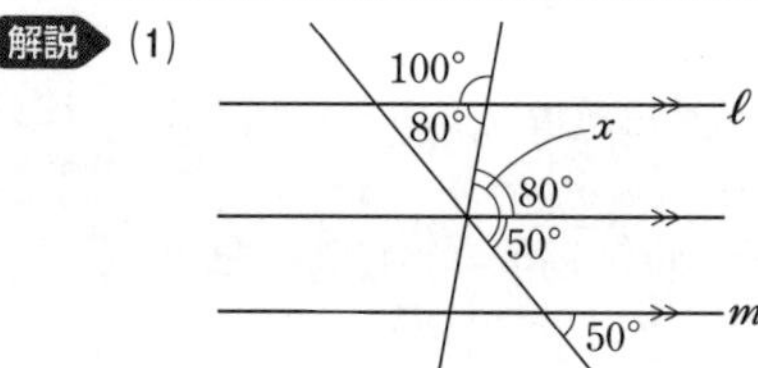

$\angle x=80^\circ+50^\circ=130^\circ$

(2) $\angle x+30^\circ=55^\circ$
$\angle x=25^\circ$

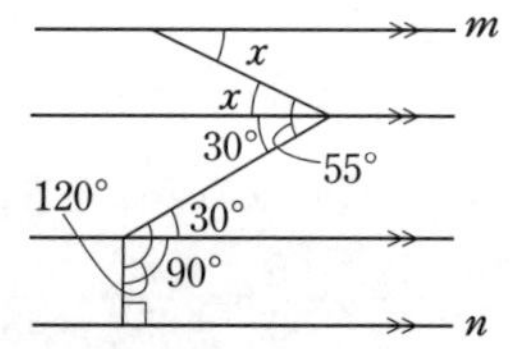

得点アップ

097 のように平行線の問題で補助線をひく問もあるので，101 〜 106 などを通してたくさん問題を解いて，いろんな問題に対応できる力をつけよう。

098 (1) 平行線の錯角は等しいので，

$\angle \mathbf{DAB} = \angle \mathbf{ABC}$

$\angle \mathbf{EAC} = \angle \mathbf{ACB}$

よって，△**ABC** の内角の和は，

$\angle \mathbf{BAC} + \angle \mathbf{ABC} + \angle \mathbf{ACB}$

$= \angle \mathbf{BAC} + \angle \mathbf{DAB} + \angle \mathbf{EAC}$

$= \mathbf{180^\circ}$

(2) 平行線の同位角は等しいので，

$\angle \mathbf{ABC} = \angle \mathbf{ECD}$

平行線の錯角は等しいので，

$\angle \mathbf{BAC} = \angle \mathbf{ACE}$

よって，

$\angle \mathbf{A} + \angle \mathbf{B}$

$= \angle \mathbf{ACE} + \angle \mathbf{ECD} = \angle \mathbf{ACD}$

また，△**ABC** の内角の和は，

$\angle \mathbf{BAC} + \angle \mathbf{ABC} + \angle \mathbf{BCA}$

$= \angle \mathbf{ACE} + \angle \mathbf{ECD} + \angle \mathbf{BCA}$

$= \mathbf{180^\circ}$

(3) **180°**

(4) **360°**

099 (1) ㋑　(2) ㋒　(3) ㋐

(4) ㋒　(5) ㋐　(6) ㋑

解説 残りの内角の大きさを求めて判断する。

(1) 45°　(2) 15°　(3) 60°

(4) 143°　(5) 42°　(6) 90°

100 (1) $\angle \boldsymbol{x} = \mathbf{35^\circ}$　(2) $\angle \boldsymbol{x} = \mathbf{80^\circ}$

(3) $\angle \mathbf{A} = \mathbf{36^\circ}$　(4) $\angle \mathbf{BDF} = \mathbf{98^\circ}$

解説 (1) $\angle x + 70^\circ = 105^\circ$ より，$\angle x = 35^\circ$

(2) △EAC は AE＝CE の二等辺三角形だから，

$\angle EAC = \angle ECA = 65^\circ$

よって，$\angle AEC = 180^\circ - 65^\circ \times 2 = 50^\circ$

対頂角は等しいから，$\angle DEB = 50^\circ$

△BDEはDB＝EBの二等辺三角形だから，

$\angle BDE = \angle BED = 50^\circ$

よって，△BDEにおいて，

$\angle x = 180^\circ - 50^\circ \times 2 = 80^\circ$

(3) △ADC は DA＝DC の二等辺三角形より，

$\angle DCA = \angle A$

二等辺三角形 △CDB において，

$\angle CDB = \angle A + \angle A = 2\angle A = \angle CBD$

└三角形の 1 つの外角は，隣り合わない 2 つの内角の和に等しい

△ABCにおいて，

$\angle A + 2\angle A + 2\angle A = 180^\circ$ より，

$\angle A = 36^\circ$

(4) $\angle BDF = 180^\circ - \angle FDA$

$= 180^\circ - 2\angle ADE$ …①

$\angle DAE = 72^\circ$,

$\angle AED = 67^\circ$(平行線の同位角)より，

$\angle ADE = 180^\circ - (72^\circ + 67^\circ) = 41^\circ$

①より，$\angle BDF = 180^\circ - 2 \times 41^\circ = 98^\circ$

101 (1) $\angle \mathbf{ECD} = \mathbf{55^\circ}$　(2) $\angle \mathbf{ABE} = \mathbf{33^\circ}$

(3) $\angle \mathbf{ADF} = \mathbf{74^\circ}$　(4) $\angle \mathbf{CED} = \mathbf{117^\circ}$

解説 (1) △EBC は EB＝EC の二等辺三角形だから，

$\angle EBC = \angle ECB = (180^\circ - 80^\circ) \div 2 = 50^\circ$

AB∥DC，AD∥BC より，

$\angle DAB = \angle DCB$

$\angle DCB = 105^\circ = \angle ECD + 50^\circ$

よって，$\angle ECD = 55^\circ$

(2) AB∥DC，AD∥BC より，

$\angle DCB = \angle BAD = 98^\circ$

$\angle ADC = \angle ABC = 180^\circ - 98^\circ = 82^\circ$

△CDE は DE＝DC の二等辺三角形だから，

$\angle DCE = \angle DEC = (180^\circ - 82^\circ) \div 2 = 49^\circ$

△EBC は EB＝EC の二等辺三角形だから，

$\angle EBC = \angle ECB = \angle DCB - \angle DCE$

$= 98^\circ - 49^\circ = 49^\circ$

よって，$\angle ABE = \angle ABC - \angle EBC$

$= 82^\circ - 49^\circ = 33^\circ$

(3)

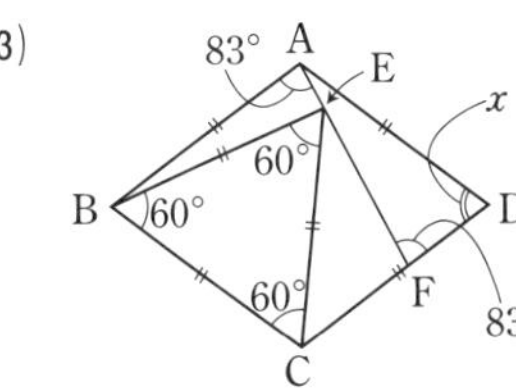

AB∥DC より，

$\angle EAB = \angle EFD$ (錯角)

△ABE は，BA＝BE の二等辺三角形だから，

$\angle BAE = \angle BEA = 83^\circ$

$\angle ABE = 180^\circ - 83^\circ \times 2 = 14^\circ$

$\angle ADF = \angle ABC = 14^\circ + 60^\circ = 74^\circ$

(4) $\angle CDE = x$，$\angle DCE = y$とおくと，
条件より，
$\angle ADE = 2x$，$\angle BCE = 2y$
$\angle CED = 180° - (x + y)$ …①
ここで，四角形ABCDにおいて，
$100° + 71° + 3x + 3y = 360°$
$3(x + y) = 189°$
$x + y = 63°$
①より，$\angle CED = 180° - 63° = 117°$

102 (1) $\angle \boldsymbol{x} = \mathbf{36°}$　(2) $\angle \mathbf{BAD} = \mathbf{81°}$
(3) $\angle \boldsymbol{x} = \mathbf{99°}$　(4) $\angle \mathbf{ADB} = \mathbf{85°}$
(5) $\angle \mathbf{AEB} = \mathbf{56°}$　(6) $\angle \mathbf{FDC} = \mathbf{42°}$

解説 (1) $\angle ABE = \angle EBD = \angle CBD = \angle x$ より，
$\angle x = \dfrac{(5-2) \times 180°}{5} \times \dfrac{1}{3} = 36°$

(2) $\angle CBD = x$，$\angle CDB = y$ とおくと，
$\angle ABD = 3x$，$\angle ADB = 3y$
△BCDにおいて，
$x + y = 180° - 147° = 33°$
△ABDにおいて，
$\angle BAD = 180° - 3(x + y)$
$= 180° - 3 \times 33° = 81°$

(3) $\angle x = 29° + 56° + 14° = 99°$

(4) $\angle ABC = \angle ACB = (180° - 70°) \div 2$
$= 55°$
$\angle ADB = \angle DBC + \angle BCD = 30° + 55°$
$= 85°$

(5) AD∥BCより，$\angle ADB = \angle DBC$
$= 34°$
$\angle DAC = \angle DCA = \{180° - (34° + 102°)\} \div 2$
$= 22°$
$\angle AEB = \angle DEC = 180° - (102° + 22°)$
$= 56°$

(6) $\angle ABE = \angle AEB = 74°$
$\angle BAE = 180° - 74° \times 2 = 32°$
AB∥DC，AD∥BCより，
$\angle ABC = \angle ADC = 74°$，
$\angle DAB = \angle DCB = 106°$
よって，$\angle DAF = \angle DFA = 106° - 32°$
$= 74°$
したがって，$\angle ADF = 32°$だから，
$\angle FDC = 74° - 32° = 42°$

103 (1) $\angle \boldsymbol{x} = \mathbf{76°}$　(2) $\angle \boldsymbol{x} = \mathbf{40°}$
(3) $\angle \boldsymbol{x} = \mathbf{14°}$　(4) $\angle \boldsymbol{x} = \mathbf{95°}$
(5) $\angle \mathbf{DAE} = \mathbf{70°}$　(6) $\angle \boldsymbol{x} = \mathbf{55°}$

解説 (1) EB∥DC，条件より，
$\angle ECD = \angle ECB = 52°$
よって，$\angle DCB = 52° \times 2 = 104°$
AB∥CD，AD∥BCより，
$\angle x = 180° - 104° = 76°$

(2) 点Eを通り，辺AD，BCに平行な直線をひき，
辺CDとの交点をFとおくと，
$\angle ADE = \angle ADF - 45° = 60° - 45° = 15°$
よって，$\angle DEF = 15°$
また，$\angle FEC = 25°$だから，
$\angle x = 15° + 25° = 40°$

(3) 下の図のように補助線をひく。

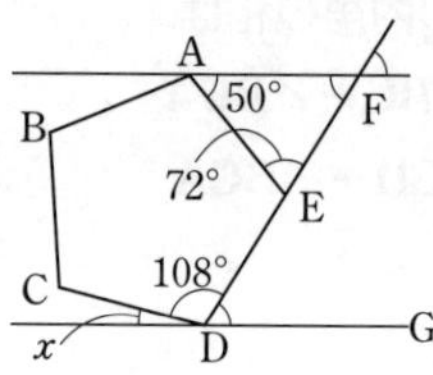

$\angle AFE = 180° - (50° + 72°) = 58°$
よって，$\angle EDG = 58°$
したがって，
$\angle x = 180° - (108° + 58°) = 14°$

(4)

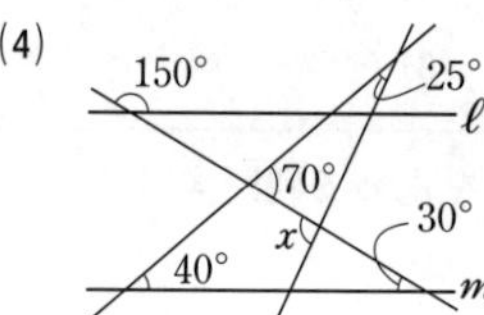

$\angle x = 70° + 25° = 95°$

(5)

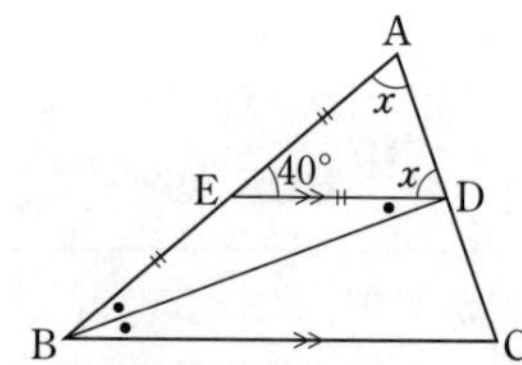

$\angle ABC = 40°$だから，
$\angle EBD = \angle DBC = 20°$
ED∥BCより，
$\angle EDB = \angle DBC = 20°$
よって，△EBDはEB＝EDの二等辺三角形だから，AE＝EB＝EDとなり，
△AEDも二等辺三角形であることがわかる。
$\angle x = (180° - 40°) \div 2 = 70°$

(6) 右の図のように補助線をひく。

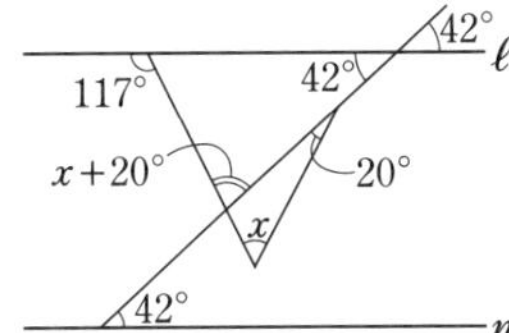

$(\angle x+20°)+42°=117°$

$\angle x=55°$

104 (1) $\angle$**EDG=115°**　(2) $\angle \boldsymbol{x}$**=105°**
(3) $\angle \boldsymbol{x}$**=132°**　(4) $\angle \boldsymbol{x}$**=18°**
(5) **180°**

解説 (1) 五角形の外角の和は 360° であるから,

$60°+(180°-130°)+(180°-90°)$
$+\angle EDG+(180°-135°)=360°$

より, $\angle EDG=115°$

(2) 五角形の外角の和は 360° であるから,

$80°+75°+70°+(180°-\angle x)+60°=360°$

より, $\angle x=105°$

(3) 五角形の 1 つの内角は 108°, 正六角形の 1 つの内角は 120°であるから,

$\angle x=360°-(108°+120°)=132°$

(4) △EADにおいて, $\angle EDA=\angle EAD=\angle x$

$\angle DEC=\angle EDA+\angle EAD$
$=\angle x+\angle x=2\angle x$

△DCE において

$\angle DCE=\angle DEC=2\angle x$

△ADC において,

$\angle CDB=\angle DAC+\angle DCA$
$=\angle x+2\angle x=3\angle x$

よって, △BCD において,

$\angle DBC=\angle CDB=3\angle x$

△ABC の内角の和は 180° だから,

$\angle x+3\angle x+108°=180°$

より, $\angle x=18°$

(5)

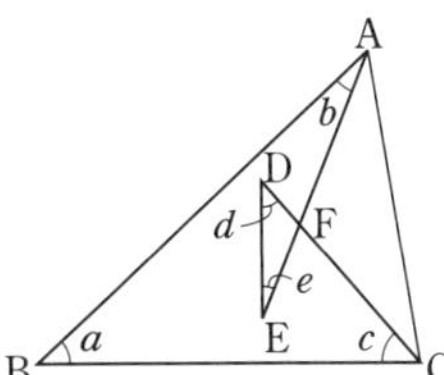

上の図のように補助線をひいて考えると,

△DEF において,

$d+e=\angle DFA$

△AFC において,

$\angle FAC+\angle FCA=\angle DFA$

したがって, $\angle FAC+\angle FCA=d+e$

ゆえに, $a+b+c+d+e$ は, 三角形の内角の和に等しい。

105 **40°**

解説

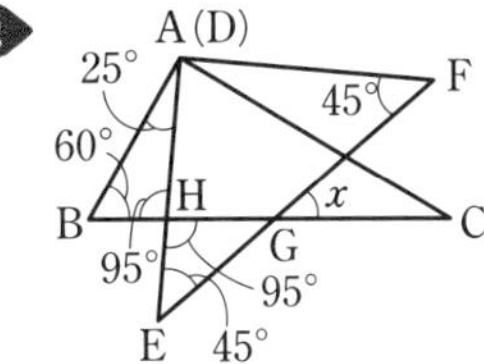

辺 AE と辺 BC の交点を H とする。

△ABH より,

$\angle AHB=180°-\angle BAH-\angle ABH$
$=180°-25°-60°$
$=95°$

$\angle EHG$ と $\angle AHB$ は対頂角より,

$\angle EHG=\angle AHB=95°$

△DEF は, 1 つの角が 45° の直角三角形なので,

$\angle DEF=\angle DFE=45°$

△HEG より,

$\angle HGE=180°-\angle EHG-\angle HEG$
$=180°-\angle EHG-\angle DEF$
$=180°-95°-45°$
$=40°$

$\angle CGF$ と $\angle HGE$ は対頂角より,

$\angle CGF(=\angle x)=\angle HGE=40°$

106 (1) $\angle$**CEF=105°**
(2) $\angle \boldsymbol{x}+\angle \boldsymbol{y}$**=260°**
(3) $\angle$**BDC=28°**　(4) $\angle$**BCD=118°**

解説 (1) 条件より, AB=AC, AB=AD より,

AC=AD

$\angle CAD=90°-60°=30°$

△ACDは二等辺三角形であるから,

$\angle ACD=\angle ADC=(180°-30°)\div 2=75°$

EF // CDより

$\angle CEF=180°-\angle ECD=180°-75°$
$=105°$

(2)

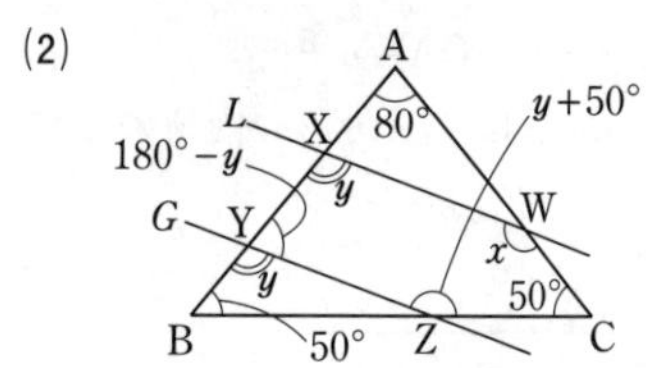

上の図のように，五角形 XYZCW を考える。

$\angle B=\angle C=(180°-80°)\div 2=50°$

L // G より，$\angle YXW=\angle y$

$\angle XYZ=180°-\angle y$

△YBZ において，

$\angle YZC=\angle y+50°$

五角形の内角の和は，$180°\times(5-2)=540°$

であるから，

$\angle x+\angle y+(180°-\angle y)+(\angle y+50°)+50°$
$=540°$

$\angle x+\angle y=540°-280°=260°$

(3)

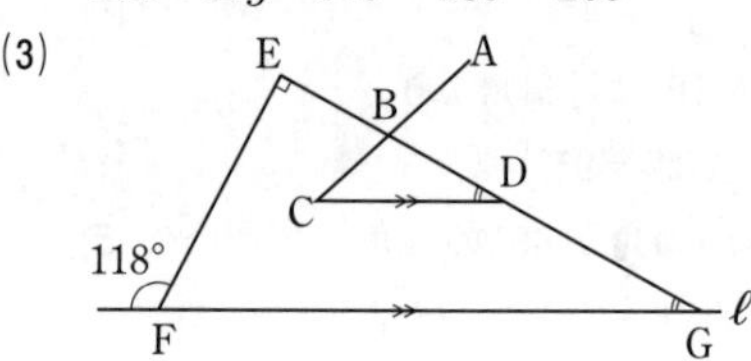

上の図のように直線 ED をひき，直線 ℓ との交点を G とおくと，CD // ℓ より，

$\angle BDC=\angle DGF$

△EFG において，

$90°+\angle DGF=118°$

$\angle BDC=\angle DGF=28°$

(4) $\angle BCD=\angle BAD$

$\angle AHE=180°-69°=111°$

四角形ABEHにおいて，

$\angle BAD+41°+90°+111°=360°$

$\angle BAD=118°$

得点アップ

平面図形において，以下の図形の基本性質は，必ず押さえておく。

・対頂角は等しい。
$\angle a=\angle b$

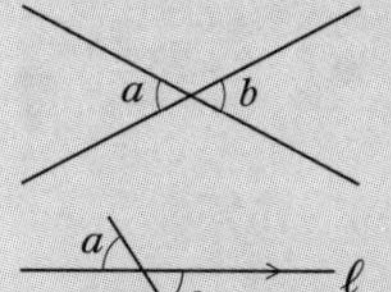

・$\ell /\!/ m$ のとき，
・同位角は等しい。
$\angle a=\angle b$

・錯角は等しい。$\angle b=\angle c$

逆に，同位角，錯角が等しければ，その2直線は平行である。

・いろいろな多角形の内角の和
n 角形の内角の和は，$180°\times(n-2)$

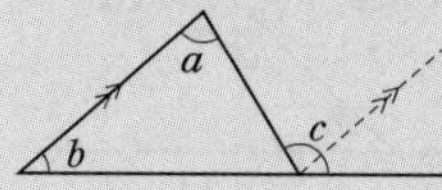

・三角形の1つの外角は，それと隣り合わない2つの内角の和に等しい。
$\angle c=\angle a+\angle b$

・次も知っておくと便利でしょう。
下の図において，

$\angle x=\angle a+\angle b+\angle c$ …㋐

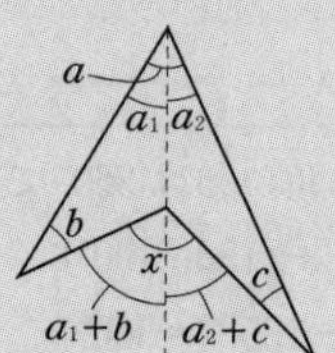

下の図において，

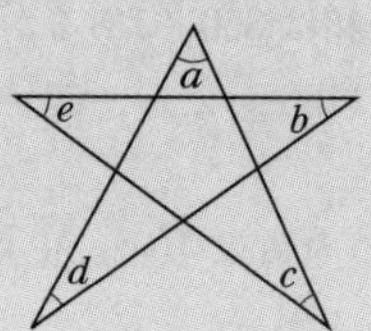

$\angle a+\angle b+\angle c+\angle d+\angle e=180°$

㋐を用いれば簡単に証明できる。

107 123°

解説 $\angle ABD=\angle CBD=a°$
$\angle ACD=\angle BCD=b°$ とおくと，

$\angle ABC+\angle ACB$
$=2a+2b=180°-66°=114°$ …①

①より，$a+b=57°$

$\angle x=180°-(\angle CBD+\angle BCD)$
$=180°-(a+b)$
$=180°-57°$
$=123°$

得点アップ

【別解】

$\angle ABC+\angle ACB=180°-66°=114°$
└○○●●の角度の和　└△ABC の内角の和

$\angle DBC+\angle DCB=114°\div 2=57°$
└○●の角度の和

よって，$\angle x=180°-57°=123°$
└△DBC の内角の和

○$=a$，●$=b$ とおくと，

$a+b$ と $2a+2b$（$=2(a+b)$）として解けるが，○＋●で1セット，○○＋●●で2セットと考え，セットの角度はいくらかを考えると，文字を使用しないで解くことができる。

108 90°

解説 右の図のように，点OとO′を直線で結ぶ。

おうぎ形の半径であるから，

　OA＝OO′　…①

折り返したから，

　OA＝O′A　…②

　∠AOC＝∠AO′C＝105°

①，②より，

OA＝OO′＝O′A となり，△OO′A は正三角形であるから，

　∠AOO′＝∠AO′O＝60°

よって，

　∠COO′＝∠CO′O＝105°－60°＝45°

したがって，

　∠O′CB＝45°＋45°＝90°

　　　　└外角の定理

得点アップ

おうぎ形の折り返しの問題では，補助線の引き方がポイント。基本的に補助線は，線と交差しないように引くが，この問題では交差して引く。

また，正三角形ができることも覚えておこう。

109 70°

解説

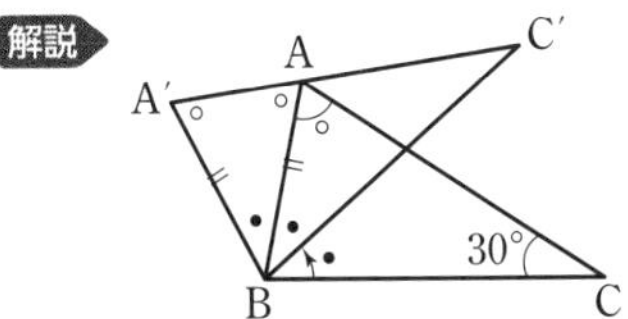

回転角を $x°$ とすると，

　∠CBC′＝∠ABA′＝∠ABC′＝$x°$

　　└∠ABC の半分の大きさだけ回転させた

求める ∠BAC を $y°$ とすると，

　∠BAC＝∠AA′B＝∠A′AB＝$y°$

　　└△BAA′ は BA＝BA′ の二等辺三角形

△ABC の内角の和は，$2x+y+30°=180°$　…①

△BAA′ の内角の和は，$x+2y=180°$　…②，

①，②より，

　$x=40°$，$y=70°$

110 25 cm²

解説

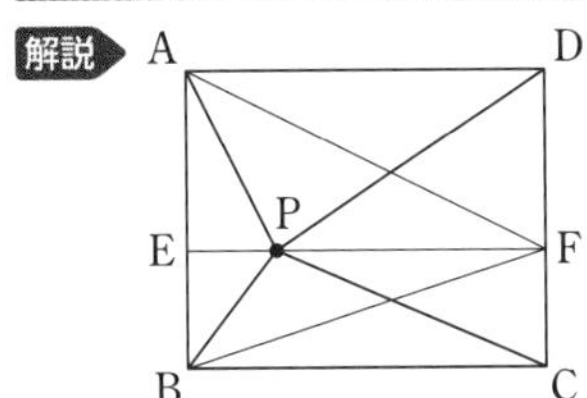

上の図のように，辺 AD に平行で，点 P を通る直線と，辺 AB，DC との交点を E，F とする。

等積変形により，

△PDA＝△FAD，△PBC＝△FBC だから，

△PDA＋△PBC＝△FAD＋△FBC

　　　　　　＝△ACD

　　　　　　＝$\frac{1}{2}$×（長方形 ABCD）だから，

（長方形 ABCD）＝2×（22＋11）＝66（cm²）

また，△PAB＋△PCD は，（長方形 ABCD）の半分だから，△PCD＝$\frac{1}{2}$×66－8＝25（cm²）

　△PAB＋△PCD┘　　└△PAB

得点アップ

【別解】

等積変形を使わずに求める方法を紹介する。

右の図のように，辺 AB に平行で点 P を通る直線 EF と，辺 AD に平行で点 P を通る直線 GH を引く。

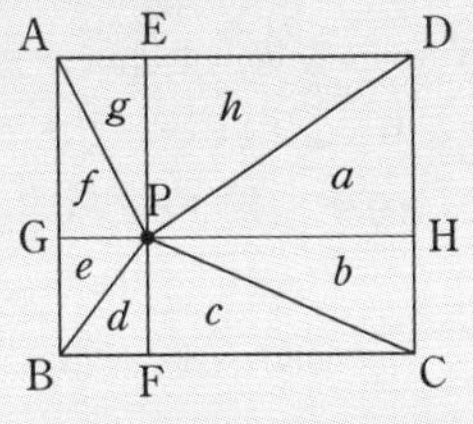

それにより，できた四角形 AGPE，BFPG，CHPF，DEPH はそれぞれ長方形である。

また，そのときにできた三角形をそれぞれ，図のように，a，b，c，d，e，f，g，h とおく。

長方形は1本の対角線で面積を2等分するから，

　$a=h$，$b=c$，$d=e$，$f=g$ となる。

よって，

　△PCD＝$(a+b)=(c+h)$

　　　　$=\{(c+d)+(e+f)+(g+h)\}$

$$
\begin{aligned}
&-\{(d+e)+(f+g)\}\\
&=\{(c+d)+(e+f)+(g+h)\}\\
&\quad-\{(\underset{\uparrow d=e\text{ より}}{e}+e)+(f+\underset{\uparrow g=f\text{ より}}{f})\}\\
&=\{(c+d)+(e+f)+(g+h)\}\\
&\quad-\underbrace{\{(e+f)+(e+f)\}}_{\text{加法の結合法則}}\\
&=(c+d)+(g+h)-(e+f)\\
&=\triangle \mathrm{PBC}+\triangle \mathrm{PAD}-\triangle \mathrm{PAB}\\
&=11+22-8\\
&=25(\mathrm{cm}^2)
\end{aligned}
$$

111 **95°**

解説 $\angle \mathrm{BEC}=x(°)$, $\angle \mathrm{ECF}=y(°)$ とおく。まず，条件から自動的にわかる角度は右の図１のようになる。

図１

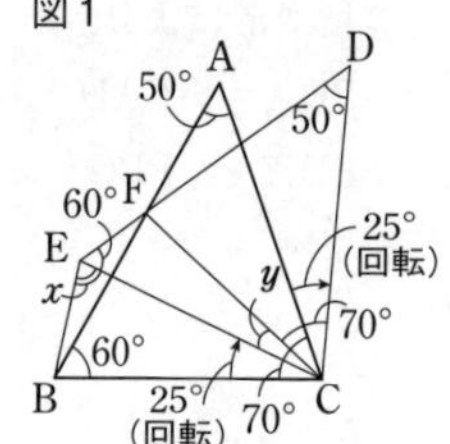

次に，図２にあるように，△EBC は頂角が 25° の二等辺三角形である。

図２

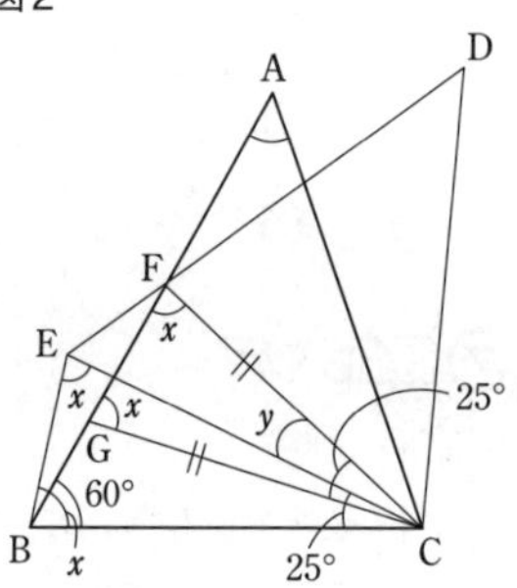

辺 AB 上に CF＝CG となる点 G をとる。線分 CG が C を中心に 25° 回転すると線分 CF に重なるので，△CFG は頂角が 25° の二等辺三角形となり，$\angle \mathrm{BFC}=x$ である。

$$
\begin{aligned}
x+y&=\angle \mathrm{BFC}+\angle \mathrm{ECF}\\
&=180°-\angle \mathrm{FBC}-\angle \mathrm{BCE}\\
&=180°-60°-25°\\
&=95°
\end{aligned}
$$

5 図形の合同

112 **四角形 ABCD≡ 四角形 GHEF,**
△ABC≡△DFE

113
- **AB＝DE, BC＝EF, CA＝FD**
- **AB＝DE, AC＝DF, ∠BAC＝∠EDF**
- **AB＝DE, BC＝EF, ∠ABC＝∠DEF**
- **CA＝FD, CB＝FE, ∠ACB＝∠DFE**
- **AB＝DE, ∠CAB＝∠FDE, ∠CBA＝∠FED**
- **BC＝EF, ∠ABC＝∠DEF, ∠ACB＝∠DFE**
- **AC＝DF, ∠BAC＝∠EDF, ∠BCA＝∠EFD**

114 [証明] △OAB と △OCD において，
（どの三角形において証明するかをかく）

仮定より，AB＝CD …①
（根拠をかく）

平行線の錯角は等しいから，

∠OAB＝∠OCD …②

∠OBA＝∠ODC …③

①，②，③より，1 組の辺とその両端の角がそれぞれ等しいので，

△OAB≡△OCD ←結論をかく

得点アップ

図形の合同の証明では，根拠のない等式は証明として不十分なので，大幅減点となったり，0 点となってしまうので，注意をする。

また，結論もしっかりとかこう。

115 (1) [証明] △ABM と △ACM において，

条件より，AB＝AC …①

点Mは，辺BCの中点だから，
BM＝CM …②
AMは共通 …③
①〜③より，3組の辺がそれぞれ等しいので，
△ABM≡△ACM

(2) ① **AMC**　② **180**

116 (1) **∠BFC＝93°**

(2) [証明] △EDCと△ABCにおいて，
仮定より，
ED＝AB，EC＝AC，DC＝BC
3組の辺がそれぞれ等しいから，
△EDC≡△ABC
対応する角の大きさは等しいから，
∠ECD＝∠ACB …①
また，△ABCはAB＝ACの二等辺三角形だから，底角は等しい。
よって，**∠ABC＝∠ACB** …②
同様に，△CDBはCD＝CBの二等辺三角形だから，底角は等しい。
よって，**∠CDB＝∠CBD** …③
①〜③より，**∠ECD＝∠CDB**
よって，錯角が等しいから，
AB∥EC
ここで，△CEAと△ABCにおいて，
AC＝CA(共通) …④
仮定より，**CE＝AB** …⑤
AB∥ECであることが示されたから，
∠ACE＝∠CAB
(平行線の錯角は等しい) …⑥
④〜⑥より，2組の辺とその間の角がそれぞれ等しいから，
△CEA≡△ABC

解説 (1) 2組の辺とその間の角がそれぞれ等しいので，△ABE≡△ACDが成り立つから，
∠ABE＝∠ACD＝25°
△ABEにおいて，
∠BEC＝∠EAB＋∠ABE＝43°＋25°＝68°
△CEFにおいて，
∠BFC＝∠FEC＋∠ECF＝68°＋25°＝93°

117 (ア)…**CA**　(イ)…**CAD**

解説 図をかく。

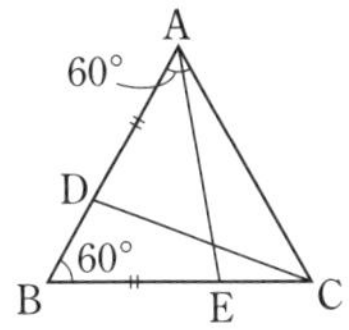

118 (ア) **AB＝BC**
(イ) **∠ABD＝∠BCE**
(ウ) **∠BAD＝∠CBE**
(エ) **1組の辺とその両端の角**

119 [証明] △GFBと△IEDにおいて，
仮定より，**BF＝DE** …①
∠FBG＝180°−∠GBC
＝180°−90°＝90°
∠EDI＝180°−∠EDC
＝180°−90°＝90°
よって，**∠FBG＝∠EDI＝90°** …②
また，AD∥FCより，平行線の同位角は等しいから，
∠GFB＝∠IED …③
①〜③より，1組の辺とその両端の角がそれぞれ等しいから，
△GFB≡△IED

120 (1) ひし形ならば2つの対角線は直交する。
仮定…ひし形
結論…2つの対角線は直交する

(2) 二等辺三角形ならば頂角の二等分線は底辺を垂直に2等分する。
仮定…二等辺三角形
結論…頂角の二等分線は底辺を垂直に2等分する

(3) 2 数が奇数と偶数ならば，その積は偶数である。
仮定…2 数が奇数と偶数である
結論…積は偶数である

121 (1) ① 「2 辺の長さが等しく，その間の角が 90° である三角形」
または，「3 つの角のうち，2 つの角の大きさがそれぞれ 45° である三角形」でもよい。
② 「3 つの内角のうち，1 つの内角が 90° より大きい三角形」
③ 「すべての辺の長さが等しく，すべての内角の大きさが等しい多角形」

(2) ① 定理 ② 定理 ③ 定義
④ 定理 ⑤ 定理 ⑥ 定理
⑦ 定理 ⑧ 定理 ⑨ 定理
⑩ 定理

解説 二等辺三角形と正三角形の定義。
二等辺三角形：2 辺の長さが等しい三角形を二等辺三角形という。
正三角形：3 辺の長さが等しい三角形を正三角形という。

122 (1) ㋑ (2) ㋕

解説 穴うめでなくても，証明できるようにしておこう。問題に図がない場合は，必ず図をかこう。

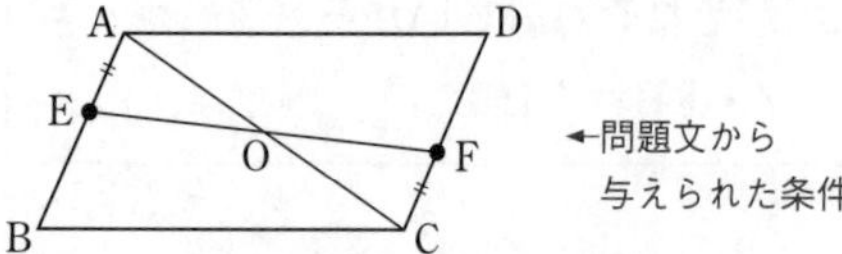

123 [証明] △ACP と △AQP において，
仮定より，PC＝PQ …①
円の中心 A から円上の点までの距離は等しいから，
AC＝AQ …②
AP は共通 …③
①～③より，3 組の辺の長さがそれぞれ等しいから，
△ACP≡△AQP

124 [証明] 仮定より，四角形 ABCD，AEFG は正方形であるから，
AG＝AE …①
AD＝AB …②
∠GAD＝∠GAE－∠DAE
＝90°－∠DAE
∠EAB＝∠DAB－∠DAE
＝90°－∠DAE
であるから，∠GAD＝∠EAB …③
①～③より，2 組の辺とその間の角がそれぞれ等しいので，
△GDA≡△EBA

125 (1) [証明] ∠PBC＝x とおくと，
∠PAB＝$2x$，∠ABP＝90°－x
とおける。
△ABP において，内角の和は 180° であるから，
∠APB＝180°－(∠PAB＋∠ABP)
＝180°－($2x$＋90°－x)
＝90°－x
よって，∠ABP＝∠APB
したがって，△ABP は二等辺三角形である。
よって，AB＝AP

(2) ∠PBC＝22.5°
(3) ∠PDC＝30°

解説 (2) (1)より，点 P は A を中心とする半径 AB のおうぎ形の弧の上を動く。よって，点 P が線分 AC 上にあるときに線分 CP の長さが最小となる。

(3) (1)より，AB＝AP
四角形 ABCD は正方形より，AB＝AD
よって，AP＝AD …①
さらに，∠PBC＝15°より，∠BAP＝30°だから，
∠PAD＝60° …②
①，②から，△PAD は正三角形であることがわかる。
よって，∠PDA＝60°

したがって，$\angle PDC=90^\circ-60^\circ=30^\circ$

126 ［証明］ △APB と △AQB において，
仮定より，AP＝AQ，BP＝BQ，
AB は共通
よって，3 組の辺がそれぞれ等しいので，
△APB≡△AQB
よって，対応する角は等しいから，
∠PAB＝∠QAB
線分 AB は二等辺三角形 APQ の頂角の二等分線であるから，底辺を垂直に 2 等分する。
すなわち，直線 PQ は線分 AB の垂線である。

127 ［証明］ △ABIと△GFHにおいて，
仮定より，
∠AIB＝∠GHF＝90°　…①
四角形 ABCD と四角形 EBFG は合同な長方形であるから，
AB＝GF　…②
また，∠ABI＝180°−(90°＋∠AFB)
＝90°−∠AFB
∠GFH＝∠GFB−∠AFB
＝90°−∠AFB
したがって，∠ABI＝∠GFH　…③
①〜③より，直角三角形の斜辺と 1 つの鋭角がそれぞれ等しいので，
△ABI≡△GFH

128 (1) ［証明］ △OAD と △OAF において，
円の接線は接点を通る半径に垂直だから，
∠ODA＝∠OFA＝90°　…①
OA は共通　…②
OD＝OF（円の半径）　…③
①〜③より，直角三角形において，斜辺と他の 1 辺がそれぞれ等しいから，
△OAD≡△OAF
したがって，対応する辺の長さは等しいから，
AD＝AF
(2) 14 cm

解説 (2) (1)より，円外の 1 点からひいた接線の接点までの長さは等しいから，
AF＝AD＝4 (cm)
BE＝BD＝13−4＝9 (cm)
CE＝CF＝9−4＝5 (cm)
よって，BC＝BE＋CE＝9＋5＝14 (cm)

129 (1) ① ∠ADC＝25°
② ［証明］ △ACO と △BCO において，
接線は接点を通る半径に垂直なので，
∠CAO＝∠CBO＝90°　…㋐
OA＝OB（円 O の半径）　…㋑
OCは共通　…㋒
㋐〜㋒より，直角三角形の斜辺と他の 1 辺が等しいので，
△ACO≡△BCO
したがって，対応する角は等しいから，
∠ACO＝∠BCO
(2) ［証明］ △ABH と △ACH において，
仮定より，AB＝AC　…①
AH は共通　…②
AH⊥BC より，
∠AHB＝∠AHC＝90°　…③
①〜③より，直角三角形の斜辺と他の 1 辺がそれぞれ等しいから，
△ABH≡△ACH
対応する辺の長さは等しいから，
BH＝CH

130 方法…辺 AB と辺 BC の垂直二等分線の交点を O とおけばよい。
（辺 BC と辺 CA，辺 AB と辺 AC でもよい。）

理由…辺ABの垂直二等分線上の点Pは，AP＝BPをみたし，辺BCの垂直二等分線上の点Qは，BQ＝CQをみたすので，その交点をOとすれば，その点Oは点PとQが一致する点だから，AO＝BO＝COとなる。

∠AOB＝∠BOC＝∠COAであるとき，

説明…∠AOB＝∠BOC＝∠COA
＝360°÷3＝120°で，
AO＝BO＝COであるから，2組の辺とその間がそれぞれ等しいから，
△AOB≡△BOC≡△COA
この各三角形は二等辺三角形だから各底角は，
(180°−120°)÷2＝30°
よって，△ABCの内角はすべて30°×2＝60°となり，正三角形である。

131 (1) [証明] ∠XOYの二等分線ℓ上の任意の点をP，点Pから半直線OX，OY上にひいた垂線の足をそれぞれA，Bとおくと，△POAと△POBにおいて，
仮定により，∠POA＝∠POB …①
POは共通 …②
∠PAO＝∠PBO＝90° …③
①〜③より，直角三角形の斜辺と1つの鋭角がそれぞれ等しいから，
△POA≡△POB
対応する辺は等しいから，PA＝PB
よって，∠XOYの二等分線ℓ上の任意の点Pに対してPA＝PBが成り立つから，角の二等分線上の点は，その角をつくる2辺から等距離にあることが示せた。

(2) [証明] ∠XOYの内部にあって，角をつくる2辺から等距離にある任意の点をPとおくと，
△POAと△POBにおいて，
仮定により，PA＝PB …①
POは共通 …②
∠PAO＝∠PBO＝90° …③
①〜③より，直角三角形の斜辺と他の1辺がそれぞれ等しいから，
△POA≡△POB
対応する角は等しいから，
∠POA＝∠POB
よって，∠XOYの内部にあって，∠XOYの2辺OXとOYから等距離にある任意の点Pに対して，∠POA＝∠POBが成り立つから，点Pは∠XOYの二等分線上にあることが示せた。

132 (1) ㋐，㋑，㋓，㋔　(2) ㋐，㋒
(3) ① ×　② ○

解説 (1) ㋐ 2組の対辺がそれぞれ等しいので，平行四辺形になる。

㋑ 対角線の交点が対角線を2等分しているので，平行四辺形になる。

㋒ 次のような等脚台形は条件をみたす。平行四辺形ではない例があるので，いつでも平行四辺形になるとはいえない。

㋓ △OABと△OCDにおいて，
AB∥DCより，∠BAO＝∠DCO (錯角)
∠AOB＝∠COD (対頂角)
仮定より，OA＝OC
1組の辺とその両端の角が等しいので，
△OAB≡△OCD
対応する辺は等しいから，OB＝OD
よって，㋑と同じことになる。

㋔ ∠ABC＋∠DCB＝180°より，AB∥DC
よって，1組の対辺が平行で長さが等しいので，平行四辺形になる。

㋕ 次のような場合，平行四辺形にはならない。

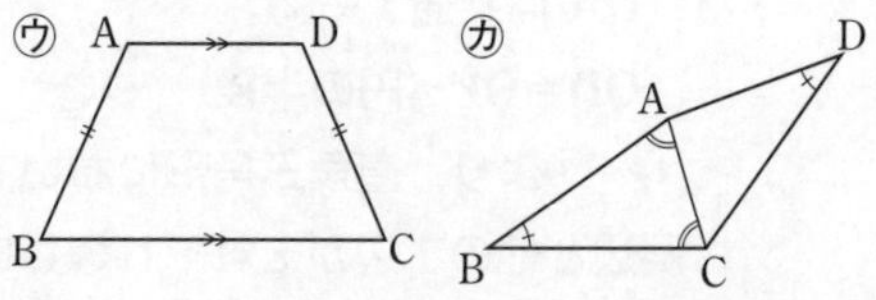

(2) ㋐ 平行四辺形ABCDにおいて，常に，

∠ABC＝∠ADC が成り立つから，
∠ABC＋∠ADC＝180°のとき，
∠ABC＝∠ADC＝90°となる。
よって，長方形になる。

㋑ 平行四辺形でいつでも成り立つ性質だから，いつでも長方形とはならない。

㋒ 対角線の交点を O とおくと，∠OBC＝∠OCB であり，△OBC は二等辺三角形である。
よって，OB＝OC
したがって，長方形になる。
㋓～㋕は，ひし形でも成り立つから，いつでも長方形にならない。

(3) ①は等脚台形でも成り立つ。
②は，対角線がそれぞれの中点で交わることと同じであるから，いつでも平行四辺形である。

133〉［証明］

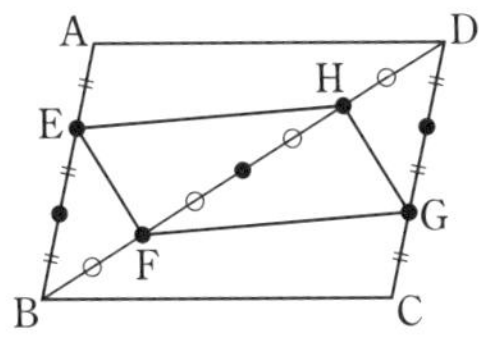

△BEH と △DGF において，

$BH=\frac{3}{4}BD$，$DF=\frac{3}{4}BD$ だから，

BH＝DF …①

仮定より，BA＝DC，BA // DCで，

$BE=\frac{2}{3}BA$，$DG=\frac{2}{3}DC=\frac{2}{3}BA$

だから，

BE＝DG …②

AB // DCだから，

∠EBH＝∠GDF（錯角） …③

①～③より，2 組の辺とその間の角がそれぞれ等しいから，

△BEH≡△DGF

よって，対応する辺や角はそれぞれ等しいから，

EH＝GF，∠BHE＝∠DFG

これより，錯角が等しいから，

EH // FG がいえる。

したがって，四角形 EFGH は，1 組の対辺が平行で長さが等しいから，平行四辺形である。

134〉(1) **［証明］△PBC と △QBA において，**

仮定より，

PB＝QB …①

BC＝BA …②

また，

∠PBC＝∠ABC－∠ABP
＝60°－∠ABP

∠QBA＝∠QBP－∠ABP
＝60°－∠ABP

よって，∠PBC＝∠QBA …③

①～③より，2 組の辺とその間の角がそれぞれ等しいので，

△PBC≡△QBA

(2) **ひし形…条件 PB＝PC**
長方形…条件 ∠BPC＝150°

解説 (2)

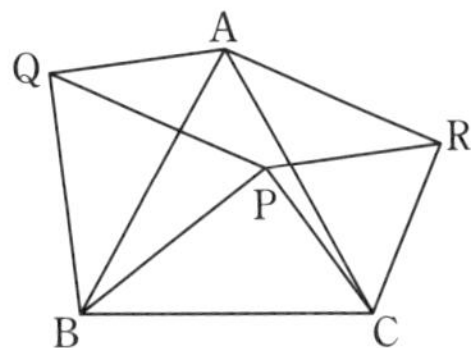

平行四辺形 AQPR がひし形になるのは，QP＝PR のときである。QP＝PB，PR＝PC であるから，△PBC につけ加える条件は，PB＝PC である。

平行四辺形 AQPR が長方形になるのは ∠QPR＝90° のときである。
∠QPB＝∠RPC＝60° であるから，
△PBC につけ加える条件は，
∠BPC＝360°－(∠QPB＋∠RPC＋∠QPR)
＝360°－(60°＋60°＋90°)
＝150°

得点アップ

〈平行四辺形の定義〉
2 組の平行な直線で囲まれた図形を平行四辺形という。

〈平行四辺形の性質〉
・平行四辺形の 2 組の対辺はそれぞれ等しい。
・平行四辺形の 2 組の対角はそれぞれ等しい。
・平行四辺形の 2 つの対角線はそれぞれの中点で交わる。

〈平行四辺形になるための条件〉
上の平行四辺形の性質の逆が成り立つ。他にも平行四辺形になるための条件を記しておこう。
・2組の対辺がそれぞれ平行な四角形は平行四辺形である。
・2組の対辺がそれぞれ等しい四角形は平行四辺形である。
・2組の対角がそれぞれ等しい四角形は平行四辺形である。
・対角線がそれぞれの中点で交わる四角形は平行四辺形である。
・1組の対辺が平行で長さが等しい四角形は平行四辺形である。

〈いろいろな四角形〉

小学校で学んだ長方形，ひし形，正方形と平行四辺形との関係は，次の図のようになる。

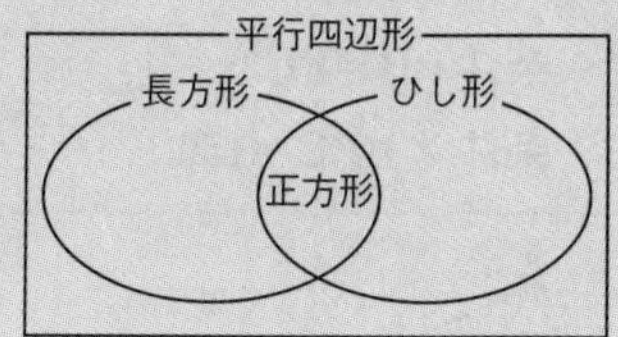

135

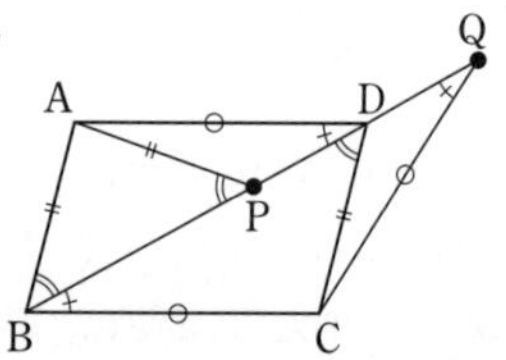

［証明］ △**APD** と △**CDQ** において，
仮定より，△**ABP**，△**CQB** は二等辺三角形であるから，
AB＝**AP**
BC＝**CQ**
四角形 **ABCD** は平行四辺形だから，
AB＝**CD**，**AD**＝**BC**
よって，**AP**＝**CD** …①
AD＝**CQ** …②
AB∥**DC** だから，
∠**ABP**＝∠**CDB**（錯角）
仮定より，∠**ABP**＝∠**APB**
よって，∠**APD**＝180°－∠**APB**
∠**CDQ**＝180°－∠**CDB**
＝180°－∠**ABP**
＝180°－∠**APB**
したがって，∠**APD**＝∠**CDQ** …③
AD∥**BC**だから，
∠**ADP**＝∠**DBC**（錯角）
仮定より，∠**DBC**＝∠**CQD**
よって，∠**ADP**＝∠**CQD** …④
③，④より，∠**PAD**＝∠**DCQ** …⑤
①，②，⑤より，2組の辺とその間の角がそれぞれ等しいので，
△**APD**≡△**CDQ**
対応する辺の長さは等しいから，
PD＝**DQ**
3点 **P**，**D**，**Q** は一直線上にあり，**PD**＝**DQ** であるので，点 **D** は線分 **PQ** の中点である。

136 ∠**ACE**＝60°

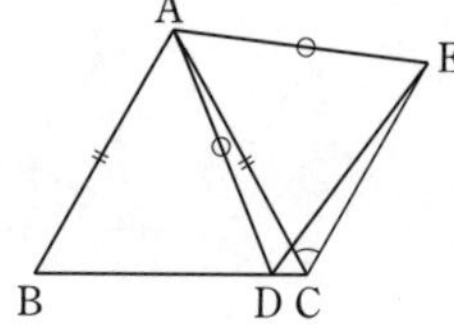

解説 △ABD と △ACE において，仮定より，
AB＝AC …①
AD＝AE …②
また，
∠BAD＝∠BAC－∠DAC＝60°－∠DAC
∠CAE＝∠DAE－∠DAC＝60°－∠DAC
より，∠BAD＝∠CAE …③
①〜③より，2組の辺とその間の角がそれぞれ等しいから，
△ABD≡△ACE
対応する角は等しいから，
∠ACE＝∠ABD＝60°

137 ［証明］ △**CPB** と △**DQC** において，
四角形 **ABCD** は正方形であるから，
BC＝**CD** …①
∠**PBC**＝∠**QCD**＝90° …②
また，**PB**＝**AB**－**AP**
QC＝**BC**－**BQ**
で，**AB**＝**BC**，**AP**＝**BQ** であるから，
PB＝**QC** …③
①〜③より，2組の辺とその間の角がそれぞれ等しいので，
△**CPB**≡△**DQC**
対応する角の大きさは等しいから，
∠**CPB**＝∠**DQC** …④

AD // BC より，
　∠DQC＝∠ADQ（錯角）　…⑤
④，⑤より，∠CPB＝∠ADQ

138 $(60-a)°$

解説 △ACE と △DCB において，△DAC，△ECB は正三角形だから，

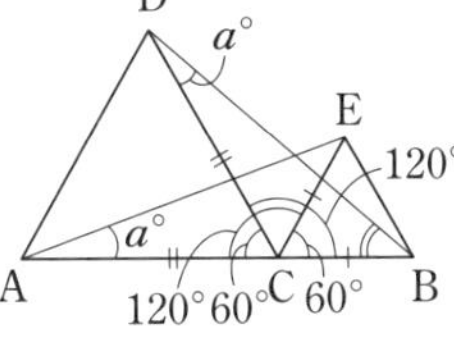

AC＝DC　…①
CE＝CB　…②
また，
∠ACE＝180°－∠ECB＝180°－60°＝120°　…③
∠DCB＝180°－∠DCA＝180°－60°＝120°　…④
③，④より，∠ACE＝∠DCB　…⑤
①，②，⑤より，
2 組の辺とその間の角がそれぞれ等しいので，
△ACE≡△DCB
よって，対応する角は等しいので
∠CAE＝∠CDB＝a°
∠DBC＝60°－∠CDB＝$(60-a)°$
└△DCB における外角の定理より

139 △ABF と △BCE において，
四角形 ABCD は正方形より，
　AB＝BC　…①
　∠BAF＝∠CBE＝90°　…②
また，正方形 ABCD の ∠B において，
　∠B＝∠ABF＋∠CBF＝90°　…③
EC⊥BF より，
　∠BCE＋∠CBF＝90°　…④
③，④より，∠ABF＝∠BCE　…⑤
①，②，⑤より，1 組の辺とその両端の角がそれぞれ等しいから，
　△ABF≡△BCE

140 △ABC と △GFE において，
仮定より，AC＝GE　…①
AD // FG より，平行線の錯角は等しいから，
　∠BAC＝∠FGE　…②
BC // DF より，平行線の同位角は等しいから，
　∠ACB＝∠AED　…③
対頂角は等しいから，
　∠AED＝∠GEF　…④
③，④より，∠ACB＝∠GEF　…⑤
①，②，⑤より，1 組の辺とその両端の角がそれぞれ等しいので，
　△ABC≡△GFE

141 例 $a=-1$，$b=-2$

解説 積 ab が正の数であるということは，
(i)　$a>0$，$b>0$ のとき，(ii)　$a<0$，$b<0$ のとき，
の 2 通りあるので，(ii)より正しくないことがわかる。
反例としては，a，b がともに負の数ならば，どの組み合わせを考えてもよい。

142 (ア) 誤り。反例は，$a=1$，$b=2$，$c=0$ のとき。
(イ) 正しい。
(ウ) 誤り。反例は，$a=-2$，$b=-1$ のとき。
(エ) 誤り。すべての面が同じ図形ではないので，正多面体ではない。
(オ) 誤り。反例は，同一直線上にある異なる 3 点のとき。
(カ) 誤り。反例は，2 直線がねじれの位置にあるとき。
(キ) 誤り。反例は，$n=2$ のとき。
(ク) 正しい。
(ケ) 誤り。反例は，$x=0$ のとき。

解説 (ア)　$a=b$ ならば $ac=bc$ は成り立つ。
(ウ)　すべての実数 a について，$a^2≧0$ が成り立つが，複数の数の大小関係を調べるときには，負の数に注意。
(エ)　正多面体とは，すべての面が同じ図形のものをいう。
(オ)　2 点までは同一直線上に存在する。もう 1 つの点がその直線上に存在しなければ，1 つの平面が決定する。
(カ)　「平行」「垂直」だけでなく，「ねじれ」という用語も使いこなせるようになろう。

(キ) 2はただ1つの，偶数の素数。

(ケ) 通常，0は自然数に含めない。

143 (a) ウ　(b) 対頂角

(c) ⑤より，対応する辺の長さは等しいから，AG＝DC　…⑥

長方形の向かい合う辺の長さは等しいので，AB＝DC　…⑦

⑥，⑦より，AG＝AB であり，3点G，A，B は一直線上にあるので，線分 GB は円 A の直径である。

144 [証明] △ADC と △ECD において，

仮定より，AC＝AB

四角形 ABDE は平行四辺形であるから，ED＝AB

よって，AC＝ED　…①

また，DC＝CD(共通)　…②

△ABC は AB＝AC の二等辺三角形だから，

∠ABC＝∠ACB(＝∠ACD)

AB // EDより，

∠ABC＝∠EDC(同位角)

よって，∠ACD＝∠EDC　…③

①～③より，2組の辺とその間の角がそれぞれ等しいから，

△ADC≡△ECD

145 [証明] △ABDと△ACEにおいて，

仮定より，AB＝AC　…①

AD＝AE　…②

また，∠BAD＝∠BAC＋∠CAD

＝90°＋∠CAD

∠CAE＝∠CAD＋∠DAE

＝90°＋∠CAD

より，∠BAD＝∠CAE　…③

①～③より，2組の辺とその間の角がそれぞれ等しいので，

△ABD≡△ACE

146 [証明] △ADC と △BDF において，

仮定より，

∠ADC＝∠BDF＝90°　…①

∠ABC＝45°より，△ABD は直角二等辺三角形だから，AD＝BD　…②

また，△ADC の内角の和は 180° であるから，

∠CAD＝90°－∠ACB

△BCE の内角の和は 180° であるから，

∠FBD＝∠EBC＝90°－∠ACB

よって，∠CAD＝∠FBD　…③

①～③より，1組の辺とその両端の角がそれぞれ等しいから，

△ADC≡△BDF

147 [証明] △ABC と △EAD において，

仮定より，AB＝EA　…①

四角形 ABCD は平行四辺形であるから，BC＝AD　…②

△ABE は AB＝AE の二等辺三角形であるから，

∠ABE＝∠AEB

また，AD // BE より錯角は等しいから，

∠AEB＝∠EAD

よって，∠ABC＝∠EAD　…③

①～③より，2組の辺とその間の角がそれぞれ等しいので，

△ABC≡△EAD

148 [証明] △ACM と △BDM において，

円 A と円 B は半径の等しい円だから，

AC＝BD　…①

また，点 C，D はそれぞれ円 A，B の直線 ℓ における接点だから，

∠ACM＝∠BDM＝90°　…②

②より錯角が等しいから，AC // BD である。よって，

$\angle MAC=\angle MBD$ …③
①～③より，1組の辺とその両端の角がそれぞれ等しいので，
$\triangle ACM\equiv\triangle BDM$
対応する辺の長さは等しいから，
$AM=BM$

149 ［証明］ △ABF と △EDF において，
平行四辺形の向かい合う辺の長さは等しいから，
$AB=CD$
仮定より，$CD=ED$
よって，$AB=ED$ …①
平行四辺形の向かい合う角の大きさは等しいから，
$\angle BAF=\angle DCB$
仮定より，$\angle DCB=\angle DEF$
よって，$\angle BAF=\angle DEF$ …②
$\angle AFB=\angle EFD$（対頂角）だから，②より，
$\angle ABF=180°-\angle BAF-\angle AFB$
$=180°-\angle DEF-\angle EFD$
$=\angle EDF$ …③
①～③より，1組の辺とその両端の角がそれぞれ等しいから，
$\triangle ABF\equiv\triangle EDF$

150 (1) ［証明］ 四角形の内角の和は 360° だから，
$\angle A+\angle B+\angle C+\angle D=360°$…①
平行四辺形の向かい合う角は等しいから，
$\angle A=\angle C$，$\angle B=\angle D$ …②
②を①に代入して，
$2(\angle A+\angle B)=360°$
よって，$\angle A+\angle B=180°$ …③
③を①に代入すれば，
$\angle C+\angle D=180°$ …④
が得られ，また，②を①に代入すると，
$\angle C+\angle B+\angle C+\angle B=360°$
$\angle B+\angle C=180°$ …⑤
さらに，
$\angle A+\angle D+\angle A+\angle D=360°$
$\angle A+\angle D=180°$ …⑥
が得られ，③～⑥より，どの隣り合う 2 つの角の和も 180° であることが示された。

(2) (1)の性質より，
$\angle BAD+\angle ADC=180°$ …③
また，点 D のまわりの角について，1 周り 360° であるから，
$\angle ADE+\angle ADC+\angle CDH+\angle HDE$
$=360°$
$\angle ADE=\angle CDH=90°$であるから，
$\angle ADC+\angle HDE=180°$ …④
③，④より，$\angle BAD=\angle HDE$ …⑤
①，②，⑤より，2 組の辺とその間の角がそれぞれ等しいので，
$\triangle ABD\equiv\triangle DHE$

151 ［証明］ △AOP と △COQ において，
平行四辺形の対角線はそれぞれの中点で交わるから，
$OA=OC$ …①
$\angle AOP=\angle COQ$（対頂角） …②
平行線の錯角は等しいから，
$\angle OAP=\angle OCQ$ …③
①～③より，1 組の辺とその両端の角がそれぞれ等しいから，
$\triangle AOP\equiv\triangle COQ$

152 (1) 平行四辺形の向かい合う辺の長さは等しいから，
$AB=DC$
仮定より，$AE=AB$
よって，$AE=DC$ …④
平行線の錯角は等しいから，
$\angle FAE=\angle EDC$ …⑤
③～⑤より，2 組の辺とその間の角

がそれぞれ等しいから，

△**AEF**≡△**DCE**

(2) $\frac{9}{4}$倍

解説 (2) $\triangle EAC=\frac{AE}{AD}\triangle ACD$ （$\triangle ACD=\frac{1}{2}\square ABCD$）

$=\frac{AB}{BC}\triangle ABD$ （$\triangle ABD=\frac{1}{2}\square ABCD$）

$=\frac{3}{5}\triangle ABD$

$\triangle EDF=\frac{ED}{AD}\triangle FAD$

$=\frac{ED}{AD}\times\frac{FA}{AB}\triangle ABD$

$=\frac{2}{5}\times\frac{2}{3}\triangle ABD$

$=\frac{4}{15}\triangle ABD$

よって，$\frac{\triangle EAC}{\triangle EDF}=\frac{3}{5}\triangle ABD\div\frac{4}{15}\triangle ABD$

$=\frac{9}{4}$

153 (1) [証明] △**AFD**と△**BDE** と △**CEF** において，

条件より，

CA＝AF＝AB＝BD＝BC＝CE

だから，

AF＝BD＝CE …①

AD＝BE＝CF …②

△**ABC** は正三角形であるから，

∠**CAB**＝∠**ABC**＝∠**BCA**＝**60°**

よって，

∠**FAD**＝∠**DBE**＝∠**ECF**＝**120°** …③

①～③より，**2** 組の辺とその間の角がそれぞれ等しいので，

△**AFD**≡△**BDE**≡△**CEF**

対応する辺の長さは等しいから，

FD＝DE＝EF

したがって，△**DEF** は **3** 組の辺の長さが等しいので，正三角形である。

(2) **7** 倍

解説 (2) BC＝CEより，△ABC＝△ACE

また，FA＝ACより，△EFA＝△ACE

よって，△ABC：△CEF＝1：2

△AFD≡△BDE≡△CEFだから，

△ABC：△DEF＝1：{(2×3)＋1}＝1：7

154 [証明] △**ABC**≡△**DEF** だから，対応する角は等しいので，

∠**ABC**＝∠**DEF**

また，**BC** // **FE** だから，

∠**ABC**＝∠**BAF**(錯角)

よって，∠**DEF**＝∠**BAF**

同位角が等しいから，**AB** // **ED**，

すなわち，**AG** // **HD** …①

同様に，△**ABC**≡△**DEF** から，

∠**ACB**＝∠**DFE**

BC // **FE**より，∠**DFE**＝∠**FDB**

よって，∠**ACB**＝∠**FDB**

同位角が等しいから，**FD** // **AC**，

すなわち，**GD** // **AH** …②

①，②より，**2** 組の対辺がそれぞれ平行なので，四角形 **AGDH** は平行四辺形である。

155 (1) (ア)…**BDA**　(イ)…**DAE**

(ウ)…二等辺三角形

(2) [証明] △**ABE** と △**DBE** において，

BEは共通 …①

仮定より，∠**BAE**＝∠**BDE**＝**90°** …②

BA＝BD …③

①～③より，直角三角形において，斜辺と他の **1** 辺がそれぞれ等しいので，

△**ABE**≡△**DBE**

対応する辺の長さは等しいから，

AE＝DE

156 **108°**

解説

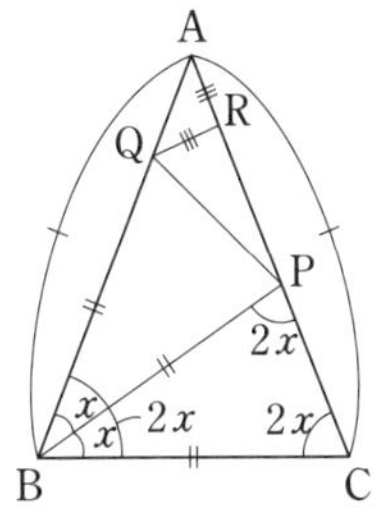

$\angle CBP=x$ とおく。
線分 BP は角の二等分線なので，$\angle ABC=2x$ である。また，△BCP，△ABC はそれぞれ BC＝BP，AB＝AC の二等辺三角形なので，
$\angle BPC=\angle ACB=\angle ABC=2x$ である。
└△BCP の底角＝△ABC の底角
△BCP において，

$$\angle CBP+\angle BCP+\angle BPC=180°$$

└三角形の内角の和

$$x+2x+2x=180°$$
$$5x=180°$$
$$x=36°$$

△ABC において，

$$\angle BAC=180°-36°\times 4=36°$$

└三角形の内角の和
AR＝QR より，
∠RAQ＝∠RQA だから，

$$\angle ARQ=180°-36°\times 2=108°$$

└三角形の内角の和

157 (1) ㋐，㋒　(2) $\mathbf{\frac{16}{5}}$倍

解説 (1) ㋐ △EGDと△FGBにおいて，
AD∥BCより，錯角は等しいから，
$\angle GED=\angle GFB$ …①
$\angle GDE=\angle GBF$ …②
仮定より，$ED=\frac{3}{4}AD$
$FB=\frac{3}{4}BC$
平行四辺形の対辺の長さは等しいから，
AD＝BC
よって，ED＝FB …③
①～③より，1 組の辺とその両端の角がそれぞれ等しいから，
△EGD≡△FGB

㋑ ㋐より，GD＝GB
よって，点 G は，対角線 BD を 2 等分する点だから，平行四辺形 ABCD の対角線の交点と一致する。

$$\triangle AEG=\frac{AE}{ED}\triangle EGD=\frac{1}{3}\triangle EGD$$

$$\triangle ABG=\frac{BG}{GD}\triangle AGD=\frac{AD}{ED}\triangle EGD$$
$$=\frac{4}{3}\triangle EGD$$

$$\frac{\triangle ABD}{\triangle EGD}=\frac{\triangle ABG+\triangle AGD}{\triangle EGD}$$
$$=\frac{\frac{4}{3}+\frac{4}{3}}{1}=\frac{8}{3}\neq 2$$

㋒ ㋑で触れたように，正しい。
㋓ AB＝BC のとき，
平行四辺形 ABCD はひし形である。
よって，
$\angle EGD<\angle AGD=90°$
であるから，正しくない。

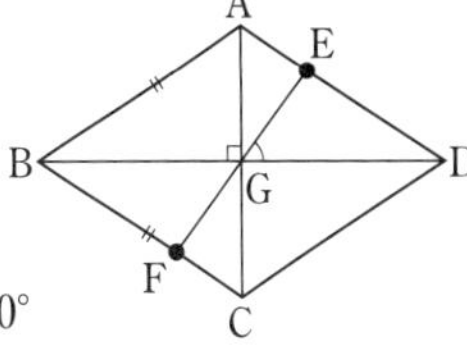

(2) ㋑の考察より，

$$\frac{(\text{平行四辺形ABCD})}{(\text{四角形ABGE})}=\frac{2\times\triangle ABD}{\triangle ABG+\triangle AGE}$$
$$=\frac{2\times\frac{8}{3}}{\frac{4}{3}+\frac{1}{3}}=\frac{16}{5}$$

158 (1) [証明] **▱ABCD≡▱CEFG より，**
CB＝CG だから △BCG は二等辺三角形である。
よって，∠CBG＝∠CGB …①
AB∥GC より，
∠CGB＝∠ABH（錯角） …②
AD∥BC より，
∠CBG＝∠AHB（錯角） …③
①～③より，∠ABH＝∠AHB
よって，△ABH は，二等辺三角形であるから，
AB＝AH
(2) **3：7**

解説 (2)

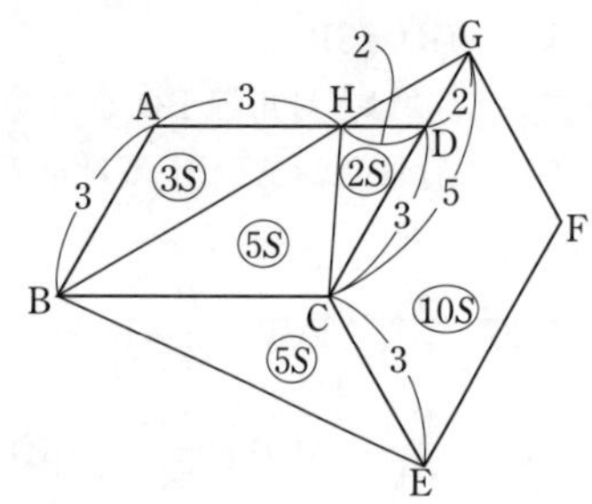

AH = 3 cm，HD = 2 cm より，

$\triangle ABH = 3S\ cm^2$

$\triangle HCD = 2S\ cm^2$ とおくと，

$\triangle HBC = 5S\ cm^2$ だから，

▱ABCD $= 10S\ cm^2$

ここで，

$\triangle HCD : \triangle GHD = 3 : 2$

$2S : \triangle GHD = 3 : 2$

$\triangle GHD = \frac{4}{3}S$

また，$\angle DCB = \angle BCE = 120°$

よって，

(四角形 BEFG) $= \triangle GHD + \triangle HCD + \triangle HBC + \triangle BEC +$ ▱CEFG

$= \frac{4}{3}S + 2S + 5S + 5S + 10S = \frac{70}{3}S$

したがって，求める面積比は，

$10S : \frac{70}{3}S = 3 : 7$

159 対角線の長さを等しくし，垂直に交わるようにすればよい。

解説

	台形	平行四辺形	長方形	ひし形	正方形
対角線が互いに他を２等分する	×	○	○	○	○
対角線の長さが等しい	×	×	○	×	○
対角線が垂直に交わる	×	×	×	○	○

160 (1) [証明] △PBC と △QRC において，

仮定より，**∠PBC＝∠QRC＝90°** …①

BC＝RC …②

また，**∠PCB＝∠DCB－∠DCP**

＝90°－∠DCP

∠QCR＝∠PCR－∠DCP

＝90°－∠DCP

よって，**∠PCB＝∠QCR** …③

①～③より，**1** 組の辺とその両端の角がそれぞれ等しいから，

△PBC≡△QRC

(2) **∠PQR＝115°**

解説 (2) (1)より，$\angle QCR = 40°$

また，$\angle DCP = 90° - 40° = 50°$

$\angle BPC = 50°$ だから，

$\angle CPQ = \angle APQ$

$= (180° - 50°) \div 2 = 65°$

四角形 PCRQ の内角の和は 360°より，

$\angle PQR = 360° - (90° + 90° + 65°)$

$= 115°$

161 (1) 面積が等しい。 (2)

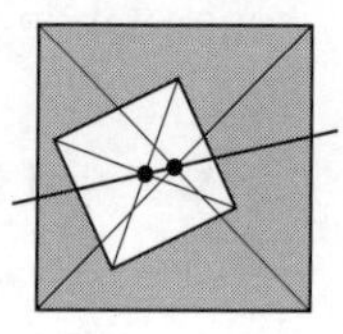

解説 (2) 大きい正方形の対角線の交点と，小さい正方形の対角線の交点を通る直線を引く。

162 **△BCD** と **△A′CE** において，

△ABC は正三角形だから **∠BCA＝60°** より，

∠BCD＝∠BCA－∠ECD

＝60°－∠ECD

△A′B′C は正三角形だから

∠B′CA′＝60° より，

∠A′CE＝∠A′CB′－∠ECD

＝60°－∠ECD

したがって，**∠BCD＝∠A′CE** …①

また，

∠DBC＝∠EA′C＝60° …②

正三角形 **ABC** と正三角形 **A′B′C** の辺の長さは等しいから，

BC＝A′C …③

①～③より，**1** 組の辺とその両端の角がそれぞれ等しいので，

△BCD≡△A′CE

163 ［証明］ △ABE と △FCE と △FDA において，四角形 ABCD は平行四辺形，△BEC と △CFD は正三角形であるから，

AB＝CD，FC＝FD＝CD
AD＝BC，BE＝CE＝BC

よって，AB＝FC＝FD …①
BE＝CE＝DA …②

また，∠ABC＝∠ADC
∠BCD＋∠ABC＝180° より，
∠BCD＝180°－∠ABC

∠ABE＝∠ABC＋60°
∠FCE
＝360°－(∠DCF＋∠BCE＋∠BCD)
＝360°－(60°＋60°＋180°－∠ABC)
＝60°＋∠ABC
∠FDA＝60°＋∠CDA
＝60°＋∠ABC

したがって，
∠ABE＝∠FCE＝∠FDA …③

①～③より，2 組の辺とその間の角がそれぞれ等しいので，
△ABE≡△FCE≡△FDA

対応する辺の長さは等しいから，
AE＝FE＝FA

したがって，3 つの辺の長さが等しいから，△AEF は正三角形である。

6 確率とデータの分布

164 (1) **10 通り**　(2) **14 通り**

解説 (1) 奇数となるのは，一の位に奇数がくるときだから，

〈一の位が 1 のとき〉百，十の位は，1，1，2，3 から 2 つを取り出すから，

1＜ 1―1, 2―1, 3―1　2＜ 1―1, 3―1　3＜ 1―1, 2―1

〈一の位が 3 のとき〉百，十の位は，1，1，1，2 から 2 つを取り出すから，

1＜ 1―3, 2―3　2―1―3

の10通り

(2) 色紙の色とリボンの色の組み合わせは，

(色紙，リボン)＝(赤，白)，(赤，黄)，(赤，紫)，
(青，赤)，(青，白)，(青，黄)，
(青，紫)，
(黄，赤)，(黄，白)，(黄，紫)，
(緑，赤)，(緑，白)，(緑，黄)，
(緑，紫)

の，3＋4＋3＋4＝14(通り)

165 (1) ①…**48**　②…**20**　(2) **36 通り**

解説 (1) ① 百の位の数字に 0 は入らないので，4×4×3＝48(通り)

② 3 の倍数であるためには，各位の数の和が 3 の倍数でなければならない。0，1，2，3，4 の中から和が 3 の倍数となる 3 数は，
(0，1，2)，(0，2，4)，(1，2，3)，(2，3，4)
である。
(0，1，2)，(0，2，4)は，
2×2×1＝4(通り)ずつ，
(1，2，3)，(2，3，4)は，
3×2×1＝6(通り)ずつ
の並べ方があるから，求める場合の数は，
(4＋6)×2＝20(通り)

(2) 女子 3 人から両端にくる女子 2 人を選ぶことと，両端にこない女子を選ぶことは同じことであるから，3 通り
したがって，前後入れかえる並び方もあるから，両端に女子がくる並び方は，

$3\times2=6$(通り)

この各々について，男子2人と女子1人の並び方が，$3\times2=6$(通り)ずつあるから，

求める順列は，

$6\times6=36$(通り)

166 (1) **6通り**　(2) **10通り**

解説 (1)　4冊から2冊を選んで並べる並べ方は，

$4\times3=12$(通り)

(A，B)と(B，A)は同じ選び方なので，

$12\div2=6$(通り)

(2)　5枚の硬貨から2枚を選ぶ選び方を求めればよい。

(1)と同様に考えて，

$5\times4\div2=10$(通り)

167 (1) $\mathbf{\frac{2}{3}}$　(2) $\mathbf{\frac{1}{6}}$

解説 (1)　じゃんけんの出し方は，

$3\times3=9$(通り)

勝負が決まるのは，あいこの3通り以外の場合であるから，

$9-3=6$(通り)

よって，求める確率は，

$\frac{6}{9}=\frac{2}{3}$

(2)　一方の目の数が他方の目の数の2倍となるのは，一方の目の数が，1か2か3のときである。この逆の場合も数えると，題意をみたす場合の数は，

$3\times2=6$(通り)

すべての目の出方は，$6\times6=36$(通り)であるから，

求める確率は，$\frac{6}{36}=\frac{1}{6}$

168 (1) **8通り**　(2) **36通り**

解説 (1) 1円硬貨を①，10円硬貨を⑩，100円硬貨を⑽とおく。

選ぶ4枚の硬貨を樹形図で考えると，

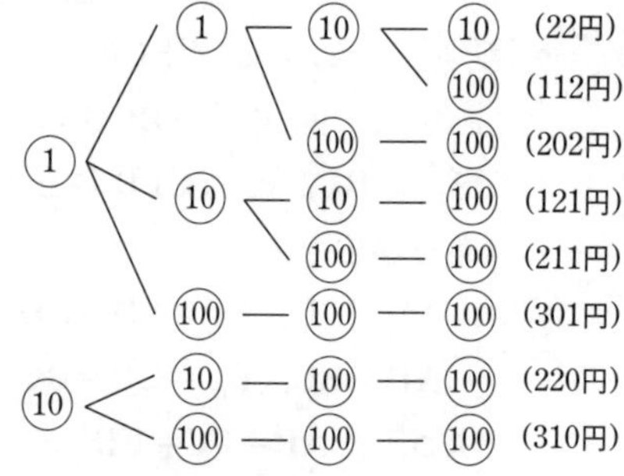

の8通り。

(2)　母音字が3文字，子音字が2文字ある。

最後には必ず母音字を並べなければならない。

また，1～4番目には，子音字が隣り合わないように並べばよい。

(i)　1番目と3番目に子音字が並ぶ場合

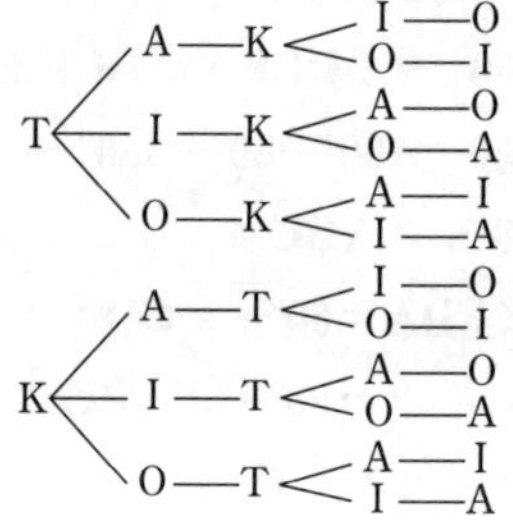

の12通り。

(ii)　1番目と4番目に子音字が並ぶ場合も12通り。

(iii)　2番目と4番目に子音字が並ぶ場合も12通り。

以上により，36通り。

169 (1) **12通り**

(2) ① **7通り**　② **14通り**

(3) **6種類**

解説 (1)　どれも1枚は使うので，

$10+50+100+500=660$(円)

を920円からさし引いた，260円にすればよい。

500円硬貨は使わなくてよいので，10，50，100円硬貨を使って，260円にする。

100円硬貨0枚のとき，50円を0～5枚使う6通り。

100円硬貨1枚のとき，50円を0～3枚使う4通り。

100円硬貨2枚のとき，50円を0～1枚使う2通り。

あるから，$6+4+2=12$(通り)

(2)　①　$a=1$のとき，$b=4$

$a=2$ のとき，$b=3$

$a=3$ のとき，$b=2$

$a=4$ のとき，$b=1$，6

$a=5$ のとき，$b=5$

$a=6$ のとき，$b=4$

の7通り。

② $a=1$ のとき，$b=1$，2，3，4，5，6

$a=2$ のとき，$b=2$，4，6

$a=3$ のとき，$b=3$，6

$a=4$ のとき，$b=4$

$a=5$ のとき，$b=5$

$a=6$ のとき，$b=6$

の14通り。

(3) 30の約数は，1，2，3，5，6，10，15，30で，正多角形の辺の数は3以上なので，3，5，6，10，15，30の6通り。

170 (1) **24通り**　(2) **12通り**　(3) **72**　(4) **5個**　(5) **360通り**　(6) **9通り**

解説 (1) $4\times3\times2\times1=24$

(2) AさんとBさん以外の3人がAさんとBさんの間に並ぶ並び方は，

Ⓐ ○ ○ ○ Ⓑ
Ⓑ ○ ○ ○ Ⓐ

$3\times2\times1=6$(通り)

AさんとBさんの並び方が2通りずつあるので，

$6\times2=12$(通り)

(3) ●に山田家が並ぶ並び方は，

$3\times2\times1=6$　① ● ② ● ③ ● ④

○の部分に中村家が入る場所の選び方は，(①，②，③)，(②，③，④)の2通りで，その各々について並び方が6通りずつあるから，求める場合の数は，

$6\times2\times6=72$

(4) (i) 一の位の数字が0のとき

十の位の数字は，1〜3の3通り。

(ii) 一の位の数字が0以外の数字のとき，つまり，2のとき，十の位の数字は，1または3の2通り。

よって，$3+2=5$(個)

(5) Aが2つあるから，2つのAが区別できたとして並べる並べ方は，

$6\times5\times4\times3\times2\times1=720$(通り)

2つのAは区別できないので，

$720\div2=360$(通り)

(6)
3 ＜ 2—5—4
　　 4—5—2
　　 5—2—4

4，5が1番目の数字の場合も，同様に3通りずつあるから，$3\times3=9$(通り)

171 (1) $\mathbf{\frac{1}{18}}$　(2) $\mathbf{\frac{1}{4}}$　(3) $\mathbf{\frac{2}{9}}$　(4) $\mathbf{\frac{2}{9}}$　(5) $\mathbf{\frac{5}{9}}$　(6) $\mathbf{\frac{13}{36}}$

解説 大きいさいころ，小さいさいころの目の数をそれぞれ a，b とおく。

また，すべての目の出方は，

$6\times6=36$(通り)

である。

(1) 出る目の和が11となるのは，

$(a,\ b)=(5,\ 6)$，$(6,\ 5)$ の2通り。

(2) 出る目の和が4の倍数となるのは，

$(a,\ b)=(1,\ 3)$，$(2,\ 2)$，$(2,\ 6)$，$(3,\ 1)$，$(3,\ 5)$，$(4,\ 4)$，$(5,\ 3)$，$(6,\ 2)$，$(6,\ 6)$ の9通り。

(3) 出る目の和が10の約数となるのは，

$(a,\ b)=(1,\ 1)$，

$(1,\ 4)$，$(2,\ 3)$，$(3,\ 2)$，$(4,\ 1)$，

$(4,\ 6)$，$(5,\ 5)$，$(6,\ 4)$ の8通り。

(4) 2つのさいころの目の差が2であるのは，

$(a,\ b)=(1,\ 3)$，$(3,\ 1)$，$(2,\ 4)$，$(4,\ 2)$，$(3,\ 5)$，$(5,\ 3)$，$(4,\ 6)$，$(6,\ 4)$

の8通り。

(5) 出る目の積が3の倍数となるのは，

$a=1$，2，4，5のとき，$b=3$，6の2通りずつ。

$a=3$，6のとき，$b=1$，2，3，4，5，6の6通りずつ。

よって，$4\times2+2\times6=20$(通り)

(6) 題意をみたすのは，

$(a,\ b)=(2,\ 2)$，$(2,\ 4)$，$(2,\ 6)$，

$(3,\ 3)$，$(3,\ 6)$，

$(4,\ 2)$，$(4,\ 4)$，$(4,\ 6)$，

$(5,\ 5)$，

$(6,\ 2)$，$(6,\ 3)$，$(6,\ 4)$，$(6,\ 6)$

の13通り。

172 (1) $\mathbf{\frac{3}{8}}$　(2) $\mathbf{\frac{3}{10}}$　(3) $\mathbf{\frac{4}{7}}$

解説 (1) 硬貨の裏表の出方は，$2^3=8$(通り)

そのうち，1枚が表で，2枚が裏となるのは，
(A，B，C)＝(表，裏，裏)，(裏，表，裏)，
(裏，裏，表)
の3通り。

(2) 5人から3人を選ぶのは，5個のものから3個選んで並べる並べ方が
$5\times4\times3$(通り)
その各々に関して，3つの順列分だけ多く数えているから，
$(5\times4\times3)\div(3\times2\times1)=10$(通り)
BとCが選ばれる選び方は，あと1人選ぶ選び方に等しいから，3通り。

(3) 7人の中から2人の生徒の選び方は，
$7\times6\div2=21$(通り)
このうち，男子生徒と女子生徒が1人ずつ選ばれるのは，
$4\times3=12$(通り)

173 頂点…**D**　確率…$\dfrac{5}{18}$

解説 1回目に出た目の数をa，2回目に出た目の数をbとおくと，
$a+b=2,\ 3,\ 4,\ \cdots,\ 10,\ 11,\ 12$
となる。点Pは，順に，点C，D，A，B，C，…の順に止まっていく。
よって，点Dに止まるのは，
$a+b=3,\ 7,\ 11$のときであり，それぞれの場合の数は，
2，6，2
であるから，
$2+6+2=10$

【別解】
表に表してもよい。
出たさいころの目の数をa，bとすると，出た目によって，どの頂点に止まるかを示すと下の図のようになる。

b＼a	1	2	3	4	5	6
1	C	D	A	B	C	D
2	D	A	B	C	D	A
3	A	B	C	D	A	B
4	B	C	D	A	B	C
5	C	D	A	B	C	D
6	D	A	B	C	D	A

Aに止まるのは，9回
Bに止まるのは，8回
Cに止まるのは，9回
Dに止まるのは，10回

得点アップ
さいころを2個または2回ふる問題では，173 別解のように，表を用いるととてもわかりやすく，整理しやすくなることが多い。
171 の問題も，表を用いてもよい。

174 $\dfrac{5}{8}$

解説 3枚の硬貨の表，裏の出方は，
$2^3=8$(通り)
題意をみたすのは，
(100円，50円，50円)
＝(表，表，表)，(表，裏，表)，(表，表，裏)，
(表，裏，裏)，(裏，表，表)
の5通り

175 (1) $\dfrac{1}{36}$　(2) $\dfrac{7}{216}$
(3) $\dfrac{7}{216}$　(4) $\dfrac{7}{54}$

解説 すべての目の出方は6^3通りある。
(1) $A=2^2$となる3つの目の数の組み合わせは，
$\{2,\ 2,\ 1\}$，$\{4,\ 1,\ 1\}$
である。
a，b，cの出方は，それぞれ3通りずつであるから，計6通り

(2) $A=2^3$となる3つの目の数の組み合わせは，
$\{2,\ 2,\ 2\}$，$\{4,\ 2,\ 1\}$
である。
a，b，cの出方はそれぞれ1通り，$3\times2=6$(通り)であるから，計7通り

(3) Aが2^5の倍数となる3つの目の数の組み合わせは，
$\{4,\ 4,\ 2\}$，$\{4,\ 4,\ 4\}$，$\{4,\ 4,\ 6\}$
である。
a，b，cの出方は，それぞれ3通り，1通り，3通りの計7通り

(4) Aが2^4の倍数となる3つの目の数の組み合わせは，$\{4,\ 4,\ 4\}$，$\{4,\ 4,\ 4以外の目\}$，

{4, 2, 2}, {4, 2, 6}, {4, 6, 6}
である。
a, b, c の出方は，それぞれ1通り，3×5通り，3通り，6通り，3通りで，28通り

176 (1) **122221**　(2) **7番目**　(3) $\boldsymbol{x=25}$

解説 6桁の数を小さいものから順に並べると，

(1) 112222　121222　122122　122212　122221
（←5番目の数）

(2) 211222　212122　212212　212221
（←7番目）
221122　221212　221221
222112　222121
222211
の合計15個。

(3) これら15個の数のそれぞれの位を見ると，
一の位に1が5個，2が10個
十の位に1が5個，2が10個
百の位に1が5個，2が10個
千の位に1が5個，2が10個
万の位に1が5個，2が10個
十万の位に1が5個，2が10個
ある。よって，求める和は，

$$1\times25+10\times25+100\times25$$
$$+1000\times25+10000\times25$$
$$+100000\times25$$
$$=111111\times25$$

177 (1) **2, 3, 5, 7, 11, 13, 17, 19, 23, 29, 31, 37, 41, 43, 47**
(2) **(2, 5, 43), (2, 7, 41), (2, 11, 37), (2, 17, 31), (2, 19, 29)**

解説 (1) 1から50までの自然数を書き，
① 1を消す　② 2の倍数を消す
③ 3の倍数を消す
④ 5以上の素数の倍数を順に消す
残った数が素数である。

(2) 3以上の素数はすべて奇数であるから，3つの素数の和が50(＝偶数)となるためには，1つは2であることがわかる。

178 (1) $\boldsymbol{\frac{4}{27}}$　(2) $\boldsymbol{\frac{7}{27}}$

解説 (1) さいころを3回振った後，点Pの座標が(0, 0)になるのは，(i)点Pは1回も動かない，(ii)点Pは2回動く，のいずれかである。
（←3回動くとき，(0, 0)に戻ってこられない）
(i)のとき，さいころの目の数は3回とも5または6であるので，

$2^3=8$(通り)

(ii)のとき，さいころの目の出方の組み合わせは，
(1, 2, 5), (1, 2, 6), (3, 4, 5), (3, 4, 6)
で，それぞれの目の出方は，
$3\times2\times1=6$(通り)ずつある。
よって，$6\times4=24$(通り)
(i), (ii)より，$8+24=32$(通り)だから，

$$\frac{32}{6^3}=\frac{4}{27}$$

(2) さいころを3回振った後の点Pの位置でx座標とy座標が等しいのは，(i)(1, 1), (ii)(0, 0), (iii)(−1, −1) のいずれかである。
(i)のとき，さいころの目の出方の組み合わせは，(1, 3, 5), (1, 3, 6) で，それぞれの目の出方は6通りずつある。よって，12通り。
(ii)のとき，(1)より，32通り。
(iii)のとき，さいころの目の出方の組み合わせは，(2, 4, 5), (2, 4, 6) で，それぞれ目の出方は6通りずつあり，計12通り。
(i)〜(iii)より，$12+32+12=56$(通り)

よって，$\dfrac{56}{6^3}=\dfrac{7}{27}$

179 (1) $\boldsymbol{\frac{1}{6}}$　(2) $\boldsymbol{\frac{2}{5}}$

解説 すべてのくじを区別できるものとして考えると，計3本のくじのひき方は，10×9×8通りある。

(1) 太郎君の1本目，2本目がはずれくじで，次郎君のひくくじが当たりくじであるようなひき方は，

$6\times5\times4$(通り)
（4：当たりくじ4本から1本ひく）
（6×5：はずれくじ6本から2本ひく）

であるから，求める確率は，

$$\frac{6\times5\times4}{10\times9\times8}=\frac{1}{6}$$

(2) 次郎君の当たりくじのひき方が4通り，この各々に対して太郎君の1，2本目のくじのひき方は，9×8通りずつである。よって，求める確率は，
（9×8：次郎君のひく当たりくじ1本をさしひいた9本から2本ひくひき方）

$$\frac{4\times9\times8}{10\times9\times8}=\frac{2}{5}$$

180 (1) **6通り**　(2) **12通り**　(3) **72通り**

解説 (1) 大，中，小のさいころの目の数の組み合わせが，{1, 2, 3}であればよいから，

$3\times2\times1=6$(通り)

(2) 正三角形は，△ACE，△DFBの2通りだから，

$6\times2=12$(通り)

(3) 直角三角形となるためには，その斜辺が，対角線AD，BE，CFのいずれかになっていればよい。それぞれの斜辺に対して4つずつの直角三角形ができるから，

$3\times4=12$(通り)

大，中，小のさいころの目の出方は，

$12\times6=72$(通り)

181 (1) **56個**　(2) **24個**　(3) **8個**

解説 (1) 8つの頂点から3つの頂点の選び方の総数を求めればよい。まず，8つの頂点A，B，C，D，E，F，G，Hから3つを1列に並べる。その各々に対してその順列分だけ多く数えているから，

$(8\times7\times6)\div(3\times2\times1)=56$(個)

(2) 対角線AE，BF，CG，DHをそれぞれ斜辺にもつ三角形が直角三角形となる。それぞれの斜辺に対して，6個の直角三角形ができるから，

$4\times6=24$(個)

(3) 正八角形の辺を1辺にもつ三角形は，直角三角形か鈍角三角形となってしまうことと，対角線を1辺にもつ三角形は直角三角形となってしまうことに注意すると，鋭角三角形は，

△ACF，△BDG，△CEH，△DFA，

△EGB，△FHC，△GAD，△HBE

の8個。

182 ①… $\mathbf{\frac{7}{8}}$　②… $\mathbf{\frac{169}{512}}$

解説 ① 少なくとも1枚のコインが裏となる場合の数は，すべての場合の数から，3枚とも表となる場合の数をひけばよい。

$$\frac{2^3-1}{2^3}=\frac{7}{8}$$

② 少なくとも1回はすべてのコインが表となる場合の数は，すべての場合の数から3回とも少なくとも1枚のコインが裏となる場合の数をひけばよい。

$$\frac{(2^3)^3-7^3}{(2^3)^3}=\frac{169}{512}$$

183 (1) **1260通り**　(2) **360通り**
(3) **HIHRIOS**

解説 (1) 2つのHと2つのIを区別して考えると，全部で$7\times6\times5\times4\times3\times2\times1$(通り)の文字列ができるが，2つのHの並び方$2\times1$(通り)，その各々に対して，2つのIの並び方が$2\times1$(通り)あり，$(2\times1)\times(2\times1)=4$(通り)ずつ多く数えているから，

$$\frac{7\times6\times5\times4\times3\times2\times1}{4}=1260\text{(通り)}$$

(2) Hは子音，Iは母音であるから，次の2つの場合に分けて考える。

(i) H…H，H…R，H…S，R…H，S…Hのとき，

…の部分にIが2つふくまれるので，

$$\frac{5\times4\times3\times2\times1}{2\times1}\times5=300\text{(通り)}$$

(ii) S…R，R…Sのとき，

…の部分にHが2つ，Iが2つふくまれるので，

$$\frac{5\times4\times3\times2\times1}{(2\times1)\times(2\times1)}\times2=60\text{(通り)}$$

以上，(i)，(ii)より，$300+60=360$(通り)

(3) HH…と並んでいる文字列の総数は，

$$\frac{5\times4\times3\times2\times1}{2\times1}=60$$

HIHI…と並んでいる文字列の総数は，

$3\times2\times1=6$

HIHO…と並んでいる文字列の総数は，

$3\times2\times1=6$

よって，72番目は，HIHO…と並ぶ最後の文字列であるから，HIHOSRI

（SRI：残りの文字はアルファベットの遅い方から順に並べる）

次の73番目は，HIHRIOS

（R：Oの次のアルファベット）（IOS：残りの文字はアルファベットの早い方から順に並べる）

184 $\mathbf{\frac{1}{12}}$

解説 点 $(a,\ b)$ が直線 $y=\dfrac{1}{2}x$ 上の点であるとき，

$a=2b$ をみたす。

よって，

$(a,\ b)=(2,\ 1),\ (4,\ 2),\ (6,\ 3)$

の3通りだから，求める確率は，

$\dfrac{3}{6\times6}=\dfrac{1}{12}$

185 $\dfrac{7}{8}$

解説 すべて奇数の目が出る確率は，

$\dfrac{3^3}{6^3}=\dfrac{1}{8}$

よって，求める場合の数は，$1-\dfrac{1}{8}=\dfrac{7}{8}$

（1 ← すべての起こる確率）

【参考】

高校で履修するが，あることがらが起こる事象 A に対して，あることがらが起こらない事象を，事象 A の余事象といい，$\overline{A}$ で表す。$P(A)$ で A の起こる確率，$P(\overline{A})$ で $\overline{A}$ の起こる確率を表すことにすると，

$P(\overline{A})=1-P(A)$

である。**185** はこの公式をそのまま用いたが，**182** のように解いてもよい。

（**182** はこの余事象を用いて解いている）

186 (1) $\dfrac{7}{18}$　(2) $\dfrac{5}{12}$

解説 (1) $c=0$ のとき，1次方程式の解は，$x=\dfrac{b}{a}$

となる。

解が整数となるのは，a が b の約数となるときで，

$a=1$ のとき，$b=1,\ 2,\ \cdots,\ 6$

$a=2$ のとき，$b=2,\ 4,\ 6$

$a=3$ のとき，$b=3,\ 6$

$a=4$ のとき，$b=4$

$a=5$ のとき，$b=5$

$a=6$ のとき，$b=6$

よって，$6+3+2+1+1+1=14$(通り)

したがって，求める確率は，

$\dfrac{14}{36}=\dfrac{7}{18}$

(2) $c=18$ のとき，1次方程式の解は，

$x=\dfrac{b+18}{a}$

となる。

$b+18=19,\ 20,\ 21,\ 22,\ 23,\ 24$ をとり得るから，

$b+18=19$ のとき，$a=1$

$b+18=20$ のとき，$a=1,\ 2,\ 4,\ 5$

$b+18=21$ のとき，$a=1,\ 3$

$b+18=22$ のとき，$a=1,\ 2$

$b+18=23$ のとき，$a=1$

$b+18=24$ のとき，$a=1,\ 2,\ 3,\ 4,\ 6$

より，$1+4+2+2+1+5=15$(通り)

よって，求める確率は，$\dfrac{15}{36}=\dfrac{5}{12}$

187 ①…**200**　②…**160**

解説 ① A，A，A，C，C を，右の図の○の所に並べる並べ方は，

∨ ∨ ∨ ∨ ∨ ∨
○ ○ ○ ○ ○

$\dfrac{5\times4\times3\times2\times1}{(3\times2\times1)\times(2\times1)}=10$(通り)

この各々に対して，○の間の6つの∨から3つを選んでBを並べればよいから，その場合の数は，

$\dfrac{6\times5\times4}{3\times2\times1}=20$(通り)

よって，$10\times20=200$(通り)

② 200通りからCが連続する場合の数をひけばよい。2つの連続しているCをひとまとまりにして考え，CC で表すことにすると，3つのAと CC を右の図の○に並べる並べ方は，

∨ ∨ ∨ ∨ ∨
○ ○ ○ ○

$\dfrac{4\times3\times2\times1}{3\times2\times1}=4$(通り)

この各々に対して，○の間の5つの∨から3つを選んでBを並べればよいから，

$\dfrac{5\times4\times3}{3\times2\times1}=10$(通り)

よって，Cが連続する場合の数は，

$4\times10=40$(通り)

したがって，求める場合の数は，

$200-40=160$(通り)

188 **8通り**

解説

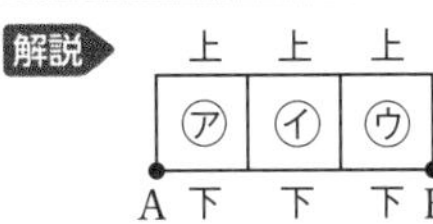

上の図の㋐，㋑，㋒を通って，A地点からB地点

に行くのに，横への道は上の道か下の道のどちらかを通って行くから，

$2\times2\times2=8$(通り)

189 (1) $\frac{5}{18}$　(2) $\frac{29}{81}$　(3) $\frac{11}{42}$

解説 (1) すべての取り出し方は，

$(9\times8)\div2=36$(通り)

2個とも同じ色となるのは，

$1+3+\frac{4\times3}{2}=10$(通り)

1…赤2個の取り出し方

3…(白3個のうち2個の取り出し方)＝(残り1個の選び方)

$\frac{4\times3}{2}$…青4個のうち2個の取り出し方

よって，求める確率は，$\frac{10}{36}=\frac{5}{18}$

(2) すべての取り出し方は，$9\times9=81$(通り)

2個とも同じ色となるのは，

$2^2+3^2+4^2=29$(通り)

…1回取り出してまた箱の中に戻す

よって，求める確率は，$\frac{29}{81}$

(3) すべての取り出し方は，$9\times8\times7$(通り)

得点が2点となる球の組み合わせは，

㋐{青，青，白}，㋑{赤，赤，青}のときである。

㋐のとき，$3\times(4\times3\times3)=108$(通り)

3…どの順でどの色が出るか　4×3…青　3…白

㋑のとき，$3\times(2\times1\times4)=24$(通り)

3…どの順でどの色が出るか　2×1…赤　4…青

㋐，㋑合わせて，132(通り)であるから，求める確率は，

$\frac{132}{9\times8\times7}=\frac{11}{42}$

190 $\frac{2}{9}$

解説 4の倍数であるための条件「下2桁の数が4の倍数である」を用いる。

よって，題意をみたす下2桁は，12，16，24，28，32，36，44，48，52，56，64，68，72，76，84，88，92，96の18通り。

$\frac{9\times18}{9\times9\times9}=\frac{2}{9}$

9…百の位は1～9の9通り

191 $\frac{1}{4}$

解説 $\frac{Y}{X}\leqq\frac{1}{2}$より，$X>0$だから，$2Y\leqq X$となる$X$，$Y$の組を求める。

$Y=1$のとき，$X=2$，3，4，5，6

$Y=2$のとき，$X=4$，5，6

$Y=3$のとき，$X=6$

$Y=4$のとき，$X\geqq2Y=8$となるから，これをみたすXの値はない。

の9通りある。

よって，求める確率は，$\frac{9}{36}=\frac{1}{4}$

192 (1)

最小値	8 g
第1四分位数	12 g
中央値	14.5 g
第3四分位数	16 g
最大値	18 g
範囲	10 g
四分位範囲	4 g

(2) ②

解説 (1) データを小さい順に書き並べると

8，9，12，13，14，15，15，16，16，18 (g)

したがって最小値は8 g

第1四分位数は小さい方から3番目の12 g

中央値は小さい方から

5番目と6番目の平均値である

…データが偶数個のときは中央の2個の平均値

$\frac{14+15}{2}=14.5$ (g)

第3四分位数は大きい方から3番目の16 g

最大値は18 g

(範囲)＝(最大値)－(最小値) より10 g

(四分位範囲)

＝(第3四分位数)－(第1四分位数) より4 g

(2) 中央値が14.5 gであることから，③は除外される。次に，第1四分位数が12 gであることから，④も除外される。第3四分位数に着目すると，第3四分位数は16 gであることから，①は答えにはならない。箱ひげ図②は(1)で求めたすべての数値を満たし，データと矛盾しない。

したがって，データを表す箱ひげ図は②である。

193 **$(a,\ b)=(30,\ 37),\ (31,\ 37)$**

解説 最小値 24，最大値 41 であるから，
$24 \leqq a < b \leqq 41$
a，b 以外のデータを小さい順に書き並べると
24，25，28，30，31，33，35，39，40，41
$b \leqq 36$ のとき，
第 3 四分位数は $\frac{36+39}{2}=37.5$ 以上となり，第 3 四分位数が 38 であることに矛盾する。
$b \geqq 38$ のとき，
第 3 四分位数は 38.5 以上となり，矛盾する。
よって，$b=37$
(i) $32 \leqq a$ のとき，
小さい方から 6 番目のデータは 32 以上，7 番目のデータは 33 以上であるから，中央値は 32.5 以上となる。これは中央値が 32 であることに矛盾する。よって，不適である。$a=30$，31 のとき，与えられた箱ひげ図となる。
(ii) $24 \leqq a \leqq 29$ のとき，
第 1 四分位数は 29 より小さくなり不適である。
したがって，求める a，b の値は
$a=30$，$b=37$ と $a=31$，$b=37$

194 (1) ① **2 回**　② **13 回**　③ ×
④ **7 回**　⑤ **5 回**　⑥ **9.5 回**
⑦ ×　⑧ ×
(2) ③

解説 (1) 平均値，5 回以上 7 回未満の人数，13 回の人数などは，箱ひげ図からはわからない。
生徒 1 人ずつの回数のデータやヒストグラムから求めることができる。
(2) ①～④すべて最小値 2 回，最大値 13 回を満たす。
中央値(データの小さい(大きい)方から 10 番目と 11 番目の平均値)を求めると，①は 8 回，②は 7 回，③は 7 回，④は 7 回であるから，①は除外される。
次に，第 1 四分位数(データの小さい方から 5 番目と 6 番目の平均値)を求めると，②は 4 回，③は 5 回，④は 5 回であるから，②は除外される。
さらに，第 3 四分位数(データの大きい方から 5 番目と 6 番目の平均値)を求めると，③は 9.5 回，④は 10 回となるから，④は除外される。
以上より，③のヒストグラムがこのデータに適する。

得点アップ

箱ひげ図はデータ全体の傾向を調べたり，複数のデータの比較を行ったりするときに有効である。しかし，各階級の度数などはヒストグラムから求めなければならない。

第1回 実力テスト

1 (1) $-\frac{1}{5}x^3y$　(2) $-\frac{2c^4}{a}$

解説 (1) $\left(\frac{2}{5}xy^2\right)^2 \div \left(-\frac{2y}{x}\right)^2 \div \left(-\frac{1}{5}xy\right)$

$=\left(\frac{4}{25}x^2y^4\right) \div \left(\frac{4y^2}{x^2}\right) \div \left(-\frac{1}{5}xy\right)$

$=\left(\frac{4}{25}x^2y^4\right) \times \left(\frac{x^2}{4y^2}\right) \times \left(-\frac{5}{xy}\right) = -\frac{1}{5}x^3y$

(2) $\left(\frac{c}{3a^2}\right)^3 \div \left(-\frac{b^2c^3}{1.5a}\right)^3 \times (-4ab^3c^5)^2$

$=\frac{c^3}{3^3a^6} \div \left(-\frac{b^2c^3}{\frac{3}{2}a}\right)^3 \times 2^4a^2b^6c^{10}$

$=\frac{c^3}{3^3a^6} \div \left(-\frac{2b^2c^3}{3a}\right)^3 \times 2^4a^2b^6c^{10}$

$=\frac{c^3}{3^3a^6} \times \left(-\frac{3^3a^3}{2^3b^6c^9}\right) \times 2^4a^2b^6c^{10}$

$=-\frac{c^3 \times 3^3a^3 \times 2^4a^2b^6c^{10}}{3^3a^6 \times 2^3b^6c^9} = -\frac{2c^4}{a}$

2 3

解説 A，B の得点を x，y とおくと，

$x+y+5+9+4+9+2+6+5+7=6\times10$
（6×10：合計＝平均×人数）

よって，$x+y=13$　…①

また，A，B を含めないとき，

合格者の得点の合計は，$9+9+7=25$（点）

不合格者の得点の合計は，

$5+4+2+6+5=22$（点）

(i) x，y がともに合格者（$x\geqq7$，$y\geqq7$）のとき，

$x+y\geqq14$ となり①に矛盾する。

x，y がともに不合格者（$x<7$，$y<7$）のとき，

$x+y\leqq12$ となり①に矛盾する。

(ii) x が合格者，y が不合格者（$x\geqq7$，$y<7$）のとき，

$\frac{25+x}{3+1}-\frac{22+y}{5+1}=3.75$　…③

③×12 より，$3(25+x)-2(22+y)=45$

$3x-2y=14$　…④

①，④の連立方程式を解くと，

$x=8$，$y=5$ となる。

(i)〜(ii)より，$x=8$，$y=5$ となる。

よって，A，B の得点の差は $8-5=3$ である。

3 (1) 2　(2) $\frac{12}{5}$　(3) $y=8x-12$

(4) $y=-x+\frac{12}{5}$

解説 (1) $y=-x+6$ は点 A$(a,\ 4)$ を通るから，

$4=-a+6$　　$a=2$

(2) $y=\frac{4}{5}x+b$ は点 A(2, 4) を通るから，

$4=\frac{4}{5}\times2+b$

$b=4-\frac{8}{5}$　　$b=\frac{12}{5}$

(3) 点 A を通り，△ABC の面積を二等分する直線は，辺 BC の中点を通る。

$y=\frac{4}{5}x+\frac{12}{5}$ に $y=0$ を代入すると，$x=-3$

したがって，B$(-3,\ 0)$

$y=-x+6$ に $y=0$ を代入すると，$x=6$

したがって，C(6, 0)

線分 BC の中点を M とすると，M$\left(\frac{3}{2},\ 0\right)$
（$\left(\frac{-3+6}{2},\ \frac{0+0}{2}\right)$）

2 点 A(2, 4)，M$\left(\frac{3}{2},\ 0\right)$ を通る直線の式を

$y=mx+n$ とおくと，

A(2, 4) より，$4=2m+n$　…①

M$\left(\frac{3}{2},\ 0\right)$ より，$0=\frac{3}{2}m+n$

$n=-\frac{3}{2}m$

①より，$4=2m-\frac{3}{2}m$

$m=8$

また，$n=-\frac{3}{2}\times8=-12$

よって，$y=8x-12$

(4) (1)より，A(2, 4)

(3)より，B$(-3,\ 0)$，C(6, 0)

点 P は直線 ℓ の切片より，P$\left(0,\ \frac{12}{5}\right)$

△ABC において，線分 BC を底辺とすると，

底辺の長さ $6-(-3)=9$，高さ 4 の三角形なので，
（x 座標の数字が大きいほうから数字の小さいほうをひく）

△ABC$=\frac{1}{2}\times9\times4=18$

Q$(q,\ 0)$ とする。△PBQ において，線分 BQ を

底辺とすると，

底辺の長さ $q-(-3)=q+3$，高さ $\frac{12}{5}$ の三角形

↑x 座標の数字が大きいほうから数字の小さいほうをひく

なので，

$$\triangle PBQ=\frac{1}{2}\times(q+3)\times\frac{12}{5}=\frac{6}{5}(q+3) \quad \cdots①$$

△ABC と △PQB の面積の比が 25：9 なので，

△ABC：△PQB＝25：9

9×△ABC＝25×△PQB

↑外側の項の積＝内側の項の積

$$9\times18=25\times\triangle PQB$$

$$\triangle PQB=\frac{162}{25} \quad \cdots②$$

①，②より，

$$\frac{6}{5}(q+3)=\frac{162}{25}$$

$$30(q+3)=162$$

$$30q+90=162$$

$$q=\frac{12}{5}$$

したがって，$Q\left(\frac{12}{5},\ 0\right)$

2 点 $P\left(0,\ \frac{12}{5}\right)$，$Q\left(\frac{12}{5},\ 0\right)$ を通る直線の式を

$y=mx+n$ とおくと，

$P\left(0,\ \frac{12}{5}\right)$ より，$\frac{12}{5}=n$

$Q\left(\frac{12}{5},\ 0\right)$ より，$0=\frac{12}{5}m+n$

$$0=\frac{12}{5}m+\frac{12}{5}$$

$$m=-1$$

よって，$y=-x+\frac{12}{5}$

4 線分 AD と線分 BE，CE との交点を F，G とする。

点 C は，線分 BC の中点だから，

CB＝CD

仮定より，

CA＝CB，

CD＝CE

これらより，

CA＝CD　…①

CB＝CE

よって，△CBE は二等辺三角形だから，

∠CBE＝∠CEB　…②

角の二等分線だから，

∠ABE＝∠CBE　…③

①～③より，

∠ABE＝∠CEB

錯角が等しいから，AB // EC である。

よって，

同位角が等しいから，

∠CBA＝∠DCG　…④

錯角が等しいから，

∠CAB＝∠ACG　…⑤

また，△ABC は二等辺三角形だから

∠CAB＝∠CBA　…⑥

④～⑥より，∠ACG＝∠DCG　…⑦

ここで，△CAG と △CDG において，

CG は共通　…⑧

①，⑦，⑧より

2 組の辺とその間の角がそれぞれ等しいので

△CAG≡△CDG

対応する角は等しいので，

∠CGA＝∠CGD　…⑨

また，A，G，D は一直線上にあるので，

∠CGA＋∠CGD＝180°　…⑩

⑨，⑩より

∠CGA＝∠CGD＝90°

つまり，CE⊥AD である。

5 (1) 左…3 g と 9 g　　右…27 g

(2) 4 通り　　(3) 40 通り

解説 (1) 左の皿には 15 g のものがのっているので，左の皿全体の重さは 15 g 以上である。よって，左の皿と右の皿の重さがつり合うためには，右の皿に 27 g の分銅だけをのせなければいけない。これとつり合わせるには，左に 3 g と 9 g の分銅をのせればよい。

(2) 分銅ののせ方には，以下の 4 パターンが考えられ，それぞれの場合ではかることができる重さは，

左：なし，右：1 g　→　重さ 1 g

左：なし，右：3 g　→　重さ 3 g

左：なし，右：1 g，3 g　→　重さ 4 g

左：1 g，　右：3 g　　　→　重さ 2 g

よって，4 通りである。

(3)　使用する分銅のうち，1 番重いものは必ず右の皿にのせることになる。

(i)　27 g の分銅を使う場合

1 g，3 g，9 g の分銅はそれぞれ，

(右にのせる，左にのせる，のせない)

の 3 通りの使い方があるので，全部で，

3×3×3＝27 (通り) の重さをはかれる。

(ii)　27 g の分銅を使わない場合

①　9 g の分銅を使う場合

9 g の分銅は右におかないといけない。

1 g，3 g の分銅は(i)のときと同じく，それぞれ 3 通りの使い方があるので，全部で，

3×3＝9 (通り) の重さをはかれる。

②　9 g の分銅を使わない場合

1 g，3 g の分銅しか使わないので，(2)より 4 通りの重さがはかれる。

まとめると，27＋9＋4＝40 (通り)

6　(1)　① **6 日**　② **20 日**　③ **8 日**

④ **13 日**　⑤ **10 日**　⑥ **14 日**

⑦ **5 日**

(2)　① **A**　② **C**　③ **B**　(3)　**イ**

解説　(1)　①　ひげの下端から 6 (日)

②　ひげの上端から 20 (日)

③　箱の下端から 8 (日)

④　箱の上端から 13 (日)

⑤　箱の中の線から 10 (日)

⑥　(範囲)＝(最大値)－(最小値)

＝20－6＝14 (日)

⑦　(四分位範囲)

＝(第 3 四分位数)－(第 1 四分位数)

＝13－8＝5 (日)

(2)　①　データの範囲は，A 組は 14 日，B 組は 13 日，C 組は 11 日であるから，1 番大きいのは A 組である。

②　四分位範囲を比べると，A 組は 5 日，B 組は 3 日，C 組は 2 日であるから，中央値付近に 50 %の人が 1 番集まっているのは C 組である。

③　A 組の中央値は 10 日であるが，第 7 番目，第 8 番目のデータがそれぞれ 9 日，11 日のときも考えられる。B 組の第 1 四分位数が 10 日，すなわち小さい方から第 4 番目のデータが 10 日である。C 組については，10 日行った人がいたかどうかは箱ひげ図からはわからない。

したがって，10 日行った人が，1 人はいると確実にいえるのは B 組だけである。

(3)　ア　箱ひげ図からは，12 日行った人がいるかどうかはわからない。

イ　A 組，B 組ともに第 3 四分位数が 13 日であるから，13 日以上の人数は 4 人以上いる。よって，正しい。

ウ　箱ひげ図から，7 日以下の人数はわからない。

エ　箱ひげ図から平均値はわからない。

したがって，イである。

第2回 実力テスト

1 (1) $-xy^2$　(2) $\dfrac{5}{27}$

解説 (1) $\dfrac{9}{2}x^4y^3 \div \left(-\dfrac{3}{4}x^3y^2\right)^2 \times \left(-\dfrac{1}{2}xy\right)^3$

$= -\dfrac{9x^4y^3}{2} \times \dfrac{16}{9x^6y^4} \times \dfrac{x^3y^3}{8}$

$= -xy^2$

(2) $\left(-\dfrac{x^2y^3}{3}\right)^3 \div \left(\dfrac{x^3y^6}{2}\right) \div (-x^2y)^2$

$= -\dfrac{x^6y^9}{27} \times \dfrac{2}{x^3y^6} \times \dfrac{1}{x^4y^2}$

$= -\dfrac{2y}{27x} = -\dfrac{2\times5}{27\times(-2)}$

$= \dfrac{5}{27}$

2 (1) ① **$0.2a+0.5b+0.1c$ (m)**
② **$a=16$，$b=6$，$c=18$**
赤の布…**8 m**
(2) **150 円**

解説 (1) ① 単位に注意して，
$0.2a+0.5b+0.1c$ (m)
② クラスのメンバーは 40 人だから，
$a+b+c=40$　…①
布の合計の長さは，
$0.85a+0.85b+0.9c=34.9$　…②
また，人数は $c=3b$ と表せるので，
①，②より
$a+4b=40$　…①′
$0.85a+3.55b=34.9$　…②′
②′×100－①′×85 より，
$15b=90$
$b=6$
よって，$a=16$，$c=18$
また，必要な赤の布の長さは，
$0.2\times16+0.5\times6+0.1\times18=8$ (m)
(2) それぞれの必要な布の長さは，
黄：$0.5\times16+0.2\times6+0.1\times18=11$ (m)
緑：$0.15\times16+0.15\times6+0.7\times18=15.9$ (m)
赤，黄の布の 1 m あたりの値段を x 円，緑の布の 1 m あたりの値段を y 円とすると，
蘭(らん)子さんの計算では，
$19x+15.9y=6030$　…③
割引額は，$x+y=6030-5680=350$　…④
└黄の布 1 m 分，緑の布 1 m 分が割引された。
④×19－③より，$3.1y=620$
$y=200$
④より，$x+200=350$
$x=150$
以上より，$x=150$，$y=200$

3 **(9，4)，(－1，8)**

解説 線分 AB の中点の座標は $\left(\dfrac{2+6}{2}, \dfrac{1+11}{2}\right)$，
つまり，(4，6)
線分 AB の中点や正方形の頂点から x 軸，y 軸に平行な直線をひき，下の図のように点をとると，

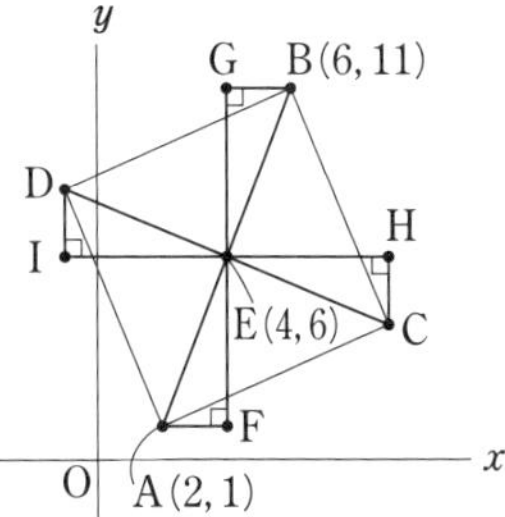

△EAF≡△ECH≡△EBG≡△EDI
└直角三角形の斜辺と 1 つの鋭角がそれぞれ等しい
したがって，
AF＝CH＝BG＝DI＝2
EF＝EH＝EG＝EI＝5
よって，
C の座標は (4＋5，6－2) より，C(9，4)
D の座標は (4－5，6＋2) より，D(－1，8)

4 (1) $\dfrac{1}{10}$
(2) 赤球…**14 個**　白球…**6 個**
(3) **$m=12$，$n=4$**

解説 (1) A の袋に入っている赤球の個数は 2 個だから，赤球の出る確率は $\dfrac{2}{20}=\dfrac{1}{10}$

(2) 白球の出る確率は $\dfrac{3}{10}$ だから，
白球の個数は $20\times\dfrac{3}{10}=6$ (個)
赤球の個数は $20-6=14$ (個)

(3) C の袋から赤球の出る確率は $\dfrac{m}{20}$

C の袋から白球の出る確率は $\dfrac{20-m}{20}$

D の袋から赤球の出る確率は $\dfrac{n}{20}$

D の袋から白球の出る確率は $\dfrac{20-n}{20}$ で表せる。

問題文より，

$$\frac{m}{20}=\frac{n}{20}+\frac{2}{5}\quad\cdots①$$

$$\frac{20-m}{20}+\frac{20-n}{20}=\frac{6}{5}\quad\cdots②$$

①×20 より，$m=n+8$　…①′

②×20 より，$20-m+20-n=24$

$$m+n=16\quad\cdots②'$$

①′，②′より，

$n+8+n=16$

$2n=8$

$n=4$

①′より，$m=4+8=12$

以上より，$m=12$，$n=4$

5 (1) ①，③，④，⑥　　(2) **D 市**

解説 (1) ①　B 市，D 市の最大値，最小値はともに等しい。したがって正しい。

②　B 市の中央値が 70 日であるから，小さい方から 16 番目のデータは 70 日以上となる。よって，B 市は降雪日数が 70 日以上となる年が 15 年以上ある。

D 市の中央値は 65 日であるから，小さい方から 16 番目のデータは 65 日以上であることはわかるが，70 日以上であるとは限らない。よって，D 市の降雪日数が 70 日以上となる年は 15 年以上であるとはいえない。

したがって，誤りである。

③　C 市の最大値と D 市の最小値が等しいから，常に D 市の降雪日数は C 市の降雪日数以上である。

したがって，正しい。

④　A 市の最小値は 35 日である。また，第 1 四分位数が 55 日であり，これは小さい方から 8 番目のデータである。よって，降雪日数が 40 日台であるのは 6 年以下である。

したがって，正しい。

④ ⑤　四分位範囲を求めると，A 市 10 日，B 市，C 市，D 市がともに 20 日であるから，1 番小さい都市は A 市である。

したがって，誤りである。

⑥　B 市の中央値が 70 日であることから，小さい方から 16 番目のデータは 70 日以上である。よって，降雪日数が 70 日以上の年数は 15 年以上である。A 市の第 3 四分位数が 65 日であるから，小さい方から 23 番目のデータは 65 日である。よって，降雪日数が 70 日以上の年数は 7 年以下である。

したがって，正しい。

(2) ヒストグラムから，最小値，最大値が含まれる階級の階級値は，それぞれ 45 日，95 日である。

よって，A 市，C 市ではない。

次に，中央値(第 15 番目と第 16 番目の平均値)を求めると，第 15 番目，第 16 番目のデータはともに 60 日以上 70 日未満(階級値 65 日)に含まれることから，中央値は 65 日である。

したがって，このヒストグラムは D 市のものである。